高等职业教育改革与创新新形态教材

电气控制与 PLC 应用技术（S7-1200）

主　编　童克波
副主编　水生洲
参　编　马伟俊

机械工业出版社

"电气控制与 PLC 应用技术"是一门实践性很强的课程，需要动手实践才能掌握其中所涉及的知识，本书采用项目引导、任务驱动的模式编写，每个任务都列举一个案例并重点介绍其相关知识，同时通过知识拓展将一些常用的必备技能呈现出来。本书主要内容包括基本电气线路控制、初识 S7-1200 PLC、位逻辑指令及程序编写、数据指令及程序编写、模拟量模块及程序编写、S7-1200 PLC 以太网通信编程、精简系列面板的组态与应用。

本书适合作为高等职业教育本科层次测控工程、电气工程和智能制造等相关专业的教材，也可供有关工程技术人员参考。

为方便教学，本书配套 PPT 课件、电子教案、习题答案及视频（二维码形式）等资源，凡购买本书作为授课教材的教师可登过 www.cmpedu.com 注册并免费下载。

图书在版编目（CIP）数据

电气控制与 PLC 应用技术：S7-1200 / 童克波主编 . —北京：机械工业出版社，2023.5

高等职业教育改革与创新新形态教材

ISBN 978-7-111-73129-0

Ⅰ . ①电… Ⅱ . ①童… Ⅲ . ①电气控制 – 高等职业教育 – 教材 ② PLC 技术 – 高等职业教育 – 教材 Ⅳ . ① TM571.2 ② TM571.6

中国国家版本馆 CIP 数据核字（2023）第 080596 号

机械工业出版社（北京市百万庄大街 22 号　邮政编码 100037）
策划编辑：赵红梅　　　　　　责任编辑：赵红梅　赵晓峰
责任校对：郑　婕　王明欣　　封面设计：严娅萍
责任印制：张　博
河北鑫兆源印刷有限公司印刷
2023 年 7 月第 1 版第 1 次印刷
184mm×260mm・17 印张・411 千字
标准书号：ISBN 978-7-111-73129-0
定价：49.80 元

电话服务　　　　　　　　　网络服务
客服电话：010-88361066　机 工 官 网：www.cmpbook.com
　　　　　010-88379833　机 工 官 博：weibo.com/cmp1952
　　　　　010-68326294　金 书 网：www.golden-book.com
封底无防伪标均为盗版　机工教育服务网：www.cmpedu.com

前　言

　　党的二十大报告中对学科建设和教材建设问题给予了特别的关注，提出要加强基础学科、新兴学科、交叉学科建设，加强教材建设和管理，要坚持为党育人、为国育才，全面贯彻党的教育方针，落实立德树人根本任务，培养德智体美劳全面发展的社会主义建设者和接班人。职业教育本科层次专业课程教材建设必须适应社会发展的需要，关注新技术、新工艺、新材料和新设备，不断完善和更新教材内容，并在教材中融入职业素养、安全规范等内容，注重学生正确价值观、关键职业能力和必备品格的培养。

　　随着智能制造业的发展和工业生产规模的不断扩大，企业信息化建设需求明显，过程控制日趋复杂。为了应对这些挑战，顺应电气化、自动化和数字化生产的潮流，西门子公司提出了"全集成自动化"的概念，即将全部自动化组态任务完美地集成在一个单一的开发环境——"TIA 博途"之中。而西门子公司推出的 S7-1200、S7-1500 PLC，正是 TIA博途全集成自动化构架的核心单元。

　　S7-1200 PLC 自上市以来，其控制功能和应用领域不断拓展，实现了由单体设备的逻辑控制到运动控制、过程控制及集散控制等各种复杂任务的跨越。现在的 PLC 在模拟量处理、数字运算、人机接口和工业控制网络等方面的应用能力都已大幅提高，成为工业控制领域的主流控制设备之一。

　　本书由 7 个项目共 21 个任务组成，每个任务又由"任务引入""任务分析""相关知识""任务实施"及"知识拓展"环节组成。项目 1 讲授基本电气线路控制，包括常用低压电器的元件结构和工作原理，继电 - 接触式控制系统基本控制线路的原理、接线、故障排除和调试运行；项目 2 ~ 项目 7 以西门子 S7-1200 PLC 为载体，讲授西门子 S7-1200 PLC 的硬件资源、PLC 的编程基础、TIA 博途软件的使用、S7-1200 PLC 程序设计基础、功能指令编程及应用、模拟量控制编程、S7-1200 PLC 以太网通信及西门子 HMI 面板控制等知识。

　　本书内容选择合理、层次分明、结构清楚、图文并茂、面向应用，随书配套立体化教学资源。

　　本书由兰州石化职业技术大学童克波任主编，内蒙古东景生物环保科技有限公司BDO 事业部水生洲任副主编，兰州石化职业技术大学马伟俊参与编写。具体编写分工如下：项目 3 ～项目 5 由童克波编写，项目 1、项目 2 由水生洲编写，项目 6、项目 7 由马伟俊编写。全书由童克波统稿。

在本书编写的过程中，编者参考了国内外出版物中的相关资料以及网络资源，在此对这些资料的作者表示感谢！

由于编者水平有限及技术的不断发展，书中难免有疏漏或不当之处，敬请读者批评指正。

编　者

二维码索引

目　　录

项目 1　基本电气线路控制

任务 1　实现电动机的单向旋转

任务引入

　　电动机的单向旋转是指在三相异步电动机的定子绕组上加上额定电压，进行全压启动。在工业、农业和建筑业等行业中这种控制电路占到 60% 以上，通常采用继电器 – 接触器控制系统，其特点是电气设备少、电路简单和维修量小。要求电路启动后，电动机保持连续旋转，按停止按钮，电动机停止转动。电路设有短路、过载、欠电压和失电压保护。

任务分析

　　要完成该任务，必须具备以下知识：
1. 掌握接触器、热继电器和熔断器等低压电器的结构和工作原理。
2. 能绘制主电路和控制电路图。
3. 熟悉电动机单向旋转的工作原理。
4. 能依据电气控制原理图完成接线。

相关知识

1. 低压电器概述

（1）低压电器的定义

　　对电能的生产、输送、分配和使用起控制、调节、检测、转换及保护作用的电气设备称为电器。按工作电压的不同，电器可分为高压电器和低压电器两大类。

　　低压电器是指工作在额定电压交流 1200V 以下、直流 1500V 及以下电路中起通断、控制、保护或调节作用的电器。

（2）低压电器的分类

低压电器种类繁多，结构各异，功能多样，用途广泛。其分类如下：

1）按动作方式分类，低压电器可分为以下两类：

① 手动电器。由人手直接操作才能完成任务的电器称为手动电器，如刀开关、按钮和转换开关等。

② 自动电器。依靠指令信号或某种物理量（如电压、电流、时间、速度、热量和位移等）变化就能自动完成接通、分断电路任务的电器称为自动电器。如接触器、继电器等。

2）按用途分类，低压电器可分为以下两类：

① 低压保护电器。这类电器主要在低压配电系统及动力设备中起保护作用，以保护电源、线路或电动机。如熔断器、热继电器等。

② 低压控制电器。这类电器主要用于电力拖动控制系统中，用于控制电路通断或控制电动机的各种运行状态并能及时可靠地动作。如接触器、继电器、控制按钮、行程开关、主令控制器和万能转换开关等。

有些电器具有双重作用，如低压断路器既能控制电路的通断，又能实现短路、欠电压及过载保护。

3）按执行机构分类，低压电器可分为以下两类：

① 电磁式电器。利用电磁感应原理，通过触点的接通和分断来通断电路的电器称为电磁式电器。如接触器、低压断路器等。

② 非电量控制电器。其工作是靠非电量（如压力、温度、时间和速度等）的变化而动作的电器称为非电量控制电器。如刀开关、行程开关、按钮、速度继电器、压力继电器和温度继电器等。

（3）低压电器的基本结构

低压电器的基本结构由电磁机构和触点系统组成。

1）电磁机构。电磁机构由电磁线圈、铁心和衔铁三部分组成。电磁线圈分为直流线圈和交流线圈两种。直流线圈需通入直流电，交流线圈需通入交流电。

2）电磁机构的工作特性。

① 吸力特性。交流电磁机构的吸力特性：在交流电磁机构中，由于交流电磁线圈的电流 I 与气隙 δ 成正比，所以在线圈通电而衔铁尚未闭合时，电流可能达到额定电流的 $5 \sim 6$ 倍。如果衔铁卡住不能吸合，或频繁操作，线圈可能因过热而烧毁，所以在可靠性要求较高或操作频繁的场合，一般不采用交流电磁机构。

直流电磁机构的吸力特性：在直流电磁机构中，电磁吸力与气隙的二次方成反比，所以衔铁闭合前后电磁吸力变化较大，但由于电磁线圈中的电流不变，所以直流电磁机构适用于动作频繁的场合。

② 直流放电回路电磁机构。直流电磁机构的通电线圈断电时，由于磁通的急剧变化，在线圈中会感应出很大的反电动势，很容易使线圈烧毁，所以在线圈的两端要并联一个放电回路。放电回路中的电阻值为线圈电阻值的 $5 \sim 6$ 倍。

③ 交流电磁机构中短路环的作用。当线圈中通入交流电时，铁心中出现交变的磁通，时而最大时而为零，这样在衔铁与固定铁心间因吸引力变化而产生振动和噪声。当加上短路环后，交变磁通的一部分将通过短路环，在环内产生感应电动势和电流，根据电磁感应

定律，此感应电流产生的感应磁通使通过短路环的磁通产生相位差，进而由磁通产生的吸引力也有相位差，只要作用在磁铁上的合力大于反力，即可消除振动。

3）触点系统。触点的形式主要有：

① 点接触式，常用于小电流电器中。

② 线接触式，用于通电次数多、电流大的场合。

③ 面接触式，用于较大电流的场合。

（4）低压电器电弧的产生和灭弧方法

1）电弧的产生。低压电器工作时，当触点在分断时，若触点之间的电压超过 12V，电流超过 0.25A 时，触点间隙内就会产生电弧。

2）常用的灭弧方法。常用的灭弧方法包括双断口灭弧、磁吹灭弧、栅片灭弧和灭弧罩灭弧。

① 双断口灭弧。指同一相采用两对触点，使电弧分成两个串联的短弧，使每个断口的弧隙电压降低，触点的灭弧行程缩短，提高灭弧能力。这种灭弧方法结构简单，无须专门的灭弧装置，一般多用于小功率的电器中，如图 1-1 所示。

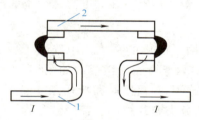

图 1-1　双断口灭弧示意图

1—静触点　2—动触点

② 磁吹灭弧。利用气体或液体介质吹动电弧，使之拉长、冷却。按照吹弧的方向，分纵吹和横吹。另外还有两者兼有的纵横吹，大电流横吹，小电流纵吹。磁吹灭弧广泛用于直流接触器中。

③ 栅片灭弧。当开关分断时触点间产生电弧，电弧在磁场力作用下进入灭弧栅片（金属片）内被切割成几个串联的短弧。当外加电压不足以维持全部串联短电弧时，电弧迅速熄灭。交流低压电器开关多采用这种灭弧方法，如图 1-2 所示。

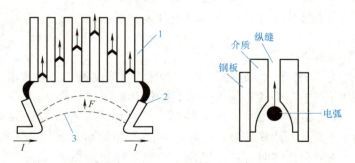

图 1-2　栅片灭弧装置示意图

1—灭弧栅片　2—触点　3—电弧

④ 灭弧罩灭弧。这是一种比栅片灭弧更简单的灭弧方式，采用由陶土和石棉水泥做成的耐高温的灭弧罩，通过隔离和降温来实现灭弧。它主要用于交直流灭弧。

（5）低压电器的主要技术参数

1）额定电压。额定电压指在规定的条件下，能保证电器正常工作的电压值，通常指触点的额定电压值。对于电磁式电器还规定了电磁线圈的额定工作电压。

2）额定电流。额定电流是指在额定电压、额定频率和额定工作制下所允许通过的电流。它与使用类别、触点寿命和防护等级等因素有关，同一开关可以对应不同使用条件下规定的不同工作电流。

3）使用类别。使用类别是指有关操作条件的规定组合，通常用额定电压和额定电流的倍数及其相应的功率因数或时间常数等来表征电器额定通、断能力的类别。

4）通断能力。通断能力包括接通能力和断开能力，以非正常负载时接通和断开的电流值来衡量。接通能力是指开关闭合时不会造成触点熔焊的能力。断开能力指断开时能可靠灭弧的能力。

5）寿命。寿命包括电寿命和机械寿命。电寿命是电器在所规定使用条件下不需修理或更换零件的操作次数。机械寿命是电器在无电流情况下能操作的次数。

2. 常用低压电器——刀开关

刀开关是手动电器中结构最简单的一种，由绝缘手柄、触刀、静插座、铰链支架和绝缘底板组成，如图 1-3 所示，主要作用是隔离电源，或不频繁接通和断开容量较小的低压配电线路。刀开关的分类方式很多，按极数分为单极、双极和三极；按灭弧装置分为带灭弧装置和不带灭弧装置；按转换方向分为单掷和双掷；按操作方式分为直接手柄操作和远距离联杆操作；按有无熔断器分为带熔断器式刀开关和不带熔断器式刀开关。

安装刀开关时，手柄要向上，不得倒装或平装。如果倒装，拉闸后手柄可能因自重下落引起误合闸而造成人身或设备安全事故。接线时，应将电源线接在上端，负载线接在下端，以确保安全。

在电力拖动控制电路中最常用的是由刀开关和熔断器组合的负荷开关。负荷开关分为开启式负荷开关和封闭式负荷开关两种。

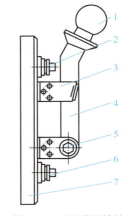

图 1-3　刀开关的结构

1—手柄　2—进线接线柱　3—静插座
4—触刀　5—铰链支架　6—出线接线柱
7—绝缘底板

（1）开启式负荷开关

开启式负荷开关（HK 系列）常用于电气照明、电热设备及小容量电动机控制电路中，在短路电流不大的电路中作手动不频繁带负载操作和短路保护用。

HK 系列开启式负荷开关由刀开关和熔断器组合而成，开关的瓷底板上装有进线座、静触点、熔丝、出线座及刀片式动触点。此系列闸刀开关不设专门灭弧装置，整个工作部分用胶木盖罩住，分闸和合闸时应动作迅速，使电弧较快地熄灭，以防电弧灼伤人手，同时减少电弧对刀片和触座的灼损。开关分单相双极和三相三极两种，图 1-4 为 HK 系列开启式负荷开关结构图，图 1-5 为其图形符号和文字符号。

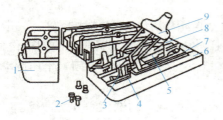

图 1-4　HK 系列开启式负荷开关结构图　　　　图 1-5　图形符号和文字符号

1—胶盖　2—胶盖固定螺钉　3—进线座　4—静插座
5—熔丝　6—瓷底板　7—出线座　8—动触刀　9—瓷柄

（2）封闭式负荷开关

封闭式负荷开关是在开启式负荷开关的基础上改进的一种开关。开启式负荷开关没有灭弧装置，手动操作时，触刀断开速度比较慢，以致在分断大电流时，往往会有很大的电弧向外喷出，有可能引起相间短路，甚至灼伤操作人员。若能够提高触刀的通断速度，在断口处设置灭弧罩，并将整个开关本体装在一个防护壳体内，就可以极大地改善开关的通断性能。根据这个思路设计出封闭式负荷开关。因此，封闭式负荷开关较开启式负荷开关性能更为优越、操作更安全可靠。

图 1-6 为常用 HH 系列封闭式负荷开关结构，主要由触刀、静插座、熔断器、速动弹簧、手柄操作机构和外壳组成。为了迅速熄灭电弧，在开关上装有速动弹簧，用钩子扣在转轴上，当转动手柄开始分闸（或合闸）时，U 形动触刀并不移动，只拉伸了弹簧，积累了能量。当转轴转到某一角度时，弹簧力使动触刀迅速从静插座中拉开（或迅速嵌入静插座），电弧迅速熄灭，具有较高的分、合闸速度。为了保证用电安全，此开关的外壳上还装有机械联锁装置。开关合闸时，箱盖不能打开；箱盖打开时，开关不能合闸。

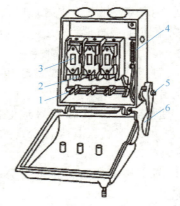

图 1-6　常用 HH 系列封闭式负荷开关结构

1—触刀　2—静插座　3—熔断器　4—速动弹簧　5—转轴　6—手柄

负荷开关在安装时要垂直安放，为了使分闸后刀片不带电，进线端在上端与电源相接，出线端在下端与负载相接。合闸时手柄朝上，拉闸时手柄朝下，以保证检修和装换熔丝时的安全。若水平或上下颠倒安放，拉闸后由于闸刀的自重或螺钉松动等原因，易造成误合闸，引起意外事故。

封闭式负荷开关由于具有铸铁或铸钢制成的全封闭外壳，防护能力较好，一般用在工矿企业电气装置和农村的电力排灌、农产品加工、电热及电气照明线路的配电设备中，作非频繁接通和分断电路用，也可用于控制 15kW 以下的交流电动机不频繁全压起动的控制开关。

负荷开关的主要技术参数有额定电压、额定电流、极数、通断能力和寿命等。

3. 常用低压电器——低压断路器

（1）低压断路器的结构

低压断路器的结构主要由触点系统、灭弧系统、各种起不同保护作用的脱扣器和操作机构等部分组成。图 1-7 为 DZ 型断路器的外形与符号。

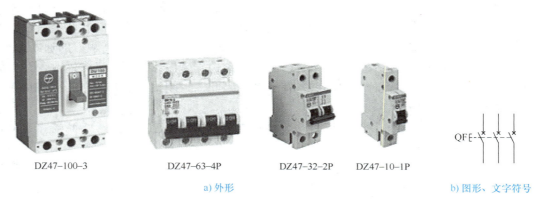

DZ47-100-3　　　　DZ47-63-4P　　　　DZ47-32-2P　　　DZ47-10-1P

a）外形　　　　　　　　　　　　　　　　　　　b）图形、文字符号

图 1-7　DZ 型断路器的外形与符号

1）触点系统。触点系统是低压断路器的执行元件，用来接通和分断电路，一般由动触点、静触点和连接导线等组成，正常情况下，主触点可接通和分断工作电流，当线路或设备发生故障时，触点系统能快速切断（通常为 0.1 ～ 0.2s）故障电流，从而保护电路及电气设备。

常见的主触点有单断口指式触点、双断口桥式触点和插入式触点等几种形式。主触点的动、静触点接触处焊有银基合金镶块，其接触性能好，接触电阻小，可以长时间通过较大的电流。在容量较大的低压断路器中，为了更好地保护主触点，增设副触点和弧触点，形成主触点、副触点和弧触点并联形式，其中弧触点的主要功能是分断电弧。

2）灭弧系统。低压断路器的灭弧装置一般采用栅片式灭弧罩，罩内由相互绝缘的镀铜钢片组成灭弧栅片，用于在切断短路电流时，将电弧分成多段，使长弧分割成多段断弧，加速电弧熄灭，提高断流能力。

（2）脱扣器

1）过电流脱扣器（电磁脱扣器）。过电流脱扣器上的线圈串联在主电路，线圈通过正常电流产生的电磁吸力不足以使衔铁吸合，脱扣器的上下搭钩钩住，使三对主触点闭合。当电路发生短路或严重过载时，过电流脱扣器的电磁吸力增大，将衔铁吸合，向上撞击杠杆，使上下搭钩脱离，弹簧力把三对主触点的动触点拉开，实现自动跳闸，达到切断电路之目的。

2）失电压脱扣器。当电路电压正常时，失电压脱扣器的衔铁被吸合，衔铁与杠杆脱离，断路器主触点能够脱离；当电路电压下降或失去时，失电压脱扣器的吸力减小或消失，衔铁在弹簧的作用下撞击杠杆，使搭钩脱离，断开主触点，实现自动跳闸。它常用于电动机的失电压保护。

3）热脱扣器。热脱扣器的热元件串联在主电路，当电路过载时，过载电流流过热元件产生一定热量，使双金属片受热向上弯曲，通过杠杆推动搭钩分离，主触点断开，从而切断电路，使用电设备不致因过载而烧毁。跳闸后须等 1 ～ 3min 待双金属片冷却复位后才能再合闸。

4）分励脱扣器。分励脱扣器由分励电磁铁和一套机械机构组成，当需要断开电路时，按下跳闸按钮，分励电磁铁线圈通入电流，产生电磁吸力吸合衔铁，使开关跳闸。分励脱扣器只用于远距离跳闸，对电路不起保护作用。

（3）操作机构

断路器的操作机构是实现断路器的闭合与断开的执行机构。一般分为手动操作机构、电磁铁操作机构、电动机操作机构和液压操作机构。其中手动操作机构用于小容量断路器，电磁铁操作机构、电动机操作机构多用于大容量断路器，进行远距离操作。

（4）低压断路器的工作原理

低压断路器的工作原理图如图 1-8 所示。

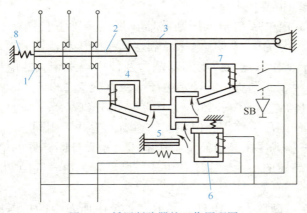

图 1-8　低压断路器的工作原理图

1—主触点　2—传动杆　3—锁扣　4—过电流脱扣器　5—热脱扣器　6—失电压脱扣器　7—分励脱扣器　8—分闸弹簧

断路器的主触点 1 是靠操作机构手动或电动合闸的，并由自动脱扣机构将主触点 1 锁在合闸位置上。如果电路发生故障，自动脱扣机构在相关脱扣器的推动下动作，使传动杆 2 与锁扣 3 之间的钩子脱开，于是主触点 1 在分闸弹簧 8 的作用下迅速分断。过电流脱扣器 4 的线圈和热脱扣器 5 的线圈与主电路串联，失电压脱扣器 6 的线圈与主电路并联。当电路发生短路或严重过载时，过电流脱扣器的衔铁被吸合，使自动脱扣机构动作；当电路过载时，过载脱扣器的热元件产生的热量增加，使双金属片向上弯曲，推动自动脱扣机构动作；当电路失电压时，失电压脱扣器的衔铁释放，也使自动脱扣机构动作。分励脱扣器 7 则作为远距离分断电路使用，根据操作人员的命令或其他信号使线圈通电，从而使断路器跳闸。

（5）低压断路器的用途

低压断路器是低压配电网中主要的开关电器之一，常用于低压配电开关柜中，作配电线路、电动机和照明电路等的电源开关，它不仅可以接通和分断正常的负载电流，而且对线路或电气设备在发生短路、过载、欠电压和漏电等故障时，能及时切断线路，起到保护作用，低压断路器操作安全、分断能力较高，兼有短路、过载、欠电压和漏电等保护，且故障排除一般不需要更换部件，因而被广泛应用。

（6）低压断路器的分类及常用型号

低压断路器的分类方法较多，按结构形式分为框架式 DW 系列（又称万能式）、塑壳式（又称装置式）和小型模数式；按极数分为单极、两极、三极和四极；按操作方式分为电动操作、储能操作和手动操作三类；按灭弧介质分为真空式和空气式等；按安装方式分为插入式、固定式和抽屉式三类。

低压断路器常用型号有国产的框架式 DW 系列，如 DW10、DW15、DW15HH、DW16 和 DW17 等；国产的塑壳式 DZ 系列，如 DZ20、DZ5、DZ10、DZ12、DZ15 和 DZ47 等，以及企业自己命名的 CM1 系列、CB11 系列和 TM30 系列等。引进的国外产品有德国西门子公司的 3VU1340、3VU1640、3WE 和 3VE 系列；德国 AEG 公司的 ME 系列；日本寺崎电气公司的 AH 系列、T 系列；美国西屋公司的 H 系列以及 ABB 公司的 Tmax 系列等。

（7）低压断路器的主要技术参数

1）额定电压。额定电压是指低压断路器在规定条件下长期运行所能承受的工作电压，一般指线电压，可分为额定工作电压、额定绝缘电压和额定脉冲电压三种。

① 断路器的额定工作电压。指与通断能力及使用类别相关的电压值，通常大于或等于电网的额定电压等级，我国常用的额定电压等级有交流 220V、380V、660V 和 1140V；直流 110V、240V、440V、750V、850V、1000V 和 1500V 等。应该指出，同一断路器可以规定在几种额定工作电压下使用，但相应的通断能力并不相同。

② 额定绝缘电压。其往往高于额定工作电压，是设计断路器的电压值。一般情况下，额定绝缘电压就是断路器的最大额定工作电压。断路器的电气间隙和爬电距离应按此电压值确定。

③ 额定脉冲电压。断路器工作时，要承受系统中所发生的过电压，因此断路器的额定电压参数中给定了额定脉冲耐压值，其数值应大于或等于系统中出现的最大过电压峰值。额定绝缘电压和额定脉冲电压共同决定了断路器的绝缘水平。

2）额定电流。断路器的额定电流是指断路器在规定条件下长期工作时的允许持续电流。额定电流等级一般有 6A、10A、16A、20A、32A、40A、63A 和 100A 等。

3）通断能力。通断能力指在一定的试验条件下，断路器能够接通和分断的预期电流值。常以最大通断电流表示其极限通断能力。

4）分断时间。分断时间是指从电路出现短路的瞬间开始到触点分离、电弧熄灭和电路完全分断所需的全部时间。一般直流快速断路器的动作时间为 20 ～ 30ms，交流限流断路器的动作时间应小于 5ms。

（8）断路器的选择

1）断路器的额定电压和额定电流应不小于电路的正常工作电压和工作电流。

2）热脱扣器的整定电流应与所控制的电动机的额定电流或负载额定电流一致。

3）电磁脱扣器瞬时脱扣整定电流应大于负载电路正常工作时的尖峰电流，对于电动机负载来说，DZ 型断路器的整定电流应按下式计算：

$$I_Z \geqslant KI_g$$

式中，K 为安全系数，可取 1.5 ～ 1.7；I_g 为电动机的起动电流。

4. 常用低压电器——接触器

接触器是一种适用于低压配电系统中远距离频繁接通或断开交直流主电路和大容量控制电路的自动电器，是利用电磁吸力进行操作的电磁开关，其主要控制对象是电动机、电热设备和电焊机等。它具有操作方便、动作迅速、操作频率高和灭弧性能好等优点，因此应用很广泛。接触器按其主触点通过电流的种类不同可分为交流和直流两种。

（1）交流接触器

1）交流接触器的结构。交流接触器主要由电磁系统、触点系统和灭弧装置三部分组成。图 1-9 为交流接触器的外形结构图，图 1-10 为交流接触器的图形和文字符号。

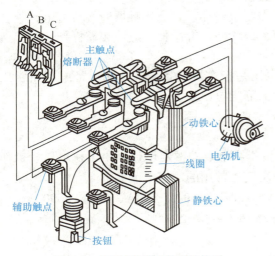

图 1-9　交流接触器的外形结构图

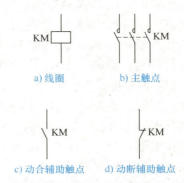

图 1-10　交流接触器的图形和文字符号

① 灭弧装置。接触器的灭弧系统利用了双断点的桥式触点具有电动力吹弧的作用，所以 10A 以上的接触器采用缝隙灭弧罩及灭弧栅片灭弧，10A 以下的接触器采用半封闭式陶土灭弧罩或相间隔弧板灭弧。

② 触点系统。触点系统采用双断点桥式触点，由银钨合金制成，具有良好的导电性和耐高温烧蚀性，按通断能力分为主触点和辅助触点。主触点一般由接触面积大的三对常开主触点组成，有灭弧装置，用于通断电流较大的主电路。辅助触点一般由两对常开、常闭辅助触点组成，其接触面积小，用于通断电流较小的控制电路。通常所讲的常开触点和常闭触点，是指电磁系统未通电时的触点状态。若触点状态为断开，称为常开触点；若触点状态为闭合，称为常闭触点。常开触点和常闭触点是联动的，当线圈通电时，常闭触点先断开，常开触点随后闭合；当线圈断电时，常开触点先恢复断开，常闭

触点后恢复闭合。

③ 电磁系统。电磁系统由动铁心、静铁心、线圈和反作用弹簧组成。铁心由 E 形硅钢片叠压铆成，以减小交变磁场在铁心中产生的涡流及磁滞损耗。线圈由反作用弹簧固定在静铁心上，动触点固定在动铁心上，线圈不通电时，主触点保持在断开位置。为了减少机械振动和噪声，在静铁心极面上装有短路环。

2）交流接触器的工作原理。当接触器线圈通电后产生磁场，使铁心产生大于反作用弹簧弹力的电磁吸力，将衔铁吸合，通过传动机构带动主触点和辅助触点动作，即常闭触点断开，常开触点闭合。当接触器线圈断电或电压显著下降时，电磁吸力消失或过小，触点在反作用弹簧弹力作用下恢复常态。

常用交流接触器在 0.85 ~ 1.05 倍的额定电压下，能保证可靠吸合。

（2）直流接触器

直流接触器主要用于远距离接通和分断直流电路以及频繁启动、停止、反转和反接制动的直流电动机，也可以用于频繁接通和断开的起重电磁铁、电磁阀和离合器的电磁线圈等。直流接触器的结构和工作原理与交流接触器基本相同，也由电磁系统、触点系统和灭弧装置组成。电磁机构采用沿棱角转动拍合式铁心，由于线圈中通入直流电，铁心不会产生涡流，可用整块铸铁或铸钢制成铁心，不需要短路环。直流接触器通入直流电，吸合时没有冲击启动电流，不会产生猛烈撞击现象，因此使用寿命长，适宜频繁操作场合。

接触器的主要技术指标介绍如下。

1）额定电压 U_N。接触器铭牌上的额定电压是指在规定条件下，能保证电器正常工作的电压值，一般指主触点的额定电压。常用的额定电压如下。

交流接触器：127V、220V、380V、500V。

直流接触器：110V、220V、440V。

2）额定电流 I_N。接触器铭牌上的额定电流指主触点的额定电流，由工作电压、操作频率、使用类别、外壳防护形式和触点寿命等决定。常用的额定电流如下。

交流接触器：5A、10A、20A、40A、60A、100A、150A、250A、400A、600A。

直流接触器：40A、80A、100A、150A、250A、400A、600A。

辅助触点的额定电流通常为 5A。

3）线圈额定电压。常用的线圈额定电压如下。

交流接触器：36V、110V、127V、220V、380V。

直流接触器：24V、48V、220V、440V。

4）通断能力。接触器的通断能力由主触点在规定条件下可靠地接通和分断的电流值来衡量。

5）操作频率。接触器的操作频率是指每小时允许操作次数的最大值。它直接影响接触器的电寿命和机械寿命。

（3）接触器的选择

常用的交流接触器有 CJ10、CJ12、CJ20、B、3TB 系列。CJ 系列是国产系列产品，B 系列是引进德国 BBC 公司的技术而生产的一种新型接触器，3TB 系列是引进德国西门子公司的技术而生产的新产品。常用的直流接触器有 CZ0、CZ18、CZ28 系列。

接触器的选择原则如下。

1）接触器的类型选择：即根据电路中负载电流的种类选择接触器。控制交流负载应选用交流接触器，控制直流负载应选用直流接触器。当直流负载容量较小时，也可用交流接触器控制，但触点的额定电流应适当选择大些。

2）额定电压的选择：接触器的额定电压（主触点的额定电压）应大于或等于负载回路的额定电压。

3）额定电流的选择：接触器的额定电流（主触点的额定电流）应大于或等于负载回路的额定电流。

4）线圈的额定电压的选择：应与所在控制电路的额定电压等级一致。

（4）接触器的安装与使用

1）接触器要垂直安装在平面上，倾斜度不超过 5°；安装孔的螺钉应装有垫圈，并拧紧螺钉，防止松脱或振动；避免杂物落入接触器内。安装地点应避免剧烈振动，以免造成误动作。

2）安装前应首先检查接触器的外观是否完好，是否有灰尘、油污以及各接线端子的螺钉是否完好无缺，触点架、动静触点是否同时动作等。

3）检查接触器的线圈电压是否符合控制电压的要求，接触器的额定电压应不低于负载的额定电压，触点的额定电流应不低于负载的额定电流。

4）安装接触器时，应防止小螺钉、螺母、垫片和线头掉入接触器内。

5. 常用低压电器——熔断器

熔断器是一种结构简单、使用方便且价格低廉的保护电器，广泛用于低压配电系统和控制系统中，主要用作短路保护和严重过载保护。熔断器串接于被保护电路中，当通过的电流超过规定值一定时间后，以其自身产生的热量使熔体熔断，切断电路，达到保护电路及电气设备的目的。

（1）熔断器的结构和工作原理

熔断器的基本结构主要由熔体、载熔体件和绝缘底座三部分组成。熔体是熔断器的核心部件，熔体常做成丝状、栅状或片状。熔体材料具有相对熔点低、特性稳定和易于熔断的特点，一般采用铅锡合金、镀银铜片以及锌、银等金属。

熔断器串入被保护电路中，在正常情况下，熔体相当于一根导线，这是因为在正常工作时，流过熔体的电流小于或等于它的额定电流，此时熔体发热温度尚未达到熔体的熔点，所以熔体不会熔断，电路保持接通而正常运行；当被保护电路出现严重过载或短路时，流过熔断器的电流远大于其额定电流，该电流在极短的时间内产生大量的热量，熔体的温度急剧上升，达到熔点自行熔断，从而分断故障电流，起到保护作用。

（2）熔断器的分类

常用的熔断器类型有瓷插式、螺旋式、有填料封闭管式和无填料封闭管式等。

1）瓷插式熔断器。常用的瓷插式熔断器为 RC1 系列，如图 1-11 所示，由瓷盖、瓷座、动触点、静触点和熔丝等组成，其结构简单，价格便宜，带电更换熔丝方便，但分断电流能力低，所以只能用于低压分支电路或小容量电路中作短路和过载保护，不能用于易燃易爆的工作场合。

2）螺旋式熔断器。常用的螺旋式熔断器 RL1 系列如图 1-12 所示，主要由带螺纹的瓷帽、熔管、瓷套、上接线端、下接线端和瓷座等组成。熔管内装有熔丝，并充满石英砂，两端用铜帽封闭，防止电弧喷出管外。熔管一端有熔断指示器（一般为红色金属小圆片），当熔体熔断时，熔断指示器自动脱落，同时管内电弧喷向石英砂及其缝隙，可迅速降温而熄灭电弧。

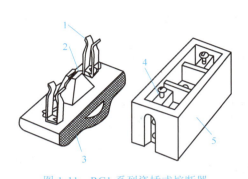

图 1-11　RC1 系列瓷插式熔断器

1—动触点　2—熔丝　3—瓷盖　4—静触点　5—瓷座

a) 外形　　　b) 结构

图 1-12　RL1 系列螺旋式熔断器

1—瓷帽　2—熔管　3—瓷套　4—上接线端
5—下接线端　6—瓷座

螺旋式熔断器分断电流能力较大，体积小，更换熔体方便，广泛用于低压配电系统中的配电箱、控制箱及振动较大的场合，作短路和过载保护。

螺旋式熔断器的额定电流为 5～200A，使用时应将用电设备的连线接到熔断器的上接线端，电源线应接到熔断器的下接线端，防止更换熔管时金属螺旋壳上带电，保证用电安全。

3）有填料封闭管式熔断器。常用的有填料封闭管式熔断器 RT0 系列如图 1-13 所示，主要由熔管和底座两部分组成。其中，熔管由管体、熔体、指示器、触刀、盖板和石英砂填料等组成。有填料管式熔断器均装在特制的底座上，如带隔离刀开关的底座或以熔断器为隔离刀开关的底座上，通过手动机构操作。有填料封闭管式熔断器的额定电流为 50～1000A，主要用于短路电流大的电路或有易燃气体的场所。

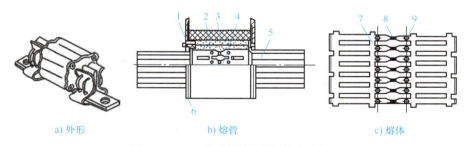

a) 外形　　　　　b) 熔管　　　　　c) 熔体

图 1-13　RT0 系列有填料封闭管式熔断器

1—熔断指示器　2—指示器熔体　3—石英砂　4—工作熔体　5—触刀　6—盖板　7—引弧栅　8—锡桥　9—变截面小孔

有填料封闭管式熔断器除国产 RT 系列，还有从德国 AEG 公司引进的 NT 系列，如 NT1、NT2、NT3 和 NT4 系列。

4）无填料封闭管式熔断器。常用的无填料封闭管式熔断器 RM10 系列如图 1-14 所示，主要由熔管和带夹座的底座组成。其中，熔管由钢纸管（俗称反白管）、黄铜套和黄铜帽组成，安装时黄铜帽与夹座相连，100A 及以上的熔断器的熔管设有触刀，安装时触刀与夹座相连。熔体由低熔点、变截面的锌合金片制成，熔体熔断时，纤维熔管的部分纤维物因受热而分解，产生高压气体，使电弧很快熄灭。

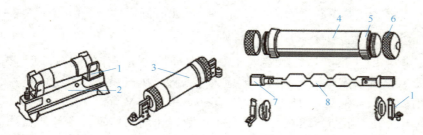

图 1-14　RM10 系列无填料封闭管式熔断器

1—夹座　2—底座　3—熔管　4—钢纸管　5—黄铜套　6—黄铜帽　7—触刀　8—触刀

无填料封闭管式熔断器是一种可拆卸的熔断器，具有结构简单、分断能力较大、保护性能好和使用方便等特点，一般与刀开关组合使用构成熔断器式刀开关。其主要用于容量不是很大且频繁发生过载和短路的负载电路中，对负载实现过载和短路保护。

5）快速熔断器。快速熔断器是一种用于保护半导体元器件的熔断器，由熔断管、触点底座、动作指示器和熔体组成。熔体为银质窄截面或网状形式，只能一次性使用，不能自行更换。由于其具有快速动作性，故常用于过载能力差的半导体元器件的保护，常用的半导体保护性熔断器有 RS、RLS 和从德国 AEG 公司引进的 NGT 型。

6）自复式熔断器。自复式熔断器实质上是一种大功率非线性电阻元件，具有良好的限流性能。其与一般熔断器有所不同，不需更换熔体，能自动复原，多次使用。RM 型和 RT 型等熔断器都有一个共同的缺点，即熔体熔断后，必须更换熔体方能恢复供电，从而使中断供电的时间延长，给供电系统和用电负载造成一定的停电损失。而 RZ1 型自复式熔断器弥补了这一缺点，它既能切断短路电流，又能在短路故障消除后自动恢复供电，无须更换熔体；但在线路中只能限制短路电流，不能切除故障电路。所以自复式熔断器通常与低压断路器配合使用，或者组合为一种带自复式熔断体的低压断路器。

如 DZ10-100R 型低压断路器就是 DZ10-100R 型低压断路器与 RZ1-100 型自复式熔断器的组合，利用自复式熔断器来切断短路电流，而利用低压断路器来通断电路和实现过载保护。它既能有效地切断短路电流，又能减轻低压断路器的工作，提高供电可靠性。

为了抑制分断时产生的过电压，并保证断路器的脱扣机构始终有一动作电流以保证其工作的可靠性，自复式熔断器要并联一阻值为 80 ～ 120MΩ 的附加电阻，自复式熔断器与断路器串联接线如图 1-15 所示。

自复式熔断器的工业产品有 BZ1 系列等，它用于交流 380V 的电路，与断路器配合使用。熔断器的额定电流有 100A、200A、400A 和 600A 四个等级。

注意： 尽管自复式熔断器可多次重复使用，但技术性能却将逐渐劣化，故一般只能重复工作数次。

（3）熔断器的图形符号和文字符号

熔断器的图形符号和文字符号如图 1-16 所示。

图 1-15　自复式熔断器与断路器串联接线　　　图 1-16　熔断器的图形符号和文字符号

（4）熔断器的主要技术参数

1）额定电压 U_N。熔断器的额定电压是指熔断器长期工作时和分断后能够承受的电压，它取决于线路的额定电压，其值一般应大于或等于电气设备的额定电压。熔断器的额定电压等级有 220V、380V、415V、550V、660V 和 1140V 等。

2）额定电流 I_N。熔断器的额定电流是指熔断器长期工作时，各部件温升不超过规定值时所能承受的电流。熔断器的额定电流与熔体的额定电流是不同的，熔断器的额定电流等级比较少，而熔体的额定电流等级比较多，即在同一规格的熔断器内可以安装不同额定电流等级的熔体，但熔体的额定电流最大不超过熔断器的额定电流。如 RL-60 熔断器，其额定电流是 60A，但其所安装的熔体的额定电流就有可能是 60A、50A、40A 和 20A 等。

3）极限分断能力。熔断器的极限分断能力是指熔断器在规定的额定电压和功率因数（或时间常数）的条件下，能分断的最大短路电流值。在电路中出现的最大电流值一般是指短路电流值。所以，极限分断能力也反映了熔断器分断短路电流的能力。

（5）熔断器的选用原则

熔断器的选择主要是根据熔断器的类型、额定电压、额定电流和熔体额定电流等来进行的。选择时要满足线路、使用场合、熔体额定电流及安装条件的要求。

1）在无冲击电流（起动电流）的负载中，如照明、电阻炉等电路，应使熔体额定电流大于或等于被保护负载的工作电流。即 $I_{ue} \geqslant I_{fz}$。

2）在有冲击电流的负载中，如电动机控制电路，为了保证电动机既能正常起动又能发挥熔体的保护作用，熔体的额定电流可按下式计算。

单台直接起动电动机：熔体额定电流 $I_{ue} \geqslant$ 电动机额定电流 I_{ed} 的 1.5 ～ 2.5 倍。

多台直接起动电动机：总保护熔体额定电流 $I_{ue} \geqslant$（1.5 ～ 2.5）$I_{ed.zd} + \sum I_g$

式中，$I_{ed.zd}$ 为电路中容量最大的一台电动机的额定电流，$\sum I_g$ 为其余电动机工作电流之和。

减压起动电动机：熔体额定电流 $I_{ue} \geqslant$ 电动机额定电流 I_{ed} 的 1.5 ～ 2 倍。

（6）熔断器的安装要求

1）安装前要检查熔断器的型号、额定电流、额定电压和额定分断能力等参数是否符合规定要求。

2）安装时应使熔断器与底座触刀接触良好，避免因接触不良而造成温升过高，以致引起熔断器误动作和损伤周围的电器元件。

3）安装螺旋式熔断器时，应将电源进线接在瓷座的下接线端子上，出线接在螺纹壳的上接线端子上。

4）安装熔体时，熔丝应沿螺栓顺时针方向弯过来，压在垫圈下，以保证接触良好，同时不能使熔丝受到机械损伤，以免减小熔丝的截面积，产生局部发热而造成误动作。

5）熔断器安装位置及相互间距离应便于更换熔体，有熔断指示的熔芯，指示器的方向应装在便于观察的一侧。在运行中应经常注意检查熔断器的指示器，以便及时发现电路单相运行情况。若发现瓷底座有沥青类物质流出，表明熔断器接触不良、温升过高，应及时处理。

（7）更换熔断器熔体时的要求

1）更换熔体时，必须切断电源，防止触电；应按原规格更换，安装熔丝时，不能碰伤，也不要拧得太紧。

2）更换新熔体时，要检查熔体的额定值是否与被保护设备相匹配。熔断器熔断时应更换同一型号规格的熔断器。

3）工业用熔断器应由专职人员更换，更换时应切断电源。用万用表检查更换熔体后的熔断器各部分是否接触良好。

4）安装新熔体前，要找出熔体熔断的原因，未确定熔断原因时不要拆换熔体。

6. 常用低压电器——热继电器

热继电器是利用流过热元件的电流所产生的热效应而动作的一种保护电器，主要用于电动机的过载保护、断相保护、电流不平衡运行保护以及其他电气设备发热状态的控制。常见的热继电器有双金属片式、热敏电阻式和易熔合金式，其中以双金属片式的热继电器最多。

（1）热继电器的结构及工作原理

双金属片式热继电器如图 1-17 所示，主要由热元件、双金属片和触点组成。双金属片是热继电器的感测元件，由两种不同热膨胀系数的金属片碾压而成，当双金属片受热时，会出现弯曲变形。使用时，把热继电器的热元件串接在电动机定子绕组中，电动机定子绕组的电流即为流过热元件的电流。其常闭触点串接在电动机的控制电路中。

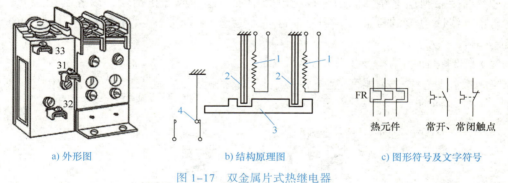

a) 外形图　　　　b) 结构原理图　　　　c) 图形符号及文字符号

图 1-17　双金属片式热继电器

1—热元件　2—双金属片　3—导板　4—触点复位

当电动机正常运行时，热元件产生的热量虽能使双金属片弯曲，但还不足以使热继电器的触点动作。当电动机过载时，双金属片弯曲位移增大，推动导板使常闭触点断开，从而切断电动机控制电路起保护作用。热继电器动作后一般不能自动复位，要等双金属片冷却后按下复位按钮复位。热继电器动作电流的调节可以借助旋转凸轮在不同位置来实现。

（2）热继电器的主要技术参数

热继电器的主要技术参数有热继电器额定电流、整定电流、调节范围和相数等。

热继电器的额定电流是指流过热元件的最大电流。热继电器的整定电流是指能够长期流过热元件而不致引起热继电器动作的最大电流值。热元件的额定电流是指热元件的最大整定电流值。

通常热继电器的整定电流是按电动机的额定电流整定的。对于某一热元件的热继电器，可手动调节整定电流旋钮，通过偏心轮机构，调整双金属片与导板的距离，能在一定范围内调节其电流的整定值，使热继电器更好地保护电动机。

热继电器的品种很多，国产的常用型号有 JR10、JR15、JR16、JR20、JRS1、JRS2、JRS5 和 T 系列等。

（3）热继电器的使用与选择

1）相数选择。一般情况下，可选用两相结构的热继电器，但对三相电压的均衡性较差、工作环境恶劣或无人看管的电动机，宜选用三相结构的热继电器。对于三角形联结的电动机，应选用带断相保护装置的热继电器。

2）热继电器额定电流选择。热继电器的额定电流应大于电动机额定电流，然后根据该额定电流来选择热继电器的型号。

3）热元件额定电流的选择和整定。热元件的额定电流应略大于电动机额定电流。当电动机启动电流为其额定电流的 6 倍以及启动时间不超过 5s 时，热元件的整定电流调节到等于电动机的额定电流；当电动机的启动时间较长、拖动冲击性负载或不允许停车时，热元件整定电流调节到电动机额定电流的 1.11～1.15 倍。

7. 常用低压电器——控制按钮

控制按钮是一种常用的主令电器，是一种短时间接通或断开小电流电路的手动控制器，它不直接控制主电路，而用于控制电路中发出起动或停止指令，以控制接触器、继电器等电器的线圈电流的接通或断开，再由它们去控制主电路。它的额定电压为 500V，额定电流一般为 5A。

（1）控制按钮的结构及工作原理

控制按钮一般由按钮帽、复位弹簧、桥式动触点和静触点以及外壳等组成。其外形与结构如图 1-18 所示。

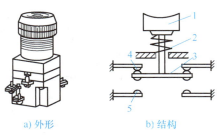

a) 外形　　　　　　　b) 结构

图 1-18　控制按钮的外形与结构

1—按钮帽　2—复位弹簧　3—动触桥　4—动断静触点　5—动合静触点

当用手指按下按钮帽，复位弹簧被压缩，动触桥就向下移动，先脱开动断静触点

（常闭触点），然后与动合静触点（常开触点）接触，从而使常闭触点断开，常开触点闭合；当松开按钮帽时，在复位弹簧的作用下，动触桥恢复原位，其动合触点先断开，而动断触点后闭合。

（2）控制按钮的分类

控制按钮的分类形式较多，按照按钮的结构形式可分为开启式（K）、保护式（H）、防水式（S）、防腐式（F）、紧急式（J）、钥匙式（Y）、旋钮式（X）和带指示灯式（D）等。

紧急式控制按钮用来进行紧急操作，按钮上装有蘑菇形钮帽；指示灯式控制按钮用作信号显示，在透明的按钮盒内装有信号灯；钥匙式控制按钮为了安全，需用钥匙插入方可旋转操作等。为了区分各个按钮的作用，避免误操作，通常将钮帽做成不同颜色，其颜色一般有红、绿、黑、黄、蓝和白等，且以红色表示停止按钮，绿色表示启动按钮。

常用的控制按钮的型号有 LA18、LA19、LA25、LA101、LA38 及 NP1 等。

（3）控制按钮的符号

控制按钮的图形符号和文字符号如图 1-19 所示。

　　a) 动合触点　　　　　b) 动断触点　　　　　c) 复式触点

图 1-19　控制按钮的图形符号和文字符号

（4）控制按钮的选用原则

1）根据使用场合选择按钮的类别和型号。

2）根据控制电路的需要，确定按钮的触点对数及触点形式。

3）根据工作状态指示和动作情况要求选择按钮和指示灯的颜色，而且由于带指示灯的按钮因灯泡发热，长期使用易使塑料灯罩变形，应适当降低灯泡端电压。

4）对于工作环境灰尘较多的场合，不宜选用 LA18 和 LA19 型按钮。

5）在高温场合，塑料按钮易变形老化而引起接线螺钉间相碰短路，此时应加装紧固圈和套管。

 **任务实施**

1. 三相异步电动机单向旋转控制

（1）控制要求

按电动机的起动按钮，电动机保持连续旋转，按停止按钮，电动机停止转动。电路设有短路、过载、欠电压和失电压保护。

（2）任务目标

1）熟悉三相异步电动机单向旋转控制的原理。

2）掌握低压断路器、接触器、熔断器和热继电器等低压电器的好坏判断。

3）掌握电气控制线路的接线方法。

4）掌握控制线路的检查方法。

5）通过完成接线，逐步做到独立思考、胆大心细和遇事不慌，提高自身心理素质。

（3）实训设备

刀开关、熔断器、接触器、热继电器、控制按钮、接线端子和小功率三相异步电动机。

（4）设计步骤

1）电路设计与原理分析。图 1-20 为三相异步电动机单向旋转控制电路的原理图。

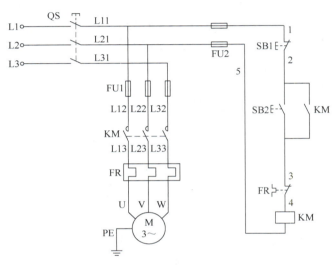

图 1-20　三相异步电动机单向旋转控制电路的原理图

① 起动时，合上刀开关 QS，按下起动按钮 SB2，接触器 KM 线圈通电吸合，主触点闭合，电动机接通三相电源起动。同时，与起动按钮 SB2 并联的接触器辅助常开触点 KM（2—3）闭合，构成自锁电路，使 KM 线圈保持通电，当松开 SB2 时，KM 线圈仍通过自锁电路保持得电，从而使电动机能够连续运转。

② 电动机停转时，按下停止按钮 SB1，接触器 KM 线圈断电释放，KM 主触点与动合辅助触点均断开，切断电动机主电路及控制电路，电动机停止运转。

2）根据原理图完成接线。

① 主电路的接线。从刀开关 QS 下方接线端子 L11、L21、L31 开始。由于电动机的连续运转须考虑电动机的过载保护，因此，要确定所使用的热继电器相数。若使用普通三相式热元件的热继电器，接触器 KM 主触点的三个端子 L13、L23、L33 分别与三相热元件端子连接；若使用只有两相式热元件的热继电器，则 KM 主触点只有两个端子与热元件端子连接，而第三个端子直接经过端子排 XT 相应端子接电动机。**注意**：在接线时不可将热继电器触点的接线端子当成热元件端子接入主电路，否则将烧坏热继电器的触点。

② 控制电路的接线。由于有接触器自锁触点的并联支路，因此，接线时应按下列原则进行：首先接串联支路，接好并检查无误后，再接并联支路，并联连接接触器的自锁触点 KM（2—3）。

注意：在该电路中，从按钮盒中引出的 1 号、2 号、3 号三根导线，要用三芯护套线与接线端子排连接，经过接线端子排再接入控制电路；接触器 KM 自锁触点的上、下端子接线分别为 2 号和 3 号线，不能接错。

（5）电路检查

接线完成后，对照原理图逐线核对检查，核对接线盒内的接线和接触器自锁触点的接线，防止错接。另外，用手拨动各接线端子处接线，排除虚接故障。接着断开 QS，摘下接触器灭弧罩，在断电的情况下，用万用表电阻档（$R \times 1$）检查各电路，方法如下。

1）主电路的检查。

① 在断电状态下，选择万用表合理的欧姆档（数字式一般为 200Ω 档）进行电阻测量法检查。

② 为消除控制电路对测量结果的影响，取下熔断器 FU2 的熔体。

③ 检查各相线间是否断开。将万用表的两只表笔分别接 L11—L21、L21—L31 和 L11—L31 端子，应测得断路。

④ 检查 FU1 及接线。

⑤ 检查接触器 KM 主触点及接线，如接触器带有灭弧罩，需拆卸灭弧罩。

⑥ 检查热继电器 FR 的热元件及接线。

⑦ 检查电动机及接线，按下 KM 的触点架，均应测得电动机绕组的直流电阻值。接着检查电源换相通路，两只表笔分别接 U—V、U—W 和 V—W 端子，均应测得相等的电动机绕组的直流电阻值。

2）控制电路的检查。

① 选择万用表合理的欧姆档（数字式一般为 2kΩ 档）进行电阻测量法检查。

② 断开熔断器 FU2，将万用表表笔接在 1、5 接点上，此时万用表读数应为无穷大。

③ 起动检查：按下按钮 SB2 ↓（此箭头表示动作持续，后同）→应显示 KM 线圈电阻值→再按下 SB1 →万用表应显示无穷大（∞）→说明线路由通到断，线路正常。

④ 自锁电路检查：按下 KM 主触点 ↓ →应显示 KM 线圈电阻值→再按下 SB1 →万用表应显示无穷大（∞）→说明 KM 自锁电路正常。

（6）通电试车操作要求

1）通电试车过程中，必须保证人身和设备的安全，在教师的指导下规范操作，学生不得私自送电。

2）在确认电器元件、接线、负载和电源无误后，清理实训工作台上的杂物，告知周围的学生准备试车，在教师的监督下通电。

3）熟悉操作过程。操作电动机的起动、停止，观察电动机的运行是否正常，接触器有无噪声。

4）试车结束后，应先切断电源，再拆除接线及负载。

2. 单台三相异步电动机单向异地（两地）带点动控制

（1）控制要求

在甲、乙两地，分别按电动机的起动按钮，电动机保持连续旋转；按甲、乙两地任意停止按钮，电动机停止转动；按甲、乙两地的点动按钮，电动机都能实现点动控制。电路设有短路、过载、欠电压和失电压保护。

（2）训练要达到的目的

1）熟悉三相异步电动机单向多点控制电路的原理。

2）掌握低压断路器、控制按钮、接触器和热继电器等低压电器的应用。

3）掌握异地电气控制线路的接线方法。

4）掌握单向多点控制线路的检查方法。

5）通过实训，做到独立思考、胆大心细和遇事不慌，在实践中提高自身心理素质。

（3）实训设备

低压断路器、熔断器、接触器、热继电器、控制按钮、接线端子和小功率三相异步电动机。

（4）设计步骤

1）电路设计与原理分析。图 1-21 为三相异步电动机单向异地（两地）带点动控制电路的原理图，图中 SB1、SB3 和 SB5 为甲地的停止、单向旋转和点动控制按钮；SB2、SB4 和 SB6 为乙地的停止、单向旋转和点动控制按钮。

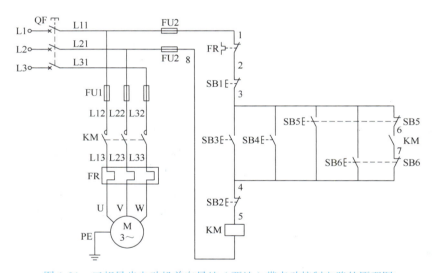

图 1-21　三相异步电动机单向异地（两地）带点动控制电路的原理图

①起动时，合上断路器 QF，按下起动按钮 SB3 或 SB4，接触器 KM 线圈通电吸合，主触点闭合，电动机接通三相电源起动。同时，与起动按钮 SB3 或 SB4 并联的接触器辅助常开触点 KM 闭合，构成自锁电路，使 KM 线圈保持通电，当松开 SB3 或 SB4 时，KM 线圈仍通过自锁电路保持得电，从而使电动机能够连续运转。

②电动机停转时，按下停止按钮 SB1 或 SB2，接触器 KM 线圈断电释放，KM 主触点与动合辅助触点均断开，切断电动机主电路及控制电路，电动机停止运转。

③点动控制操作时，按下起动按钮 SB5 或 SB6，接触器 KM 线圈通电吸合，主触点闭合，电动机接通三相电源起动。此时，与接触器 KM 自锁触点串联的 SB5 或 SB6 常闭触点断开，不能构成自锁电路。当松开 SB5 或 SB6 时，KM 线圈失电，使电动机停止运转，实现点动控制。

2）根据原理图完成接线。

① 主电路的接线。从 QF 下方接线端子 L11、L21、L31 开始，由于电动机的连续运转须考虑电动机的过载保护，因此，要确定所使用的热继电器相数。若使用普通三相式热元件的热继电器，接触器 KM 主触点的三个端子 L13、L23、L33 分别与三相热元件端子连接；若使用只有两相式热元件的热继电器，则 KM 主触点只有两个端子与热元件端子连接，而第三个端子直接经过端子排 XT 相应端子接电动机。注意：在接线时不可将热继电器触点的接线端子当成热元件端子接入主电路，否则将烧坏热继电器的触点。

② 控制电路的接线。由于有并联支路，因此，接线时应按下列原则进行：首先接串联支路，接好并检查无误后，再接并联支路。

注意：在该电路中，从甲地的控制按钮盒中引出四根导线，乙地的控制按钮盒中也引出四根导线，都要与接线端子排连接，经过接线端子排再接入控制电路；接触器 KM 自锁触点的上、下端子接线分别为 6 号和 7 号线，不能接错。

（5）电路检查

接线完成后，对照原理图逐线核对检查，核对接线盒内的接线和接触器自锁触点的接线，防止错接。另外，用手拨动各接线端子处接线，排除虚接故障。取下接触器灭弧罩，在断电的情况下，用万用表电阻档（$R \times 1$）检查各电路，方法如下。

1）主电路的检查。

① 在断电状态下，选择万用表合理的欧姆档（数字式一般为 200Ω 档）进行电阻测量法检查。

② 为消除控制电路对测量结果的影响，取下熔断器 FU2 的熔体。

③ 检查各相线间是否断开。将万用表的两支表笔分别接 L11—L21、L21—L31 和 L11—L31 端子，应测得电阻无穷大为正常。

④ 检查 FU1 及接线。

⑤ 检查接触器 KM 主触点及接线，如接触器带有灭弧罩，需拆卸灭弧罩。

⑥ 检查热继电器 FR 的热元件及接线。

⑦ 检查电动机及接线，按下 KM 的触点架，均应测得电动机绕组的直流电阻值。接着检查电源换相通路，两只表笔分别接 U—V、U—W 和 V—W 端子，均应测得相等的电动机绕组的直流电阻值。

2）控制电路的检查。

① 选择万用表合理的欧姆档（数字式一般为 2kΩ 档）进行电阻测量法检查。

② 断开熔断器 FU2，将万用表表笔接在 1、8 接点上，此时万用表读数应为无穷大。

③ 甲、乙两地启动检查：按下按钮 SB3 或 SB4↓→应显示 KM 线圈电阻值→再按下 SB1 或 SB2→万用表应显示无穷大（∞）→说明线路由通到断，线路正常。

④ 自锁电路检查：按下 KM 主触点↓→应显示 KM 线圈电阻值→再按下 SB1 或 SB2→万用表应显示无穷大（∞）→说明 KM 自锁电路正常。

⑤ 点动电路检查：按下 KM 主触点↓→应显示 KM 线圈电阻值→再按下 SB5 或 SB6→万用表应先显示无穷大（∞）→后再显示 KM 线圈电阻值→说明 KM 自锁电路中串接 SB5 或 SB6 的常闭触点→点动电路正常。

（6）通电试车操作要求

1）通电试车过程中，必须保证人身和设备的安全，在教师的指导下规范操作，学生不得私自送电。

2）在确认电器元件、接线、负载和电源无误后，清理实训工作台上的杂物，告知周围的学生准备试车，在教师的监督下通电。

3）熟悉操作过程。

① 先操作甲地的单向起动、停止和点动，观察电动机的运行是否正常，所用电器工作是否正常。

② 后操作乙地的单向起动、停止和点动，观察电动机的运行是否正常，所用电器工作是否正常。

③ 异地操作：先按下甲地（或乙地）的单向起动按钮→电动机运行→按下乙地（或甲地）的停止按钮→观察电动机是否停止。

4）试车结束后，应先切断电源，再拆除接线及负载。

 知识拓展

1. 实现对三相异步电动机点动、长动控制

（1）控制原理图

图 1-22 是既能长动控制又能点动控制的电气控制原理图。

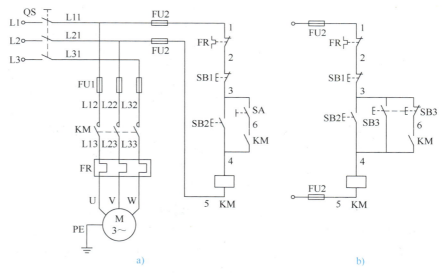

图 1-22　长动、点动控制的电气控制原理图

（2）运行分析

在如图 1-22a 所示的控制电路中，当手动开关 SA 断开时为点动控制，SA 闭合时为连续运转控制。在该控制电路中，起动按钮 SB2 对点动控制和连续运转控制均实现控制作用。

图 1-22b 为采用两个按钮 SB2 和 SB3 分别实现连续运转和点动控制的控制电路图。线路的工作情况分析如下：先合上刀开关 QS，若要电动机连续运转，起动时按下 SB2，

接触器 KM 线圈通电吸合，主触点闭合，电动机 M 起动，KM 自锁触点（4—6）闭合，实现自锁，电动机连续运转。停止时按下停止按钮 SB1，KM 线圈断电，主触点断开，电动机停转，自锁触点（4—6）断开，切断自锁回路。

若要进行点动控制，按下点动按钮 SB3，触点 SB3（3—6）先断开，切断 KM 的自锁回路，触点 SB3（3—4）后闭合，接通 KM 线圈电路，电动机起动并运转。当松开点动按钮 SB3 时，触点 SB3（3—4）先断开，KM 线圈断电释放，自锁触点 KM（6—4）断开，KM 主触点断开，电动机停转，SB3 的动断触点（3—6）后闭合，此时自锁触点 KM（6—4）已经断开，KM 线圈不会通电动作。

在该控制方式中，当松开点动按钮 SB3 时，必须使接触器 KM 自锁触点先断开，SB3 的动断触点后闭合。如果接触器释放缓慢，KM 的自锁触点没有断开，SB3 的动断触点已经闭合，则 KM 线圈就不会断电，这样就变成连续控制了。

2. 三相异步电动机顺序控制

在装有多台电动机的设备上，由于每台电动机所起的作用不同，因此，起动过程有先后顺序的要求。当需要某台电动机起动几秒钟后，另一台方可起动，这样才能保证生产过程的安全，这种控制方式就是电动机的顺序控制。

（1）第一种控制方式

控制系统中有两台电动机，要求电动机 M1 起动后，电动机 M2 才能起动。停止时，两台电动机同时停止。

1）主电路控制方式。图 1-23 是通过主电路来实现上述顺序控制电路的原理图。其控制特点：电动机 M2 的主电路接在 KM1 接触器主触点的下面。当电动机 M1 起动后，电动机 M2 才能起动。

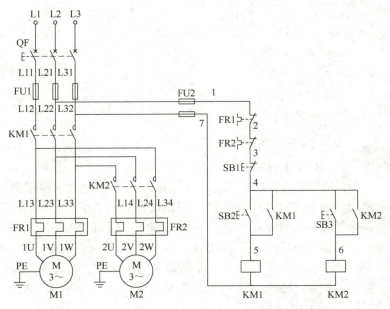

图 1-23　通过主电路实现的顺序控制原理图

控制原理：按下 SB2，KM1 线圈得电吸合并自锁，KM1 的主触点闭合，电动机 M1

起动。再按下 SB3，接触器 KM2 才能吸合并自锁，KM2 的主触点闭合，电动机 M2 起动。停止时，按下 SB1，接触器 KM1、KM2 的线圈断电，接触器 KM1、KM2 的主触点断开，电动机 M1、M2 同时停止。

2）控制回路控制方式。图 1-24 是通过控制电路来实现上述顺序控制电路的原理图。其控制特点：在接触器 KM2 的线圈回路中串接了接触器 KM1 的常开触点。如果接触器 KM1 的线圈不吸合，串接在 KM2 线圈中的 KM1 的常开触点不闭合，即使按下 SB3，接触器 KM2 也不能吸合，这就保证了只有当电动机 M1 起动后，电动机 M2 才能起动。停止时，按下 SB1，接触器 KM1、KM2 的线圈断电，电动机 M1、M2 同时停止。同时，热继电器 FR1、FR2 的常闭触点串联在一起，保证了系统中任何一台电动机发生过载故障时，两台电动机全都停止。

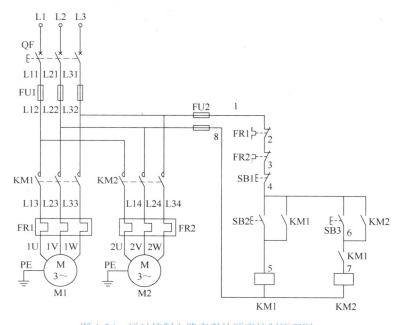

图 1-24 通过控制电路实现的顺序控制原理图 1

（2）第二种控制方式

有一控制系统，装有两台电动机，要求电动机 M1 起动后，电动机 M2 才能起动。停止时 M2 可单独停止，M1 停止时两台电动机同时停止。

图 1-25 是通过控制电路来实现上述控制要求的顺序控制电路的原理图。其控制特点：M2 电动机有单独的停止按钮 SB3，在接触器 KM2 的线圈回路中串接了接触器 KM1 的常开触点。如果接触器 KM1 的线圈不吸合，串接在 KM2 线圈中的 KM1 的常开触点不闭合，即使按下 SB4，接触器 KM2 也不能吸合，这就保证了只有当电动机 M1 起动后，电动机 M2 才能起动。停止时，按下 SB1，接触器 KM1、KM2 的线圈断电，电动机 M1、M2 同时停止。由 SB3 控制 M2 电动机的单独停止。同时，热继电器 FR1、FR2 的常闭触点串联在一起，保证了系统中任何一台电动机发生过载故障时，两台电动机全都停止。

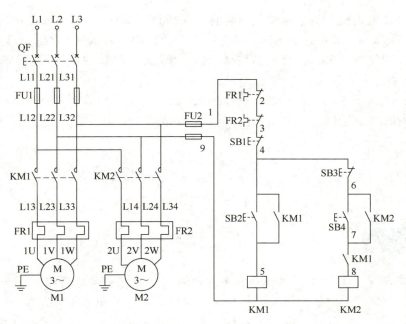

图 1-25　通过控制电路实现的顺序控制原理图 2

（3）第三种控制方式

某一控制系统要求电动机 M1 起动后，电动机 M2 才能起动。停止时，M2 独停后，M1 才能停止。图 1-26 是通过控制电路来实现上述控制要求的顺序控制电路的原理图。

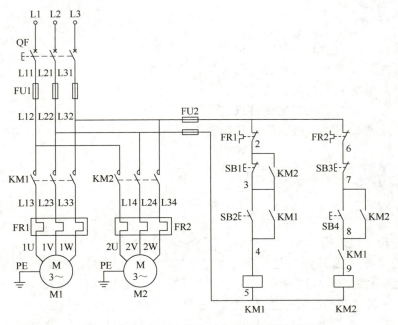

图 1-26　通过控制电路实现的顺序控制原理图 3

其控制特点：在停止按钮 SB1 的两端并联了 KM2 的常开触点，其目的是只有在 M2

电动机停止后，电动机 M1 才能停止。同时，在接触器 KM2 的线圈回路中串接了接触器 KM1 的常开触点。如果接触器 KM1 的线圈不吸合，串接在 KM2 线圈中的 KM1 的常开触点不闭合，即使按下 SB4，接触器 KM2 也不能吸合，这就保证了只有当电动机 M1 起动后，M2 电动机才能起动。

停止时，先按下 SB3，接触器 KM2 的线圈断电，电动机 M2 停止，并联在停止按钮 SB1 两端的 KM2 的常开触点动作；再按下 SB1 时，M1 电动机才能停止。

任务 2　实现电动机的正反转控制

任务引入

在实际应用中，各种生产机械往往要求运动部件能够实现上下、左右和前后等两个方向的运动，如铣床中顺铣和逆铣、机床工作台的往复运动和电梯的上升与下降等，都要求电动机能做正、反向旋转，即可逆运行。由电动机原理可知，改变三相异步电动机三相电源任意两相的相序，就能改变电动机的旋转方向。

正反转控制的特点就是通过正反向接触器改变电动机定子绕组相序来实现的，也可通过倒顺开关来实现。通常采用的电路有电气互锁和双重互锁控制电路。

任务分析

要完成该任务，必须具备以下知识：
1. 熟悉电气互锁和双重互锁控制电路的工作原理。
2. 能绘制主电路和控制电路图。
3. 能依据电气控制原理图完成接线。
4. 掌握正反转控制线路故障的分析和检查方法。

相关知识

1. 常用低压电器——组合开关

（1）组合开关的结构

组合开关又称转换开关，是一种多档位、多触点且能够控制多个回路的主令电器，HZ10 系列转换开关如图 1-27 所示，它主要由手柄、转轴、弹簧、凸轮、绝缘垫板、动触片、静触片、接线柱和绝缘杆等组成。其中手柄、转轴、弹簧、凸轮、绝缘垫板和绝缘杆等构成转换开关的操作机构和定位机构，动触片、静触片和绝缘钢纸板等构成触点系统，若干个触点系统串套在绝缘杆上由操作机构统一操作。

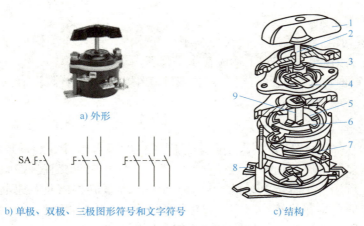

a) 外形

b) 单极、双极、三极图形符号和文字符号

c) 结构

图 1-27　HZ10 系列转换开关

1—手柄　2—转轴　3—弹簧　4—凸轮　5—绝缘垫板　6—动触片　7—静触片　8—接线柱　9—绝缘杆

动触片由两片磷铜片（或硬紫铜片）和具有良好灭弧性能的绝缘钢纸板铆合而成，其结构有 90°、180° 两种，和绝缘垫板一起套在绝缘杆上。组合开关的手柄能沿正反两个方向转动 90°，并带动三个动触点分别与三个静触点接通或断开。

组合开关有单极、双极和多极之分。它是由单个或多个单极旋转开关叠装在同一根方形转轴上组成的。在开关的上部装有定位机构，它能使触片处在一定的位置上。定位角分 30°、45°、60° 和 90° 等几种。

（2）组合开关的用途

组合开关结构紧凑，安装面积小，操作方便，广泛用于机床电路和成套设备中，主要用作电源的引入开关，用来接通和分断小电流电路，如电流表、电压表的换相测量等，也可以用于控制小容量电动机，如 5kW 以下小功率电动机的起动、换向和调速。

（3）组合开关的图形符号、文字符号及常用型号

组合开关的图形符号和文字符号如图 1-27b 所示，常用型号有 HZ5、HZ10 系列，图 1-27a、c 为 HZ10 系列组合开关的外形与结构图。

HZ5 系列额定电流有 10A、20A、40A 和 60A 四种。

HZ10 系列额定电流有 10A、25A、60A 和 100A 四种，适用于交流 380V 以下、直流 220V 以下的电器设备中。

（4）组合开关的选用原则

应根据用电设备的电压等级、所需触点数及电动机的功率选用组合开关。

1）用于照明或电热电路时，组合开关的额定电流应大于或等于被控制电路中各负载电流的总和。

2）用于电动机电路时，组合开关的额定电流应取电动机额定电流的 1.5 ～ 2.5 倍。

3）组合开关的通断能力较低，不能用来分断故障电流。当用于控制异步电动机的正反转时，必须在电动机停转后才能反向起动，且每小时的接通次数不能超过 15 ～ 20 次。

4）组合开关本身不带过载和短路保护，如果需要这类保护，就必须增加其他保护电器。

（5）安装注意事项

1）HZ10 系列组合开关应安装在控制箱或壳体内，其操作手柄最好安装在控制箱的前面或侧面。开关为断开状态时手柄应在水平位置。

2）若需在箱内操作，最好将组合开关安装在箱内上方，若附近有其他电器，则需采取隔离措施或者绝缘措施。

2. 常用低压电器——万能转换开关

万能转换开关简称转换开关，是由多组同结构的触点组件叠装而成的多回路控制电器，可同时控制多条电路的通断，且具有多个档位，广泛用于交直流控制回路、信号回路和测量回路，也可用于小容量电动机的起动、制动、正反转换向及双速电动机的调速控制等。由于它触点数量多，换接线路多，并可根据需要增减触点数量、任意排列组合以实现各种接线方案，因此用途广泛，被称为"万能"转换开关。

（1）万能转换开关的结构

万能转换开关由操作机构、定位装置和触点系统三部分组成，用螺栓组装成整体。如属防护型产品，还设有金属外壳。LW5 系列转换开关的结构如图 1-28 所示。

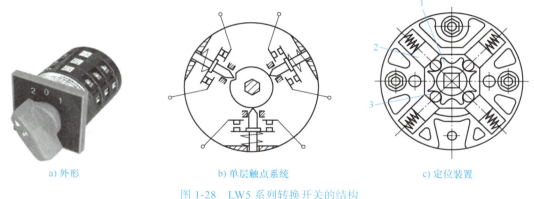

a) 外形　　　　　　b) 单层触点系统　　　　　　c) 定位装置

图 1-28　LW5 系列转换开关的结构

1—棘轮　2—滑块　3—滚轮

触点为双断点桥式结构，每个由胶木压制的触点座内可安装 2～3 对触点。触点的通断由凸轮控制，操作时手柄带动转轴，使凸轮转动，从而使触点接通或断开。每对触点上还有隔弧装置以限制电弧扩散。由于凸轮形状或安装形式不同，当操作手柄在不同位置时，触点的分、合情况也不同，从而达到换接电路的目的。

定位装置采用滚轮卡棘轮辐射形结构。操作时滚轮与棘轮的摩擦为滚动摩擦，因此所需操作力小，定位可靠，寿命长。此外，这种机构还起一定的速动作用，既有利于提高分断能力，又能加强触点系统动作的同步性。

转换开关按手柄形式可分为旋钮、普通手柄、带定位可取出钥匙的和带指示灯的等。转换开关按定位形式可分为自复式和定位式。定位角分 30°、45°、60° 和 90° 等。

（2）万能转换开关的图形符号、文字符号和触点通断表

万能转换开关的图形符号、文字符号和触点通断表如图 1-29 所示。图形符号中"每一横线"代表一路触点，而用竖的虚线代表手柄的位置。哪一路接通，就在代表该位置

的虚线上的触点下用黑点"●"表示。触点通断也可用通断表来表示，如图 1-29b 所示，表中"×"表示触点闭合，空白表示触点分断。例如，在图 1-29a 中，当转换开关的手柄置于"I"位置时，表示"1""3"触点接通，其他触点断开；置于"0"位置时，触点全部接通；置于"II"位置时，触点"2""4""5""6"接通，其他触点断开。

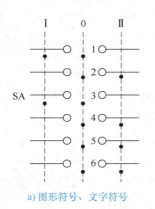

触点编号	手柄定位		
	I	0	II
1	×	×	
2		×	×
3	×	×	
4		×	×
5		×	×
6			×

a) 图形符号、文字符号　　　　　　　　b) 触点通断表

图 1-29　万能转换开关的图形符号、文字符号和触点通断表

（3）万能转换开关常用的型号

常用的转换开关除了 LW5 系列外，还有 LW6、LW8 和 LW12 等。LW5 系列用于交、直流电压为 500V 及以下的电路；LW6 系列用于交流电压为 380V 及以下的电路，或直流 220V 及以下的电路；LW8 系列是一种改进型的，该系列转换开关没有金属转轴，采用无轴直齿连接结构，用于交流电压为 380V 及以下的电路，或直流 220V 及以下的电路；LW12 系列是引进国外先进技术，采用新工艺新材料，为我国核电厂设计制造的，可取代 LW5、LW6 和 LW8 等系列，用于额定电流为 16A、交流电压为 380V 及以下的电路，或直流 220V 及以下的电路，以及 5.5kW 及以下的三相异步电动机的直接控制电路。

图 1-30 为 LW5 型 5.5kW 的转换开关的结构图，是专用作小容量异步电动机的正反转控制转换开关。

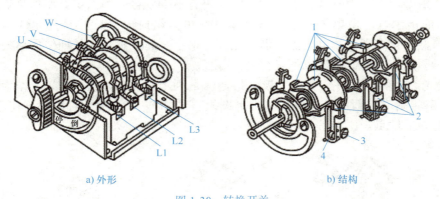

a) 外形　　　　　　　　　　　　　　b) 结构

图 1-30　转换开关

1—动触点　2—静触点　3—调节螺钉　4—触点压力弹簧

开关右侧装有三副静触点，标注号分别为 L1、L2 和 L3，左侧也装有三副静触点，

标注号分别为 U、V、W。转轴上固定有两组共六个动触点。开关手柄有"倒""停""顺"三个位置，当手柄置于"停"位置时，两组动触点与静触点均不接触。当手柄置于"顺"位置时，一组三个动触点分别与左侧三副静触点接通；当手柄置于"倒"位置时，转轴上另一组三个动触点分别与右侧三副静触点接通。

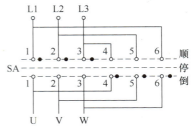

图 1-31　转换开关接线图

图 1-31 为转换开关接线图，图中小黑点表示开关手柄在不同位置上各支路的通断状况。开关手柄置于"停"位置时支路 1 ～ 6 均不接通；置于"顺"位置时，支路 1、2、3 接通；置于"倒"位置时，则支路 4、5、6 接通。

3. 常用低压电器——指示灯

（1）指示灯的用途

指示灯也叫信号灯，主要用于各种电气设备及线路中作电源指示、显示设备的工作状态以及操作警示等，外形有圆形和方形等，常见的颜色有红、黄、蓝、绿和白，不同的颜色表示不同的状态：红色（RD）表示运行，红闪为故障显示；绿色（GN）为电源指示，绿闪为故障显示；黄色（YE）表示过程或故障预警信号。

（2）指示灯的结构

指示灯主要由壳体、发光体和灯罩等组成，按其结构形式分，有直接式、变压器降压式、电阻降压式和电容降压式等。信号灯按其工作原理分，有白炽灯型、氖泡型和发光二极管型等。

1）白炽灯型信号灯。白炽灯型信号灯的发光元件用小型白炽灯，在工作电压较高时，可串联电阻降压或带一小降压变压器使用。灯泡工作电压从 6.3 ～ 220V 不等，功耗从 1 ～ 30W 不等。

此种灯泡的缺点是体积大，功耗高，而且白炽灯易碎，寿命也不长，在使用过程中由于振动而经常损坏，给维修使用带来很多不便，白炽灯散发出的热量往往致使灯壳过热而影响和缩短寿命；但由于其亮度较大，因此仍有不少场合使用白炽灯型信号灯。

2）氖泡指示灯。由单个或多个氖泡串并联可以组成信号灯的发光元件。氖泡体积小，功耗极低，只有辉光放电电流，但发光强度很小，而且氖灯在长期使用后发光效率会明显下降，因此使用寿命指标也不是很高。

3）发光二极管信号灯。发光二极管信号灯是利用发光二极管（LED）作为光源，将多个 LED 串联制成的新型信号灯，其外形图及符号如图 1-32 所示，目前正在广泛使用。该类产品有如下优点。

a) 外形　　　　　　　　　　　　　b) 图形和文字符号

图 1-32　发光二极管信号灯的外形图及符号

① 体积小。其结构为由多个（一般 3 ～ 6 个）发光二极管串联，加上限流电阻封装在一个小壳内，用环氧树脂浇封。由于发光二极管体积小，限流电阻因电流小也只需用 0.5W 以下规格，因此灯体体积也小。

② 功耗小。发光二极管的工作特性如图 1-33a 所示。一般可取弯曲部位的工作电流，再通过校验加以校正，以发光量适度时的电流值为宜。其发光特性如图 1-33b 所示，图 1-33 所示的这种发光二极管一般可取 10mA 左右，使用时应根据发光二极管型号规格不同而异。

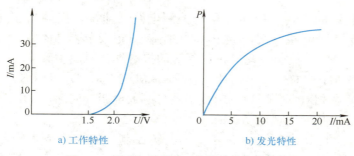

a) 工作特性　　　　　　　　　　b) 发光特性

图 1-33　发光二极管的工作特性和发光特性

发光二极管信号灯的总功耗（包括每只发光二极管和限流电阻）以工作电压比较高的 220V 为例，工作电流取 10mA 可得：

$$P=UI=220 \times 0.01W=2.2W$$

③ 寿命长，工作可靠。由于采用环氧树脂浇封，整体性好，且耐冲击振动，因此发光二极管信号灯的工作寿命高于白炽灯型信号灯。

（3）指示灯的常用型号

指示灯的常用型号有国产的 AD、XD、ND30 和 LD 系列。其中 AD、XD 系列为老型号，采用钨丝、氖泡作光源；而新型的 LD 系列多采用半导体 LED 作光源。电气控制系统常用 ϕ16mm、ϕ22mm 和 ϕ30mm 规格，另外，引进产品有西门子、富士和施耐德等。

 任务实施

三相异步电动机可逆旋转控制。

1. 控制要求

按下电动机的正转起动按钮，电动机保持连续旋转；按停止按钮，电动机停止转动；再按下反转起动按钮，电动机保持连续旋转，实现正转→停止→反转控制过程；或按下电动机的正转起动按钮，电动机保持连续旋转；再按下反转起动按钮，电动机反向运行；按停止按钮，电动机停止转动，实现正转→反转→停止控制过程。电路设有短路、过载、欠电压和失电压保护。

2. 任务目标

1）熟悉三相异步电动机可逆旋转控制电路的原理。

2）掌握转换开关、控制按钮和接触器等低压电器的应用。

3）掌握可逆旋转控制线路的接线方法。

4）掌握可逆旋转控制线路的检查方法。

5）在实训中，不懂就问、切忌将问题装在心里，要在实践中提高自身的技能。

3. 实训设备

断路器、转换开关、熔断器、接触器、热继电器、控制按钮、接线端子和小功率三相异步电动机。

4. 设计步骤

1）带电气互锁的正转→停止→反转控制电路，即按钮控制的正转→停止→反转控制电路。图 1-34 为按钮控制的正反转控制电路。图中 KM1、KM2 分别为控制电动机正、反转的接触器，对应主触点接线相序分别是：KM1 按 U—V—W 相序接线，KM2 按 W—V—U 相序接线，即将 U、V 两相对调，所以两个接触器分别通电吸合时，电动机的旋转方向不一样，从而实现电动机的可逆运转。

自锁、互锁、联锁原理

图 1-34 所示控制线路尽管能够完成正反转控制，但在按下正转起动按钮 SB2 时，KM1 线圈通电并且自锁，接通正序电源，电动机起动正转。若出现操作错误，即在按下正转起动按钮 SB2 的同时又按下反转起动按钮 SB3，KM2 线圈通电并自锁，这样会在主电路中发生 U、V 两相电源短路事故。

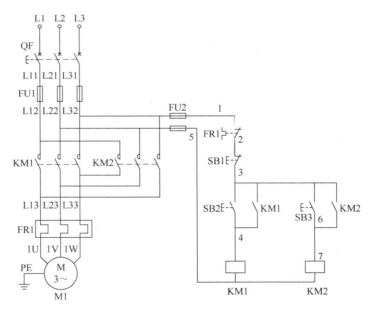

图 1-34 按钮控制的正反转控制电路

为了避免误操作带来的电源短路事故的发生，必须保证控制电动机正反转的两个接触器线圈不能同时通电吸合，即在同一时间里只允许一个接触器通电工作，把这种控制作用称为互锁或联锁。互锁的方法有两种：一种是接触器互锁，即将 KM1、KM2 的辅助常闭触点分别串接在对方线圈电路中形成相互制约的控制；另一种是按钮互锁，即采用复合按钮，将 SB1、SB2 的常闭触点分别串接在对方控制的线圈电路中，形成相互制约的控制；图 1-35 为带接触器互锁保护的正、反转控制线路，即正转→停止→反转控制电路。

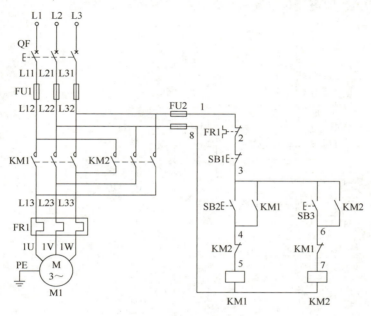

图 1-35　带接触器互锁保护的正、反转控制电路

在正转→停止→反转控制电路中，当按下正转起动按钮 SB2 时→正转接触器 KM1 线圈通电→主触点闭合→电动机正转运行。同时，由于 KM1 的常闭辅助触点断开，切断了反转接触器 KM2 的线圈电路，这样，即使按下反转起动按钮 SB3，也不会使反转接触器 KM2 的线圈通电工作。同理，在反转接触器 KM2 动作后，也保证了正转接触器 KM1 的线圈不能通电工作。

工作原理：合上低压断路器 QF，按下正向起动按钮 SB2 →正转接触器 KM1 线圈通电→KM1 的常闭辅助触点（6—7）断开→实现电气互锁；KM1 主触点闭合→电动机 M 正向启动运行；KM1 的常开辅助触点（3—4）闭合→实现自锁。当反向起动时，按下停止按钮 SB1 →接触器 KM1 线圈失电→KM1 的常开辅助触点（3—4）断开→切除自锁→KM1 主触点断开→电动机断电；KM1 的常闭辅助触点（6—7）恢复闭合。若再按下反转起动按钮 SB3 →接触器 KM2 线圈通电→KM2 的常闭辅助触点（4—5）断开→实现互锁；KM2 主触点闭合→电动机 M 反向起动；KM2 的常开辅助触点（3—6）闭合→实现自锁。

2）带电气、按钮双重互锁保护的正转→反转→停止控制电路。在如图 1-35 所示的电气控制线路中，电动机由正转变反转或由反转变正转的操作中，必须先停电动机，再进行反向或正向起动的控制，这样不便于操作。为克服这一缺点，采用电气、按钮双重互锁的正反转控制电路，如图 1-36 所示，以实现电动机直接由正转变为反转或者由反转直接变为正转。它是在如图 1-35 所示控制电路的基础上，采用复合按钮，用起动按钮的常闭触点构成按钮互锁，形成具有电气、按钮双重互锁的正反转控制电路。该电路既可以实现正转→停止→反转、反转→停止→正转的操作，又可以实现正转→反转→停止、反转→

正转→停止的操作。

图 1-36 的工作原理与图 1-35 基本相同，只是在电动机由正转变为反转时，只需按下反转起动按钮 SB3，即可实现电动机反转运行，不必先按停止按钮 SB1。

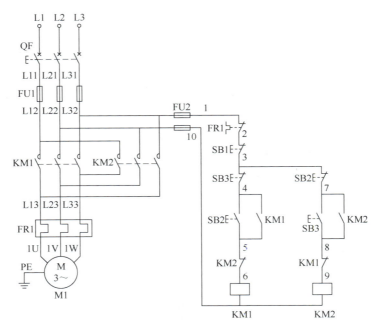

图 1-36　带电气、按钮双重互锁保护的正转→反转→停止控制电路

注意：在此类控制电路中，复式按钮不能代替电气联锁的作用。这是因为，当接触器 KM1 的主触点发生熔焊或被杂物卡住时，即使接触器的线圈断电，主触点也打不开，由于相同的机械连接，使得该接触器的常闭、常开辅助触点不能复位，即接触器 KM1 的常闭触点处于断开状态，这样可防止操作者在未发觉出现熔焊故障的情况下，按下反转起动按钮 SB3，KM2 接触器线圈通电使主触点闭合而造成电源短路故障，因此，只采用复式按钮保护的电路是不安全的。

在实际工作中，经常采用具有电气、按钮双重互锁的正转→反转→停止控制电路，其优点是既能实现电动机直接正、反转控制的要求，又能保证电路安全可靠地工作，因此常用在电力拖动控制系统中。

3）转换开关控制的正反转控制电路。图 1-37 为转换开关控制的正反转电路。对于容量在 5.5kW 以下的电动机，可采用转换开关直接控制电动机的正反转。对于容量在 5.5kW 以上的电动机，只能用转换开关预选电动机的旋转方向，而由接触器 KM 来控制电动机的起动与停止。

5. 根据原理图完成接线

1）主电路的接线。从断路器 QF 下方接线端子 L11、L21、L31 开始，接线方法与单向旋转电路基本相同，注意两个接触器主触点间的换相接线，一般是主触点的进线不换相，出线换相。接触器主触点端子之间的连线可直接在主触点所在位置的平面内走线，不必靠近安装底板，以减少导线的弯折。

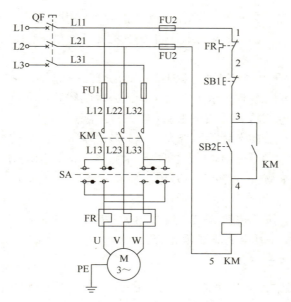

图 1-37　转换开关控制的正反转电路

2）控制电路的接线。在对控制电路进行接线时，可先接好三个按钮间的联锁线，然后连接接触器的自锁、互锁电路，每接一条线，在图上标出一个记号，随做随核查，避免漏接、错接和重复接线。

注意：在正转→停止→反转控制电路中，按钮盒进出四根导线；在正转→反转→停止控制电路中，按钮盒进出五根导线，不能接错。

6. 电路检查

接线完成后，对照原理图逐线核对检查，核对接线盒内的接线和接触器自锁触点的接线，防止错接。另外，用手拨动各接线端子处接线，排除虚接故障。接着断开 QF，摘下接触器灭弧罩，在断电的情况下，用万用表电阻档（$R \times 1$）检查各电路，方法如下。

1）主电路的检查。

① 在断电状态下，选择万用表合理的欧姆档（数字式万用表一般为 200Ω 档）进行电阻测量法检查。

② 为消除控制电路对测量结果的影响，取下熔断器 FU2 的熔体。

③ 检查各相线间是否断开。将万用表的两支表笔分别接 L11—L21、L21—L31 和 L11—L31 端子，应测得断路。

④ 检查 FU1 及接线。

⑤ 检查接触器 KM1、KM2 主触点及接线，如接触器带有灭弧罩，需拆卸灭弧罩。

⑥ 检查热继电器 FR 的热元件及接线。

⑦ 检查电动机及接线，按下 KM1 或 KM2 的触点架，均应测得电动机绕组的直流电阻值。接着检查电源换相通路，两只表笔分别接 U—V、U—W 和 V—W 端子，均应测得相等的电动机绕组的直流电阻值。

2）控制电路的检查。

① 选择万用表合理的欧姆档（数字式万用表一般为 2kΩ 档）进行电阻测量法检查。

② 断开熔断器 FU2，在正转→停止→反转控制电路中，将万用表表笔接在 1、8 接点上，或在正转→反转→停止控制电路中，将万用表表笔接在 1、10 接点上，此时万用表读数应为无穷大。

③ 正、反向启动检查：按下按钮 SB2（或 SB3）→应显示 KM1（或 KM2）线圈电阻值→再按下 SB1→万用表应显示无穷大（∞）→说明线路由通到断，线路正常。

④ 正、反向自锁电路检查：按下 KM1 或 KM2 主触点→应显示 KM1 或 KM2 线圈电阻值→再按下 SB1→万用表应显示无穷大（∞）→说明 KM1 或 KM2 自锁电路正常。

⑤ 电气互锁检查：按下 KM1（或 KM2）主触点→应显示 KM1（或 KM2）线圈电阻值→再按下 KM2（或 KM1）主触点→万用表应显示无穷大（∞）→说明 KM1 与 KM2 互锁电路正常。

⑥ 按钮互锁检查：按下按钮 SB2（或 SB3）→应显示 KM1（或 KM2）线圈电阻值→再按下 SB3（或 SB2）→万用表应显示无穷大（∞）→说明 SB2 与 SB3 互锁电路正常。

7. 通电试车操作要求

1）通电试车过程中，必须保证人身和设备的安全，在教师的指导下规范操作，学生不得私自送电。

2）在确认电器元件、接线、负载和电源无误后，清理实训工作台上的杂物，告知周围的学生准备试车，在教师的监督下通电。

3）熟悉操作过程。操作电动机的正转→停止→反转控制或正转→反转→停止控制，观察电动机的运行是否正常，接触器有无噪声。

4）试车结束后，应先切断电源，再拆除接线及负载。

 知识拓展

1. 常用低压电器——行程开关

行程开关又称限位开关。在电力拖动系统中，有些场合常常需要控制运动部件的行程，以改变电动机的工作状态，如机械运动部件移动到某一位置时，要求自动停止、反向运动或改变移动速度。它是依据生产机械的行程发出命令，从而实现行程控制或限位保护的一种主令电器。行程开关主要应用于各类机床和起重机械控制电路中。

行程开关的种类很多，常用的行程开关有直动式、单轮旋转式和双轮旋转式，如图 1-38 所示，常用的行程开关有 LX19、JLXK1 等系列。

a) 直动式   b) 单轮旋转式   c) 双轮旋转式

图 1-38　JLXK1 系列行程开关

LX19 及 JLXK1 系列行程开关都具有一个常闭触点和常开触点，其触点有自动复位（直动式、单轮式）和不能自动复位（双轮式）两种类型。

各种行程开关的结构基本相同，大都由推杆、触点系统和外壳等部件组成，区别仅在于行程开关的传动装置和动作速度不同。JLXK1 直动式行程开关结构示意图如图 1-39 所示。

（1）行程开关的工作原理

行程开关的工作原理与控制按钮类似。行程开关的作用与控制按钮大致相同，只是其触点的动作不是靠手指的按动，而是利用生产机械上某运动部件上的撞块碰撞或碰压而使触点动作，以此来通断电路，实现控制的要求。如图 1-39 所示，当推杆受到推力 F 的作用时，开始向下运动并压迫弹簧，但触点并不动作；当推杆运动达到一定行程，使 O 点越过 O' 时，触点在触点弹簧的作用下迅速动作，从一个位置跳到另一个位置，使动断触点断开，动合触点闭合。触点断开与闭合的速度不取决于推杆的行进速度，而由弹簧的刚度和结构所决定。触点的复位由复位弹簧来完成。各种结构的行程开关，只是传感部件的机构和工作方式不同，而触点的动作原理都是类似的。

（2）行程开关的图形符号及文字符号

行程开关的图形符号及文字符号如图 1-40 所示。

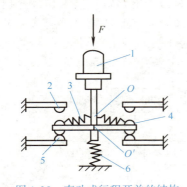

a) 常开触点   b) 常闭触点

图 1-39   直动式行程开关的结构

图 1-40   行程开关的图形符号和文字符号

1—顶杆 2—常开触点 3—触点弹簧
4—动触点 5—常闭触点 6—复位弹簧

2. 常用低压电器——接近开关

接近开关又称为无触点行程开关，是一种非接触式的位置开关，它由感应头、高频振荡器、放大电路和外壳组成。当某种物体与接近开关的感应头接近到一定距离时，接近开关就输出一个电信号，它不像机械行程开关那样需要施加机械力。它不仅能代替有触点行程开关来完成行程控制和限位控制，还可用于高频计数、测速、液面控制、零件尺寸检测和加工程序的自动衔接等非接触式控制。由于它具有非接触式触发、动作速度快、可在不同的检测距离内动作、发出的信号稳定无脉动、工作可靠、寿命长、重复定位精度高以及能适应恶劣的工作环境等特点，在数控机床、纺织、印刷和塑料等工业生产中应用广泛。图 1-41 为接近开关的外形图。

图 1-41　接近开关的外形图

（1）接近开关的分类

接近开关的种类很多，按其工作原理来分，有电感式、电容式、差动变压器式、霍尔式、超声波式、红外光电式和热释电式等。无论哪种接近开关，都是由信号感测机构（感应头）、检测电路、输出电路和稳压电源组成。

1）电感式接近开关。电感式接近开关主要由感应头、LC 高频振荡电路、输出电路和电源组成。其结构框图如图 1-42 所示，工作时接通电源后，振荡器振荡，检测电路输出低电位，输出电路开路，没有信号输出。当金属检测体接近感应头时，金属物体内部产生的涡流将吸取振荡器的能量，致使振荡器停振，此时检测电路输出高电位，输出电路接通，发出相应的信号，即能检测出金属检测体存在。当金属检测体离开感应头后，振荡器即恢复振荡，输出电路恢复为初始状态。电感式接近开关的输出信号通常为 4 ～ 20mA、0 ～ 10mA、0 ～ 10V 和 2 ～ 10V 等，同时具备短路、过载和反向等保护。

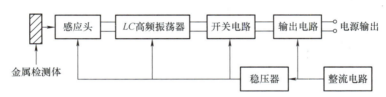

图 1-42　高频振荡电感式接近开关结构框图

2）电容式接近开关。电容式接近开关一般是用传感头产生电场，当作用体靠近时，不论它是否为导体，由于它的接近，总要使电容的介电常数发生变化，从而使电容量发生变化，使得和测量头相连的检测电路状态也随之发生变化，由此便可控制输出电路的接通或断开。这种接近开关检测的对象不限于导体，可以是绝缘的液体或粉状物等。

3）差动变压器式接近开关。差动变压器式接近开关是两个带铁磁物质的线圈，当作用衔铁不存在时，由于磁路对称，差动线圈中感应电动势极性相反而平衡；当作用衔铁靠近某一线圈的开放磁路时，其电路参数改变，导致不平衡，在输出端有信号输出。其工作原理如图 1-43 所示。

4）霍尔式接近开关。霍尔式接近开关是一种有源磁电转换器件，利用霍尔效应原理，把输入信号磁感应强度 B 转换成数字电压或电流信号的开关。霍尔式接近开关是由霍尔元件做成，霍尔元件是一种磁敏元件。当磁性物件移近霍尔开关时，开关检测面上的霍尔元件因产生霍尔效应而使开关内部电路状态发生变化，由此识别附近有磁性物体存在，进而控制开关的通或断。这种接近开关的检测对象必须是磁性物体。其工作原理如图 1-44 所示。

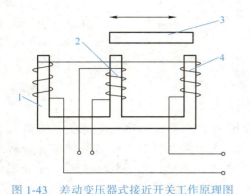

图 1-43　差动变压器式接近开关工作原理图
1—铁心　2—励磁线圈　3—作用衔铁　4—差动线圈

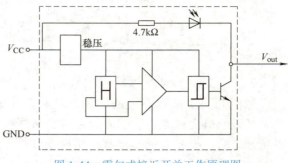

图 1-44　霍尔式接近开关工作原理图

5）热释电式接近开关。热释电式接近开关是用能感知温度变化的元件做成的开关。这种开关是将热释电器件安装在开关的检测面上，当有与环境温度不同的物体接近时，热释电器件的输出变化，由此便可检测出有物体接近。

6）超声波式接近开关。超声波式接近开关是利用多普勒效应做成的开关。当物体与波源的距离发生改变时，接收到的反射波的频率会发生偏移，这种现象称为多普勒效应。声呐和雷达就是利用这个效应的原理制成的。利用多普勒效应可制成超声波式接近开关、微波式接近开关等。当有物体移近时，接近开关接收到的反射信号会产生多普勒频移，由此可以识别出有无物体接近。

目前很多接近开关都采用集成电路，有利于缩小开关体积、降低开关功耗和提高开关的可靠性。接近开关的发展趋势：增大检测距离；提高重复精度和减小复位行程；向全封闭型发展，以提高开关的寿命和可靠性。

（2）接近开关的主要参数

接近开关的主要技术参数除了工作电压、输出电流或控制功率以外，还有以下几个参数。

1）动作距离。对不同类型的接近开关，动作距离含义不同。大多数接近开关的动作距离是指开关刚好动作时感应头与检测体之间的距离。以能量束为原理的接近开关的动作距离则是指发送器与接收器之间的距离。接近开关说明书中规定的是动作距离的标准值，在常温和额定电压下，开关的实际动作值不应小于其标准值，也不能大于标准值的 1.2 倍。一般动作距离在 5 ～ 30mm 之间，精度在 5μm ～ 0.5mm 之间。

2）重复精度。在常温和额定电压下连续进行 10 次试验，取其中最大或最小值与 10 次试验的平均值之差作为接近开关的重复精度。

3）操作频率。操作频率即每秒最高操作次数。操作频率的大小与接近开关信号发生机构原理及输出元件的种类有关。采用无触点输出形式的接近开关，操作频率主要取决于信号发生机构及电路中的其他储能元件。若为触点输出形式，则主要取决于所用继电器的操作频率。

4）复位行程。复位行程指开关从"动作"到"复位"的位移距离。

5）接近开关的图形符号及文字符号如图 1-45 所示。

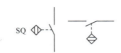

图 1-45　接近开关的图形符号及文字符号

3. 常用低压电器——光电开关

光电开关是接近开关的一种，是利用光电效应做成的开关，简称光电开关。光电开关的电路一般由投光器和受光器组成，根据需要，有将投光器和受光器做成一体的，也有相互分离的。投光器的光源有的用白炽灯，而现在普遍采用发光二极管作为光源。受光器中的光电元件既可用光电晶体管也可用光电二极管。当被检测物体接近时，投光器的光线被遮挡，受光器接收到的光强度减弱，从而使开关内部电路状态发生变化，进而控制开关的通或断，由此便可"感知"有物体接近。目前，光电开关被广泛用于物体检测、液位控制、产品计数、宽度判断、速度检测、定长剪切、孔洞识别、信号延时自动门传感、色标检出以及安全防护等诸多领域。图 1-46 为光电开关的外形图。

图 1-46　光电开关的外形图

（1）光电开关的分类

光电开关按结构可分为放大器分离型、放大器内藏型和电源内藏型三类。按检测方式可分为反射式、对射式和镜面反射式三种类型。

1）放大器分离型是将放大器与传感器分离，并采用专用集成电路和混合安装工艺制成，由于传感器具有超小型和多品种的特点，而放大器的功能较多，因此，该类型采用端子台连接方式，可交、直流电源通用。同时具有接通和断开延时功能，可设置亮动、暗动切换开关，能控制六种输出状态，兼有接点和电平两种输出方式。

暗动：即遮光动作。它表示在进入受光器的光束减少到一定程度时或被全遮时，输出晶体管将导通输出。

亮动：也称受光动作。它是指进入受光器的光束增加到一定量时，输出晶体管导通且有输出。

2）放大器内藏型是将放大器与传感器一体化，采用专用集成电路和表面安装工艺（SMT）制成，使用直流电源工作。其响应速度快，能检测狭小和高速运动的物体。改变电源极性可转换亮动、暗动，并可设置自诊断稳定工作区指示灯。其兼有电压和电流两种输出方式，能防止放大器与传感器相互干扰，在系统安装中十分方便。

3）电源内藏型是将放大器、传感器与电源装置一体化，采用专用集成电路和表面安装工艺制成。它一般使用交流电源，适用于在生产现场取代接触式行程开关，可直接用于强电控制电路。也可自行设置自诊断稳定工作区指示灯，输出备有固态继电器（SSR）或继电器常开、常闭触点，可防止放大器、传感器与电源装置相互干扰，并可紧密安装在系统中。

（2）光电开关工作原理

反射式光电开关的工作原理框图如图 1-47 所示，由振荡回路产生的调制脉冲经反射电路后，由发光管 GL 辐射出光脉冲。当被测物体进入受光器的作用范围时，被反射回来的光脉冲进入光电晶体管 DU，并在接收电路中将光脉冲解调为电脉冲信号，再经放大器放大和同步选通整形，然后用数字积分或 RC 积分方式排除干扰，最后经延时（或不延时）触发驱动器输出光电开关控制信号。

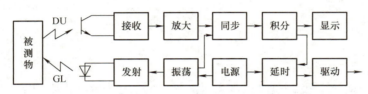

图 1-47　反射式光电开关的工作原理框图

光电开关一般都具有良好的回差特性，因而即使被检测物在小范围内晃动也不会影响驱动器的输出状态，从而可使其保持在稳定工作区。同时，自诊断系统还可以显示受光状态和稳定工作区，以随时监视光电开关的工作。

（3）光电开关的特点

1）有自诊断稳定工作区指示功能，可及时告知工作状态是否可靠。

2）对射式、反射式和镜面反射式的光电开关都有防止相互干扰的功能，安装方便。

3）响应速度快，高速光电开关的响应速度可达到 0.1ms，每分钟可进行 30 万次检测操作，能检出高速移动的微小物体。

4）采用专用集成电路和先进的表面安装工艺，具有很高的可靠性。

5）体积小、质量轻，安装调试简单，并具有短路保护功能。

4. 自动往返控制电路

自动往返控制电路是机床工作台往返运动控制中常用的电路。图 1-48a 为机床工作台往返运动的示意图。行程开关 SQ1、SQ2 分别安装在机床的不同位置上，当运动部件到达预定的位置时压下行程开关的触杆，将其常闭触点断开，如图 1-48b 所示，接触器线圈断电，使电动机断电而停止运行，同时，其常开触点闭合，反向接触器线圈通电，使电动机自动反向运行，从而实现自动往返运动。

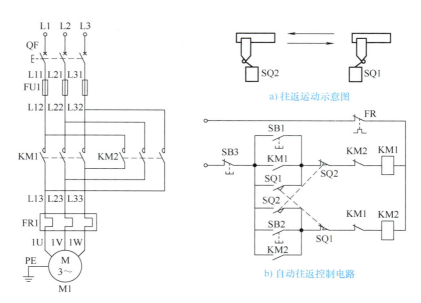

图 1-48　自动往返控制电路

任务 3　实现电动机 Y-△ 减压起动控制

　任务引入

电动机的起动方式分为全压起动和减压起动。全压起动又称直接起动，是一种简单、经济的起动方法。但直接起动时，起动电流可达额定电流的 3～7 倍，过大的起动电流会导致电网电压大幅度下降，这不仅会减小电机自身的起动转矩，而且会影响同一电网上其他设备的正常工作。因此，对于容量较大的电动机，一般采用减压起动的方式来起动。

减压起动的目的是限制起动电流，对于三相笼型异步电动机，容量在 10kW 以上时，常采用减压起动。起动时，加在电动机定子绕组上的电压小于电动机的额定电压，当起动结束时，将电动机定子绕组上的电压升至电动机的额定电压，使电动机在额定电压下运行。减压起动虽然限制了起动电流，但是由于起动转矩和电压的二次方成正比，因此，减压起动时，电动机的起动转矩也随之减小。

三相笼型异步电动机减压起动的方法很多，常用的有定子串电阻起动、定子串电抗器起动、定子串自耦变压器起动、星形 - 三角形起动（Y-△）和软起动等。

星形 - 三角形起动是指电动机在起动时，电动机定子绕组连接成星形，电动机起动后，切换到三角形运行。这是因为星形运行时其电流是三角形运行时的 1/3，降低了起动电流。

任务分析

要完成该任务，必须具备以下知识：

1. 熟悉电动机丫－△减压起动控制电路的工作原理。

2. 掌握时间继电器的使用方法。

3. 能依据电气控制原理图完成接线。

4. 掌握丫－△减压起动控制线路故障的分析和检查方法。

相关知识

继电器是一种常用的低压电器、控制电器，是根据某种输入信号的变化来接通或断开小电流控制电路，实现远距离自动控制。其输入信号可以是电流、电压等电气量，也可以是时间、温度、速度和压力等非电气量。继电器广泛地应用于自动控制系统、电力系统以及通信系统中，起着控制、检测、放大、保护和调节等作用。

1. 继电器与接触器的区别

继电器一般由感测机构、中间机构和执行机构三个基本部分组成。感测机构把感测的电气量和非电气量传递给中间机构，将它与整定值进行比较，当达到整定值（过量或欠量）时，中间机构便使执行机构动作，从而接通或断开电路。无论继电器的输入量是电气量或非电气量，继电器工作的最终目的是控制触点的分断或闭合，从而控制电路的通断。从这一点来看继电器与接触器的作用是相同的，但它与接触器又有区别，主要表现在以下两方面。

1）所控制的线路不同，继电器主要用于小电流电路，反映控制信号。其触点通常接在控制电路中，触点容量较小（一般在5A以下），且无灭弧装置，不能用来接通和分断负载电路；而接触器用于控制电动机等大功率、大电流电路及主电路，一般需要加灭弧装置。

2）输入信号不同，继电器的输入信号可以是各种物理量，如电压、电流、时间、速度和压力等，而接触器的输入量只有电压。

2. 继电器的分类

继电器的分类方法很多，常用的分类方法如下。

按输入量的物理性质可分为电压继电器、电流继电器、功率继电器、时间继电器、速度继电器和温度继电器等。

按工作原理可分为电磁式继电器、感应式继电器、电动式继电器和电子式继电器等。

按输出形式可分为有触点继电器、无触点继电器等。

按用途可分为电力拖动系统用控制继电器和电力系统用保护继电器。

3. 常用继电器

电磁式继电器广泛用于电力拖动系统中，其基本结构和工作原理与接触器相似，其外形图如图 1-49 所示，由电磁机构和触点系统等组成。因通断电流小，只用于控制回路，无灭弧装置，体积小、动作灵敏、触点的种类和数量较多。

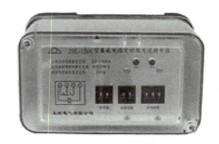

图 1-49　电磁式继电器的外形图

电磁式继电器的电磁系统主要有直动式和拍合式两种类型。交流继电器的电磁机构有 U 形拍合式和 E 形直动式，直动式的继电器和小容量的接触器结构相似。其结构如图 1-50 所示。电磁系统为拍合式，铁心 7 和铁轭为一整体，减少了非工作气隙；极靴 8 为一圆环套在铁心端部；衔铁 6 制成板状，绕棱角转动；线圈不通电时，衔铁靠反作用弹簧 2 作用而打开。

电磁式继电器按动作原理分为电压继电器、电流继电器、中间继电器和时间继电器。

1）电流继电器。输入量为电流的继电器称为电流继电器。电流继电器的线圈串联在被测电路中，根据通过线圈电流值的大小而动作。为降低负载效应和对被测量电路参数的影响，其线圈的导线粗、匝数少且线圈阻抗小。

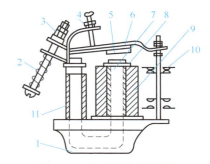

图 1-50　电磁式继电器结构

1—底座　2—反作用弹簧　3、4—调节螺钉
5—非磁性垫片　6—衔铁　7—铁心　8—极靴
9—电磁线圈　10—触点系统

电流继电器分为过电流继电器和欠电流继电器。当继电器中的电流超过某一整定值，如超过交流过电流继电器额定电流的 1.1～4 倍或超过直流过电流继电器额定电流的 70% 至 3.5 倍时，触点动作的为过电流继电器，此类继电器在通过正常工作电流时不动作，主要用于频繁和重载起动场合，作为电动机和主电路的短路和过载保护。

当继电器中的电流低于某整定值，如低于额定电流的 10%～20% 时，继电器释放，称为欠电流继电器，此类继电器在通过正常工作电流时，衔铁吸合，触点动作，这种继电器常用于直流电动机和电磁吸盘的失磁保护。

过电流继电器和欠电流继电器的结构和动作原理相似，过电流继电器在正常工作时电磁吸力不足以克服反作用弹簧的弹力，衔铁处于释放状态；当线圈电流超过某一整定值时，衔铁吸合，触点动作。而欠电流继电器在线圈电流正常时衔铁是吸合的，当电流低于某一整定值时释放，触点复位。

电流继电器的主要技术参数介绍如下。

① 动作电流 I_q：使电流继电器开始动作所需的电流值。

② 返回电流 I_f：电流继电器动作后返回原状态时的电流值。

③ 返回系数 K_f：返回值与动作值之比，$K_f=I_f/I_q$。

图 1-51 为电流继电器的图形符号与文字符号。

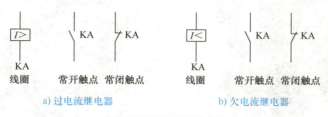

图 1-51　电流继电器的图形符号与文字符号

2）电压继电器。输入量为电压的继电器称为电压继电器。电压继电器的线圈并联在被测电路中，根据通过线圈电压值的大小而动作。其线圈的匝数多，线径细，阻抗大。按线圈中电压的种类可分为交流电压继电器和直流电压继电器，按吸合电压大小不同，电压继电器又分为过电压、欠电压和零电压继电器三种。

过电压继电器在电路电压正常时释放，当电路电压超过额定电压的 1.1～1.5 倍，即发生过电压故障时，过电压继电器吸合动作，实现过电压保护；由于直流电路不会发生波动较大的过电压现象，所以没有直流过电压继电器产品。欠电压、零电压继电器在电路电压正常时吸合，而当电路电压低于额定电压的 40%～70%，发生欠电压；当电路电压低于额定电压的 5%～25%，发生零电压，此时继电器释放，实现欠电压和失电压保护。

图 1-52 为电压继电器的图形符号与文字符号。

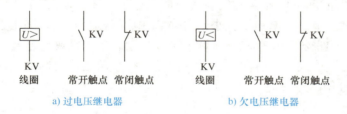

图 1-52　电压继电器的图形符号与文字符号

3）中间继电器。中间继电器是用来增加控制电路输入的信号数量或将信号放大的一种继电器，其实质上为电压继电器，结构和工作原理与接触器相同，其触点数量较多（一般有 4 副常开 4 副常闭，共 8 对），没有主辅之分，触点容量较大（额定电流为 5～10A），动作灵敏。其主要用途：当其他继电器的触点数量或触点容量不够时，可借助中间继电器来扩大触点数目或增加触点容量，起到中间转换作用。图 1-53 为中间继电器的外形和结构图。

常用的中间继电器有 JZ7 和 JZ8 两种系列。JZ7 为交流中间继电器，JZ8 为交直流两用。中间继电器的选用主要由控制电路的电压等级和所需触点数量来决定。图 1-54 为中间继电器的图形符号与文字符号。

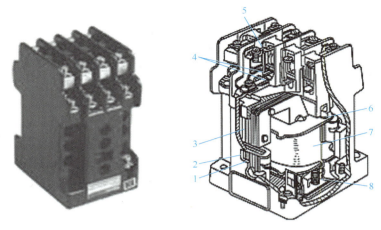

图 1-53 中间继电器的外形和结构图

1—静铁心 2—短路环 3—动铁心 4—常开触点 5—常闭触点 6—复位弹簧 7—线圈 8—反作用弹簧

4）时间继电器。时间继电器是一种按照所需时间延时动作的控制电器，用来协调和控制生产机械的各种动作，主要用于时间原则的顺序控制电路中。按工作原理与构造不同，时间继电器可分为电磁式、电动式、空气阻尼式、晶体管式和数字式等。按延时方式可分为通电延时型和断

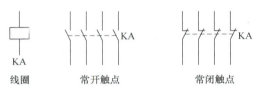

图 1-54 中间继电器的图形符号与文字符号

电延时型两种。在控制电路中应用较多的是空气阻尼式、晶体管式和数字式时间继电器。

① 空气阻尼式时间继电器又称气囊式时间继电器，图 1-55 为 JS7 系列空气阻尼式时间继电器，其结构简单，受电磁干扰小，寿命长，价格低；延时范围可达 0.4～180s，但其延时误差大 [±（10%～20%）]，无调节刻度指示，难以精确整定延时值，且延时值易受周围介质温度、尘埃及安装方向的影响。因此，空气阻尼式时间继电器只适用于对延时精度要求不高的场合。

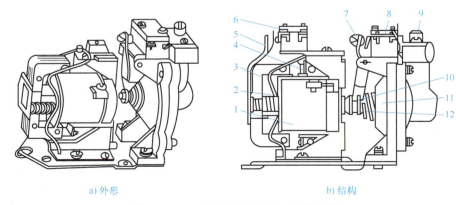

a) 外形   b) 结构

图 1-55 JS7 系列空气阻尼式时间继电器

1—线圈 2—反作用弹簧 3—衔铁 4—静铁心 5—弹簧片 6—瞬时触点
7—杠杆 8—延时触点 9—调节螺钉 10—推板 11—推杆 12—宝塔弹簧

空气阻尼式时间继电器主要由电磁机构、触点系统、气室和传动机构四部分组成，电磁机构为双 E 直动式，触点系统采用微动开关，气室和传动机构采用气囊式阻尼器。它是利用空气阻尼原理来获得延时的，分通电延时和断电延时两种类型。

通电延时型时间继电器如图 1-56a 所示。当线圈 1 通电后，静铁心 2 将衔铁 3 吸合，推板 5 使微动开关 16 立即动作，活塞杆 6 在宝塔弹簧 8 的作用下，带动活塞 12 及橡胶膜 10 向上移动，由于橡胶膜下方气室空气稀薄，形成负压，因此活塞杆 6 不能迅速上移。当空气由进气孔 14 进入时，活塞杆 6 才逐渐上移。移到最上端时，杠杆 7 才使微动开关 15 动作，使常闭触点断开、常开触点闭合，从线圈通电开始到微动开关完全动作为止的这段时间就是继电器的延时时间。通过调节螺杆 13 可调节进气孔的大小，也就调节了延时时间的长短，延时范围有 0.4～60s 和 0.4～180s 两种。

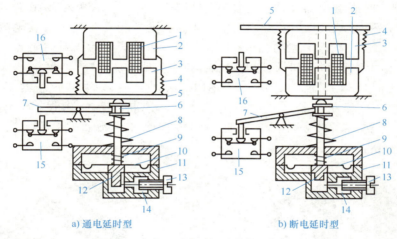

a) 通电延时型   b) 断电延时型

图 1-56   空气阻尼式时间继电器工作原理图

1—线圈 2—静铁心 3—衔铁 4—反作用弹簧 5—推板 6—活塞杆 7—杠杆 8—宝塔弹簧
9—弱弹簧 10—橡胶膜 11—空气室壁 12—活塞 13—调节螺杆 14—进气孔 15、16—微动开关

当线圈断电时，电磁力消失，动铁心（衔铁）在反作用弹簧 4 的作用下释放，将活塞 12 推向最下端。因活塞被往下推时，橡胶膜下方气室内的空气都通过橡胶膜 10、弱弹簧 9 和活塞 12 肩部所形成的单向阀，经上方气室缝隙迅速排掉，使微动开关 15 与 16 迅速复位。

若将通电延时型时间继电器的电磁机构翻转 180° 后安装，可得到如图 1-56b 所示的断电延时型时间继电器。其工作原理与通电延时型相似，微动开关 15 是在线圈断电后延时动作的。

②电磁式时间继电器。图 1-57 为直流 JT3 系列电磁式时间继电器，其结构简单，价格便宜，延时时间较短，一般为 0.3～5.5s，只能用于断电延时，且体积较大。

③电动式时间继电器。如 JS10、JS11 和 JS17 系列，结构复杂，价格较贵，寿命短，但精度较高，且延时时间较长，一般为几分钟到数小时。图 1-58 为 JS10 系列电动式时间继电器。

图 1-57　直流 JT3 系列电磁式时间继电器

图 1-58　JS10 系列电动式时间继电器

④ 晶体管式时间继电器又称半导体式时间继电器，图 1-59 为 JS20 系列晶体管式时间继电器，它是利用 RC 电路电容充电时，电容电压不能突变且按指数规律逐渐变化的原理获得延时，具有体积小、精度高、调节方便、延时长和耐振动等特点，延时范围为 0.1 ～ 3600s，但由于受 RC 延时原理的限制，抗干扰能力弱。

⑤ 数字式时间继电器。图 1-60 为 JS14C 系列数字式时间继电器，是由集成电路构成，采用 LED 显示的新一代时间继电器，具有抗干扰能力强、工作稳定、延时精度高、延时范围广、体积小、功耗低、调整方便和读数直观等优点，延时范围为 0.01s ～ 99h99min。

图 1-59　JS20 系列晶体管式时间继电器

图 1-60　JS14C 系列数字式时间继电器

⑥ 时间继电器的图形符号和文字符号如图 1-61 所示。

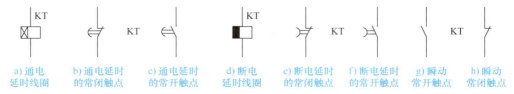

a) 通电延时线圈　　b) 通电延时的常闭触点　　c) 通电延时的常开触点　　d) 断电延时线圈　　e) 断电延时的常闭触点　　f) 断电延时的常开触点　　g) 瞬动常开触点　　h) 瞬动常闭触点

图 1-61　时间继电器的图形符号和文字符号

任务实施

三相异步电动机 Y – △ 减压起动控制。

1. 控制要求

按下电动机的起动按钮，电动机进行 Y 联结起动，经过 5s 后，电动机切换到三角形联结，并保持连续旋转。按停止按钮，电动机停止转动。电路设有短路、过载、欠电压和失电压保护。

2. 任务目标

1）熟悉三相异步电动机 Y – △ 减压起动控制的原理。
2）掌握时间继电器、接触器等低压电器的使用方法。
3）掌握 Y – △ 减压起动控制线路的接线方法。
4）掌握 Y – △ 减压起动控制线路的检查方法。
5）通过不断地实训，要善于总结实训中出现的问题，提高自身的学术和技能水平。

3. 实训设备

断路器、时间继电器、熔断器、接触器、热继电器、控制按钮、接线端子和小功率三相异步电动机。

4. 设计步骤

1）电路设计与原理分析。图 1-62 为时间继电器控制的 Y – △ 减压起动电路。图中 KM1 的作用是电源引入，KM2 的作用是将电动机接成 △ 联结，KM3 的作用是将电动机接成 Y 联结，KT 为实现 Y – △ 转换的时间继电器。

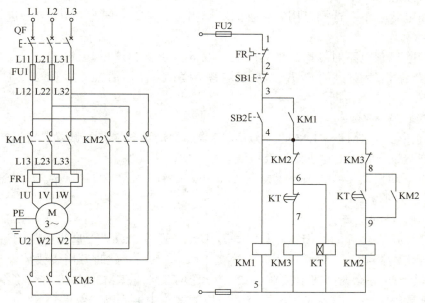

图 1-62　时间继电器控制的 Y – △ 减压起动电路

电路的工作原理：合上断路器 QF，按下起动按钮 SB2，接触器 KM1、KM3 和时间继电器 KT 的线圈同时通电，KM1 自锁闭合。KM3 主触点闭合将电动机接成丫联结，使电动机进行减压起动。由于接触器 KM2 和 KM3 分别将电动机接成丫和△，故不能同时接通，为此在 KM2 和 KM3 的线圈电路中必须电气互锁。其互锁的常闭触点 KM3（4—8）断开，切断 KM2 线圈回路；而时间继电器 KT 延时时间到后，其常闭触点（6—7）断开，接触器 KM3 线圈断电，主触点断开；同时 KT 常开触点（8—9）闭合，接触器 KM2 线圈通电并自锁，同时 KM2 常闭触点（4—6）断开，使 KM3、KT 线圈断电，电动机切换成△联结并进入正常运行。

2）根据原理图完成接线。

① 主电路的接线。从 QF 下方接线端子 L11、L21、L31 开始，接线方法与单向旋转电路基本相同，注意 KM1 与 KM2 两个接触器主触点间的△联结。接触器主触点端子之间的连线可直接在主触点所在位置的平面内走线，不必靠近安装底板，以减少导线的弯折。

② 控制电路的接线。在对控制电路进行接线时，可先接好两个按钮间的联锁线，然后连接接触器的自锁、互锁电路，每接一条线，在图上标出一个记号，随做随核查，避免漏接、错接和重复接线。

注意： 丫－△减压起动电路，按钮盒进出三根导线，每一接点最多两根线，时间继电器触点最好接一根线，保证接触可靠。

5. 电路检查

接线完成后，对照原理图逐线核对检查，核对接线盒内的接线和接触器自锁触点的接线，防止错接。另外，用手拨动各接线端子处接线，排除虚接故障。接着断开 QF，摘下接触器灭弧罩，在断电的情况下，用万用表电阻档（$R \times 1$）检查各电路，方法如下：

1）主电路的检查。

① 在断电状态下，选择万用表合理的欧姆档（数字式一般为 200Ω 档）进行电阻测量法检查。

② 为消除控制电路对测量结果的影响，取下熔断器 FU2 的熔体。

③ 检查各相线间是否断开。将万用表的两表笔分别接 L11—L21、L21—L31 和 L11—L31 端子，应测得断路。

④ 检查 FU1 及接线。

⑤ 检查接触器 KM1 ～ KM3 主触点及接线，如接触器带有灭弧罩，需拆卸灭弧罩。

⑥ 检查热继电器 FR 的热元件及接线。

⑦ 检查电动机及接线，按下 KM1、KM2 或 KM1、KM3 的触点架，均应测得电动机绕组的直流电阻值。

2）控制电路的检查。

① 选择万用表合理的欧姆档（数字式万用表一般为 2kΩ 档）进行电阻测量法检查。

② 断开熔断器 FU2，将万用表表笔接在 1、5 接点上，此时万用表读数应为无穷大。

③ 丫联结起动检查：按下按钮 SB2→应显示 KM1、KM3 和 KT 三个线圈的并联电阻值→再按下 SB1→万用表应显示无穷大→说明线路由通到断，线路正常。

④ Ｙ联结自锁电路检查：按下 KM1 主触点→应显示 KM1、KM3 和 KT 三个线圈的并联电阻值→再按下 SB1 →万用表应显示无穷大→说明 KM1 自锁电路正常。

⑤ △联结自锁电路检查：按下 KM1 主触点（或 SB2）→应显示 KM1、KM3 和 KT 三个线圈的并联电阻值→再按下 KM2 主触点→应显示 KM1 和 KM2 线圈两个并联电阻值→再按下 SB1 →万用表应显示无穷大→说明△联结自锁电路正常。

⑥ Ｙ–△互锁电路检查：按下按钮 SB2（或 KM1 主触点）→应显示 KM1、KM3 和 KT 三个线圈的并联电阻值→再按下 KM2 主触点→应显示 KM1 和 KM2 两个线圈的并联电阻值→再按下 KM3 主触点→万用表应显示 KM1 线圈电阻值→说明 KM2 与 KM3 互锁电路正常。

6. 通电试车操作要求

1）通电试车过程中，必须保证人身和设备的安全，在教师的指导下规范操作，学生不得私自送电。

2）在确认电器元件、接线、负载和电源无误后，清理实训工作台上的杂物，告知周围的学生准备试车，在教师的监督下通电。

3）熟悉操作过程。按下电动机的起动、停止按钮，观察电动机的Ｙ–△减压起动运行是否正常，接触器有无噪声。

4）试车结束后，应先切断电源，再拆除接线及负载。

知识拓展

固态继电器（solid state relays，SSR）为常用低压电器，是采用固体半导体元件组装而成的一种无触点开关，它是利用电子元件如大功率开关晶体管、单向可控硅、双向可控硅和功率场效应晶体管等半导体器件的开关特性，实现无触点、无火花的接通和断开电路。所以它较电磁式继电器具有开关速度快、动作可靠、使用寿命长、噪声低、抗干扰能力强和使用方便等一系列优点。因此，它不仅在许多自动控制系统中取代了传统电磁式继电器，而且广泛用于数字程控装置、数据处理系统、计算机终端接口和可编程控制器的输入输出接口电路中，尤其适用于动作频繁、防爆耐振、耐潮和耐腐蚀等特殊工作环境中。

1. 固态继电器的分类

固态继电器按切换负载性质的不同分类，有直流固态继电器（DC–SSR）和交流固态继电器（AC–SSR），其外形与符号如图 1-63 所示；按控制触发信号方式分，有源触发型和无源触发型，交流固态继电器有过零型和非过零型；按输入与输出之间的隔离形式分类，可分为光电隔离型、变压器隔离型和混合型，以光电隔离型居多。

2. 固态继电器的工作原理

固态继电器由输入电路、隔离（耦合）电路和输出电路三部分组成，交流固态继电器的工作原理框图如图 1-64 所示。一般固态继电器为四端有源器件，其中 A、B 两个端子为输入控制端，C、D 两端为输出受控端。工作时只要在 A、B 上加上一定的控制信号，就可以控制 C、D 两端之间的"通"和"断"，实现"开关"的功能。为实现输入与输出之间的电气隔离，采用了高耐压的专业光电耦合器，按输入电压的不同类别，输入电路可分为直流输入电路、交流输入电路和交直流输入电路三种。输出电路也可分为直流输出电路、交流输出电路和交直流输出电路等形式。交流输出时，通常使用两个晶闸管或一个双向晶闸管，直流输出时可使用双极性器件或功率场效应晶体管。

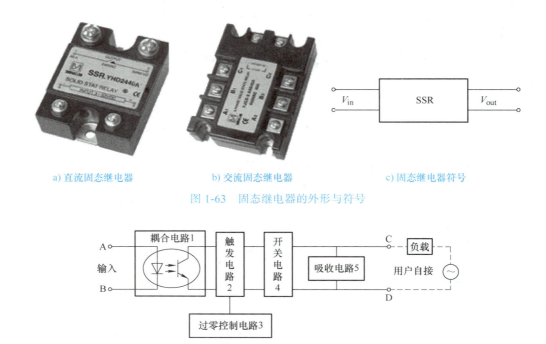

a) 直流固态继电器　　　　b) 交流固态继电器　　　　c) 固态继电器符号

图 1-63　固态继电器的外形与符号

图 1-64　交流固态继电器的工作原理框图

图 1-64 中触发电路 2 的功能是产生合乎要求的触发信号，驱动开关电路 4 工作，但由于开关电路在不加特殊控制电路时，将产生射频干扰并以高次谐波或尖峰等污染电网，为此特设过零控制电路 3。所谓"过零"，即当加入控制信号，交流电压过零时，固态继电器即为通态；而当断开控制信号后，固态继电器要等待交流电的正半周与负半周的交界点（零电位）时，固态继电器才为断态。这种设计能防止高次谐波的干扰和对电网的污染。吸收电路 5 是为防止从电源中传来的尖峰、浪涌电压对开关器件双向晶闸管的冲击和干扰，甚至误动作而设计的，交流负载一般用"$R - C$"串联吸收电路或非线性电阻（压敏电阻器）。

直流固态继电器与交流固态继电器相比，无过零控制电路，也不必设置吸收电路，开关器件一般用大功率开关晶体管，其他工作原理相同。直流固态继电器在使用时应注意如下几点。

1）负载为感性负载时，如直流电磁阀或电磁铁，应在负载两端并联一只二极管，极性如图 1-65 所示，二极管的电流应等于工作电流，电压应大于工作电压的 4 倍。

图 1-65　直流固态继电器串接感性负载

2）固态继电器工作时应尽量把它靠近负载，其输出引线应满足负载电流的需要。

3）使用电源经交流降压整流所得，其滤波电解电容应足够大。

3. 固态继电器的使用要求

1）固态继电器的选择应根据负载的类型（阻性、感性）来确定，输出端要采用 RC 浪涌吸收回路或非线性压敏电阻吸收过电压。

2）过电流保护应采用专门保护半导体器件的熔断器或用动作时间小于 10ms 的断路器。

3）由于固态继电器对温度的敏感性很强，安装时必须采用散热器，要求接触良好且对地绝缘。

4）切忌负载侧两端短路，以免固态继电器损坏。

思考与练习

一、判断题（将答案写在题后的括号内，正确的打"√"，错误的打"×"）

1. 电动机起动时，要求起动电流尽可能小些，起动转矩尽可能大些。　　　　（　　　）

2. 三相异步电动机起、停控制电路，起动后不能停止，其原因是停止按钮接触不良而开路。　　　　（　　　）

3. 三相异步电动机起、停控制电路，起动后不能停止，其原因是自锁触点与停止按钮并联。　　　　（　　　）

4. 三相笼型异步电动机正反转控制线路，采用按钮和接触器双重联锁较为可靠。　　　　（　　　）

5. 在电磁机构的组成中，线圈和静铁心是不动的，只有衔铁是可动的。　　　　（　　　）

6. 要使三相绕线式异步电动机起动转矩为最大转矩，可以采用在转子回路中串入合适电阻的方法达到。　　　　（　　　）

7. 行程开关、限位开关和断路器属同一性质的开关。　　　　（　　　）

8. 万能转换开关本身带有各种保护。　　　　（　　　）

9. 异步电动机的起动转矩与电源电压的二次方成正比。　　　　（　　　）

10. 三相异步电动机转子绕组中的电流是由电磁感应产生的。　　　　（　　　）

11. 熔断器的保护特性是反时限的。　　　　（　　　）

12. 熔断器在电动机电路中既能实现短路保护，又能实现过载保护。　　　　（　　　）

13. 单相绕组通入正弦交流电不能产生旋转磁场。　　　　（　　　）

14. 电动机的额定功率实际上是电动机长期运行时允许输出的机械功率。　　　　（　　　）

15. 交流接触器铁心端面嵌有短路铜环的目的是保证动、静铁心吸合严密，不发生振动与噪声。　　　　　　　　　　　　　　　　　　　　　　　　　　　　　（　　）

16. 热继电器的额定电流就是其触点的额定电流。　　　　　　　　　　　　（　　）

17. 低压断路器只有失电压保护的功能。　　　　　　　　　　　　　　　　（　　）

18. 硅钢片磁导率高、铁损耗小，适用于交流电磁系统。　　　　　　　　　（　　）

19. 交流接触器通电后如果铁心吸合受阻，将导致线圈烧毁。　　　　　　　（　　）

20. 电动机在运行时，由于导线存在一定电阻，电流通过绕组时，要消耗一部分能量，这部分损耗叫作铁损。　　　　　　　　　　　　　　　　　　　　　　　（　　）

二、选择题（只有一个正确答案，将正确答案填在括号内）

1. 三相电源绕组的尾端接在一起的连接方式叫（　　　　）。
A. △联结　　　　　　B. 丫联结　　　　　　C. 短接　　　　　　D. 对称型

2. 三相不对称负载丫联结在三相四线制电路中，则（　　　　）。
A. 各负载电流相等　　　　　　　　B. 各负载上电压相等
C. 各负载电压、电流均对称　　　　D. 各负载阻抗相等

3. 三相负载的连接方式有（　　　　）种。
A. 4　　　　　　　　B. 3　　　　　　　　C. 2　　　　　　　　D. 1

4. 由于电弧的存在，将导致（　　　　）。
A. 电路的分断时间加长　　　　　　B. 电路的分断时间缩短
C. 电路的分断时间不变　　　　　　D. 分断能力提高

5. 三相异步电动机的正反转控制，关键是改变（　　　　）。
A. 电源电压　　　　B. 电源相序　　　　C. 电源电流　　　　D. 负载大小

6. CJ10-40 型交流接触器在 380V 时额定电流为（　　　　）。
A. 40A　　　　　　B. 10A　　　　　　C. 30A　　　　　　D. 50A

7. 交流接触器在不同的额定电压下，额定电流（　　　　）。
A. 相同　　　　　　B. 不相同　　　　　C. 与电压无关　　　D. 与电压成正比

8. 熔断器的额定电流与熔体的额定电流（　　　　）。
A 相同　　　　　　B. 不相同

9. 电压继电器的线圈与电流继电器的线圈相比，具有的特点是（　　　　）。
A. 电压继电器的线圈与被测电路串联
B. 电压继电器的线圈匝数多、导线细且电阻大
C. 电压继电器的线圈匝数少、导线粗且电阻小
D. 电压继电器的线圈匝数少、导线粗且电阻大

10. 在延时精度要求不高、电源电压波动较大的场合，应选用（　　　　）。
A. 空气阻尼式时间继电器　　　　　B. 晶体管式时间继电器
C. 电动式时间继电器　　　　　　　D. 上述三种都不合适

11. 通电延时型时间继电器的动作情况是（　　　　）。
A. 线圈通电时触点延时动作，断电时触点瞬时动作
B. 线圈通电时触点瞬时动作，断电时触点延时动作

C. 线圈通电时触点不动作，断电时触点瞬时动作

D. 线圈通电时触点不动作，断电时触点延时动作

12. △联结的三相异步电动机在运行中，如果绕组断开一相，则其余两相绕组的电流较原来将会（　　　）。

A. 减小　　　　　　B. 增大　　　　　　C. 不变

13. 下列电器中不能实现短路保护的是（　　　）。

A. 熔断器　　　　　B. 热继电器　　　　C. 过电流继电器　D. 低压断路器

14. 用来表明电动机、电器的实际位置的是（　　　）。

A. 电气控制原理图　　　　　　　　B. 电器元件布置图

C. 电气系统图　　　　　　　　　　D. 电气安装接线图

15. 用交流电压表测得交流电压的数值是（　　　）。

A. 平均值　　　　　B. 有效值　　　　　C. 最大值　　　　　D. 瞬时值

三、问答题

1. 开关设备通断时，触点间的电弧是怎样产生的？常用哪些灭弧措施？

2. 电器及低压电器的概念各是什么？低压电器分为哪几类？

3. 接触器的结构及工作原理各是什么？

4. 电磁式继电器的结构及工作原理各是什么？

5. 空气阻尼式时间继电器的结构及工作原理各是什么？

6. 低压断路器的结构及工作原理各是什么？

7. 低压断路器有哪些脱扣装置？各起什么作用？

8. 接触器和继电器的区别是什么？

9. 什么是主令电器？常用主令电器有哪些？

10. 交流接触器静铁心上的短路环起什么作用？若短路环断裂或脱落，会出现什么现象？为什么？

四、设计题

1. 某一控制系统有两台电动机 M1 和 M2，要求电动机 M1 起动 10s 后，才能起动电动机 M2，但 M1 和 M2 是同时停车。

2. 某一控制系统有两台电动机 M1 和 M2，要求电动机 M1 起动后，才能起动电动机 M2，M1 和 M2 可以单独停车。

3. 某一控制系统有两台电动机 M1 和 M2，要求 M1 起动后，M2 才能起动，M2 停止后，M1 才能停止。

4. 设计一个控制电路，要求第一台电动机起动 10s 后，第二台电动机自行起动，运行 10s 后，第三台电动机自行起动，再运行 10s 后，电动机全部停止。

5. 某机床主轴和液压泵各由一台电动机带动。要求主轴必须在液压泵起动后才能起动、主轴能正反转并能单独停车，有短路、零电压及过载保护等，试绘制电气控制原理图。

项目 2　初识 S7-1200 PLC

任务 1　认识 S7-1200 PLC 硬件系统

 任务引入

目前，工业市场正在面临着"第四次工业革命"，如何抓住这个机遇确保制造业的未来，是每个制造业都必须面对的挑战。为了应对这些挑战，顺应电气化、自动化和数字化生产的潮流，西门子公司提出了"全集成自动化"的概念，全集成自动化是将全部自动化组态任务完美地集成在一个单一的开发环境——"TIA 博途"之中，而西门子公司推出的新一代的 S7-1200/1500 PLC，正是 TIA 全集成自动化构架的核心单元。

 任务分析

要完成该任务，必须具备以下知识：
1. 熟悉 S7-1200 PLC CPU 的硬件资源。
2. 熟悉信号板和信号模块的硬件资源。
3. 掌握 S7-1200 PLC 的硬件接线。

 相关知识

S7-1200 PLC 是西门子公司的新一代小型 PLC，自上市到现在，其控制功能和应用领域不断拓展，实现了由单体设备的简单逻辑控制到运动控制、过程控制及集散控制等各种复杂任务的跨越。现在的 PLC 在模拟量处理、数字运算、人机接口和工业控制网络等方面的应用能力都已大幅提高，成为工业控制领域的主流控制设备之一。

S7-1200 PLC 产品定位中、低端小型 PLC 市场，其硬件由紧凑模块化结构组成，且具有丰富的扩展模块，选择灵活度高，功能强大，有各种认证，可用于高海拔、宽温度范围等场合。

S7-1200 PLC 系统 I/O 点数、内存容量均比 S7-200 PLC 及 S7-200 SMART PLC 多出 30%，且将最新的控制技术和通信技术应用其中。S7-1200 PLC 强大的控制功能和通信功能，适合中、小型项目的开发应用及与第三方设备通信的应用场合，能很好地满足当前企业自动化和信息化的需求，因此在市场上占据越来越多的份额。

1. S7-1200 PLC 的外形结构

S7-1200 PLC 的外形结构如图 2-1 所示。其中①为电源接口；②为存储卡插槽；③为可拆卸用户接线连接器（保护盖下面）；④为板载 I/O 的状态 LED 灯；⑤为以太网接口；⑥为 CPU 操作模式 LED 灯，黄色表示"STOP"模式，绿色表示"RUN"模式，闪烁表示"STARTUP"模式，"ERROR"表示用户程序逻辑错误和硬件错误，"MAINT"表示 PLC 当前存在维护请求。

图 2-1　S7-1200 PLC 的外形结构

2. CPU 模块

（1）CPU 的硬件资源

CPU（中央处理器）将微处理器、集成电源、输入和输出电路、内置的 PROFINET 接口、高速运动控制 I/O 以及板载模拟量输入组合到一个设计紧凑的外壳中，形成功能强大的 PLC。通过内置的 PROFINET 接口，借助以太网，CPU 可以与 HMI（人机交互）面板或其他 CPU 通信。

S7-1200 PLC 现有五种型号的 CPU 模块，其硬件资源见表 2-1。

表 2-1　S7-1200 PLC CPU 的硬件资源

特征		CPU1211C	CPU1212C	CPU1214C	CPU1215C	CPU1217C
用户存储器	工作	50KB	75KB	100KB	125KB	150KB
	负载	1MB	2MB	4MB		
	保持性	10KB				
本地板载 I/O	数字量 I/O	6/4	8/6	14/10		
	模拟量	2 个输入	2 个输入	2 个输入	2 个输入 /2 个输出	

（续）

特征		CPU1211C	CPU1212C	CPU1214C	CPU1215C	CPU1217C
过程映像大小	输入（I）	1024 字节				
	输出（Q）	1024 字节				
位存储器（M）		4096 字节		8192 字节		
信号模块（SM）扩展		无	2	8		
信号板（SB）、电池板（BB）或通信板（CB）		1				
通信模块（CM）（左侧扩展）		3				
高速计数器	总计	最多可组态 6 个使用任意内置或 SB 输入的高速计数器				
	1MHz	无				Ib.2 ～ Ib.5
	100kHz/80kHz	Ia.0 ～ Ia.5				
	30kHz/20kHz	无	Ia.6 ～ Ia.7	Ia.6 ～ Ib.5		Ia.6 ～ Ib.1
脉冲输出 1	总计	最多可组态 4 个使用任意内置或 SB 输出的脉冲输出				
	1MHz	无				Qa.0 ～ Qa.3
	100kHz	Qa.0 ～ Qa.3				Qa.4 ～ Qb.1
	20kHz	无	Qa.4 ～ Qa.5	Qa.4 ～ Qb.1		无
存储卡		SIMATIC 存储卡（选件）				
数据日志	数量	每次最多打开 8 个				
	大小	每个数据日志为 500MB 或受最大可用装载存储器容量限制				
实时时钟保持时间		通常为 20 天，40℃时最少为 12 天（免维护超级电容）				
PROFINET 以太网通信端口		1			2	
实数数学运算执行速度		2.3μs/ 指令				
布尔运算执行速度		0.08μs/ 指令				

注：对于具有继电器输出的 CPU 模块，必须安装数字量信号板（SB）才能使用脉冲输出。

（2）CPU 的技术规范

每种 CPU 有三种不同的版本可供选择，它们根据版本不同，具有不同的电源电压、输入电压和输出电压，具体类别见表 2-2。

表 2-2　CPU 的类型

版本	电源电压	DI 输入电压	DO 输出电压	DO 输出电流
DC/DC/DC	DC 24V	DC 24V	DC 24V	0.5A
DC/DC/RLY	DC 24V	DC 24V	DC 5 ～ 30V，AC 5 ～ 250V	2A，DC 30W/AC 200W
AC/DC/RLY	AC 85 ～ 264V	DC 24V	DC 5 ～ 30V，AC 5 ～ 250V	2A，DC 30W/AC 200W

相同版本号的 CPU 输入 / 输出接线是相同的，CPU1214C AC/DC/RLY 的外部接线图如图 2-2 所示，CPU1214C DC/DC/DC 的外部接线图如图 2-3 所示。DC/DC/RLY 版本号的 CPU 接线与图 2-2 的区别在于它的电源电压为直流 24V，其他接线相同。

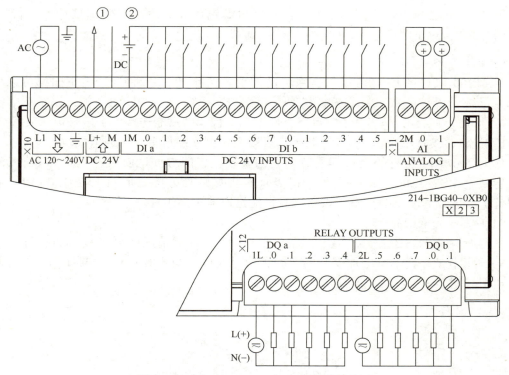

图 2-2　CPU1214C AC/DC/RLY 的外部接线图

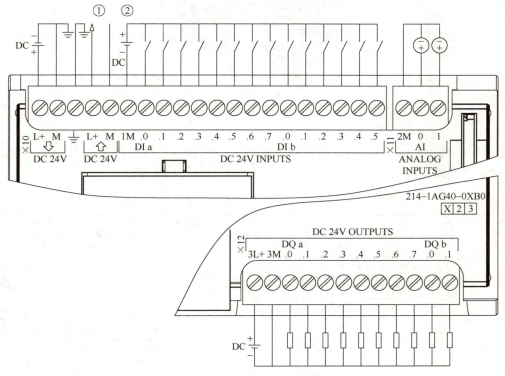

图 2-3　CPU1214C DC/DC/DC 的外部接线图

图 2-2、图 2-3 中①表示 DC 24V 传感器电源输出。②表示对于漏型输入，将"－"连接到"M"；对于源型输入，将"＋"连接到"M"。

3. 信号板和信号模块

S7–1200 PLC 的 CPU 可以根据系统的需要进行扩展，各种 CPU 的正面都可以增加一块信号板，以扩展数字量或模拟量 I/O。信号模块连接到 CPU 的右侧，以扩展数字量或模拟量 I/O 的点数，从表 2-1 中可以查看：CPU1214C 只能连接 1 个信号板（SB）、8 个信号扩展模块（SM），所有的 CPU 版本都可以在左侧安装最多 3 个通信模块。

S7–1200 PLC 所有的模块都具有内置的安装夹，能方便地安装在一个标准的 35mm DIN 导轨上，S7–1200 PLC 的硬件可以竖直安装或水平安装。所有的 S7–1200 PLC 硬件都配备了可拆卸的端子板，不用重新接线，能迅速地更换组件。

（1）信号板（SB）

信号板用符号 SB 表示，用于只需要少量增加 I/O 的情况，可以直接插到每个 CPU 前面的插座中，并且不会增加安装的空间，信号板可以与所有 CPU 一起使用，信号板安装示意图如图 2-4 所示。

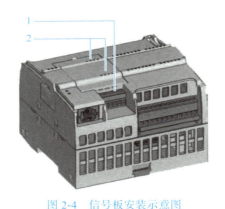

图 2-4　信号板安装示意图

1—可拆卸用户接线连接器　2—SB 上的状态 LED

信号板分为数字量信号板和模拟量信号板，数字量信号板的类型见表 2-3，模拟量信号板的类型见表 2-4。

表 2-3　数字量信号板类型

数字量信号板	输入 DI	输出 DQ	订货号
SB 1221	DI 4×DC 24V，200kHz	—	6ES7221–3BD30–0XB0
	DI 4×DC 5V，200kHz	—	6ES7221–3AD30–0XB0
SB 1222	—	DQ 4×DC 24V，200kHz	6ES7222–1BD30–0XB0
	—	DQ 4×DC 5V，200kHz	6ES7222–1AD30–0XB0
SB 1223	DI 2×DC 5V	DQ 2×DC 5V，200kHz	6ES7223–3AD30–0XB0
	DI 2×DC 24V	DQ 2×DC 24V，200kHz	6ES7223–3BD30–0XB0
	DI 2×DC 24V	DQ 2×DC 24V	6ES7223–0BD30–0XB0

表 2-4　模拟量信号板类型

模拟量信号板	输入 AI	输出 AQ	订货号
SB 1231	AI 1×12 位	—	6ES7231-4HA30-0XB0
	AI 1×16 位热电偶	—	6ES7231-5QA30-0XB0
	AI 1×16 位 RTD（热电阻）	—	6ES7231-5PA30-0XB0
SB 1232	—	AQ 1×12 位	6ES7232-4HA30-0XB0

　　数字量信号板 SB 1221 有两种，其输入电压可以是 DC 24V 或 DC 5V，用作高速计数器的时钟输入时，最高输入频率：单相为 200kHz，正交相位为 160kHz。

　　数字量信号板 SB 1222 也有两种，其每点输出电流最大 0.1A，每个公共端的电流为 0.4A，脉冲串输出频率最大为 200kHz，最小为 2Hz。

　　数字量信号板 SB 1223 有三种，前两种与数字量信号板 SB 1221、SB 1222 的功能相同。第三种用作高速计数器的时钟输入时，最高输入频率：单相为 30kHz，正交相位为 20kHz。其每点输出电流最大 0.5A，公共端的电流为 1A，可驱动 5W 负载，脉冲串输出频率最大 20kHz，最小 2Hz。数字量信号板 SB 1223 的接线图如图 2-5 所示。

　　模拟量信号板 SB 1231 有三种类型，SB 1231 AI 1×12 位为一路输入，输入类型可以是电压或差动电流；输入范围为 ±10V、±5V、±2.5V 或 0～20mA；分辨率为 11 位 + 符号位；满量程数据范围为 −27648～27648。其接线图如图 2-6 所示，图中如果输入的是电流，将"R"和"0+"连接，连接器必须镀金。

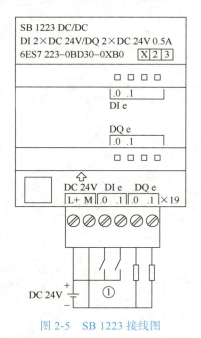

图 2-5　SB 1223 接线图

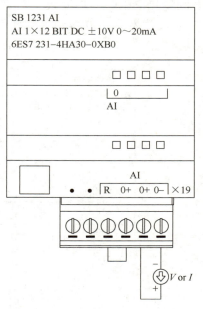

图 2-6　SB 1231 AI 1×12 位接线图

　　SB 1232 AQ 1×12 位为一路输出，输出类型可以是电压或电流；输出范围为 ±10V 或 0～20mA；分辨率为电压 12 位，电流 11 位。满量程数据范围：电压为 −27648～27648；电流为 0～27648。其接线图如图 2-7 所示，连接器必须镀金。

SB 1231 AI 1×16 位热电偶接线图如图 2-8 所示，连接器必须镀金。

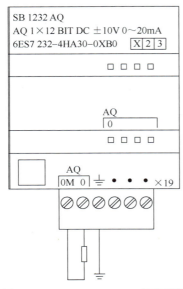

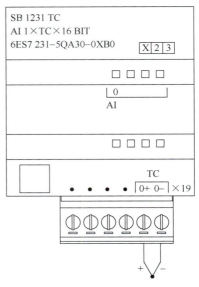

图 2-7　SB 1232 AQ 1×12 位接线图　　　图 2-8　SB 1231 AI 1×16 位热电偶接线图

SB 1231 AI 1×16 位 RTD 模拟量信号板可测量连接到信号板输入的电阻值。测量类型可选为"电阻"型或"热电阻"型。测量电阻时，额定范围的满量程值将是十进制数 27648。测量热电阻时，将度数（温度值）乘以 10 得到该值，例如，25.3℃将报告为十进制数 253；将度数乘 100 得到气候范围值（温度范围），例如，25.34℃将报告为十进制数 2534。其接线图如图 2-9 所示，连接器必须镀金。

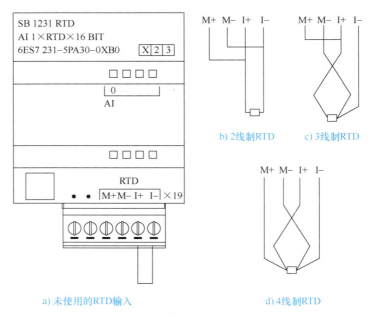

图 2-9　SB 1231 AI 1×16 位 RTD 接线图

（2）信号模块（SM）

信号模块是 CPU 与控制设备之间的接口，输入 / 输出模块统称为信号模块，信号模块主要分为两类：

① 数字量模块：数字量输入、数字量输出、数字量输入 / 数字量输出模块。

② 模拟量模块：模拟量输入、模拟量输出、模拟量输入 / 模拟量输出模块。

信号模块作为 CPU 的集成 I/O 的补充，连接到 CPU 的右侧可以与除 CPU1211C 之外的所有 CPU 一起使用，用来扩展数字或模拟输入 / 输出能力，示意图如图 2-10 所示。

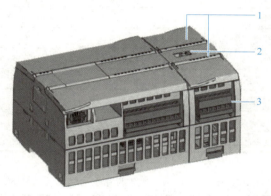

图 2-10　信号模块示意图

1—状态 LED　2—总线连接器滑动接头　3—可拆卸用户接线连接器

1）数字信号模块。CPU 可以使用 8 输入、16 输入的数字量输入模块，8 输出、16 输出的数字量输出模块，以及 8 输入 / 输出、16 输入 / 输出的数字量输入 / 输出模块，实现数字信号的扩展，具体型号见表 2-5。

表 2-5　数字信号模块

型号	订货号	输入 / 输出点数
SM 1221 DI 8 × DC 24V	6ES7221–1BF32–0XB0	8 输入
SM 1221 DI 16 × DC 24V	6ES7221–1BH32–0XB0	16 输入
SM 1222 DQ 8 × 继电器	6ES7222–1HF32–0XB0	8 输出
SM 1222 DQ 8 继电器切换	6ES7222–1XF32–0XB0	8 输出
SM 1222 DQ 8 × DC 24V	6ES7222–1BF32–0XB0	8 输出
SM 1222 DQ 16 × 继电器	6ES7222–1HH32–0XB0	16 输出
SM 1222 DQ 16 × DC 24V	6ES7222–1BH32–0XB0	16 输出
SM 1222 DQ 16 × DC 24V 漏型	6ES7222–1BH32–1XB0	16 输出
SM 1223DI 8 × DC 24V，DQ 8 × 继电器	6ES7223–1PH32–0XB0	8 输入 /8 输出
SM 1223DI 16 × DC 24V，DQ 16 × 继电器	6ES7223–1PL32–0XB0	16 输入 /16 输出
SM 1223DI 8 × DC 24V，DQ 8 × DC 24V	6ES7223–1BH32–0XB0	8 输入 /8 输出
SM 1223DI 16 × DC 24V，DQ 16 × DC 24V	6ES7223–1BL32–0XB0	16 输入 /16 输出
SM 1223DI 16 × DC 24V、DQ 16 × DC 24V 漏型	6ES7223–1BL32–1XB0	16 输入 /16 输出
SM 1223 DI 8 × AC 120V/230 V，DQ 8 × 继电器	6ES7223–1QH32–0XB0	8 输入 /8 输出

下面以 SM 1221 DI 8 为例介绍数字量输入的主要技术规范，见表 2-6；以 SM 1222 DQ 8 × 继电器和 SM 1222 DQ 8 × DC 24V 为例介绍数字量输出的主要技术规范，见表 2-7。

表 2-6　SM 1221 8 点数字量输入的主要技术规范

主要技术指标	说明
输入点数	8 点
类型	源型 / 漏型
额定电压	4mA 时 DC 24V，额定值
允许的连续电压	DC 30V，最大值
浪涌电压	DC 35V，持续 0.5s
逻辑 1 信号（最小）	2.5mA 时 DC 15V
逻辑 0 信号（最大）	1mA 时 DC 5V
同时接通的输入数	8
电缆长度 /m	500（屏蔽）；300（非屏蔽）

表 2-7　SM 1222 8 点数字量输出的主要技术规范

主要技术指标	SM 1222 DQ 8 × 继电器	SM 1222 DQ 8 × DC 24V
输出点数	8	8
类型	继电器，机械式	固态 – MOSFET（金属 – 氧化物 – 半导体场效应晶体管）（源型）
电压范围	DC 5 ～ 30V 或 AC 5 ～ 250V	DC 20.4 ～ 28.8V
电流（最大）	2.0A	0.5A
灯负载	DC 30W/AC 200W	5W
通态触点电阻	新设备最大为 0.2Ω	最大 0.6Ω
浪涌电流	触点闭合时为 7A	8A，最长持续 100ms
每个公共端的电流（最大）	10A	4A
同时接通的输出数	8	8
电缆长度 /m	500（屏蔽）；150（非屏蔽）	500（屏蔽）；150（非屏蔽）

SM 1221 DI 8 数字量输入模块的接线如图 2-11 所示，对于漏型输入，将 "–" 连接到 "M"；对于源型输入，将 "+" 连接到 "M"。SM 1222 DQ 8 × 继电器数字量输出模块的接线如图 2-12 所示，SM 1222 DQ 8 × DC 24V 数字量输出模块的接线如图 2-13 所示。

SM 1222 DQ 8 继电器切换数字量输出模块的接线如图 2-14 所示，继电器切换输出使用公共端子控制两个电路：一个常闭触点和一个常开触点。当输出点断开时，公共端子（0L）与常闭触点（.0X）相连并与常开触点（.0）断开。当输出点接通时，公共端子（0L）与常闭触点（.0X）断开并与常开触点（.0）相连。图中 Coil 表示继电器线圈。

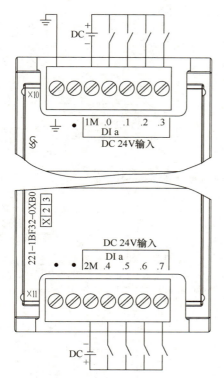

图 2-11　8 点数字量输入模块接线图

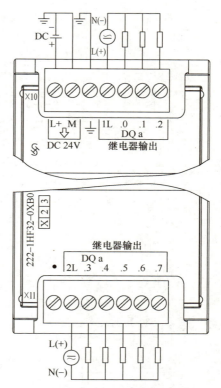

图 2-12　8 点继电器输出模块接线图

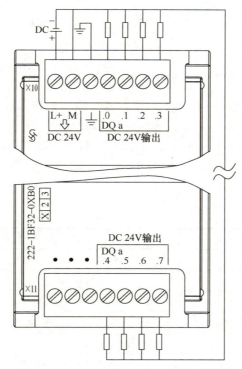

图 2-13　8 点 24V 数字量输出模块接线图

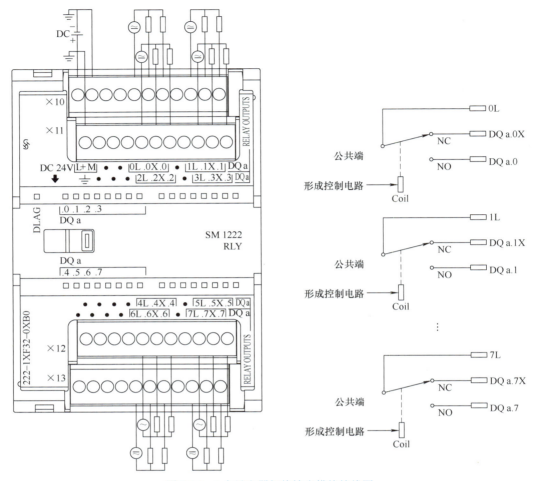

图 2-14　8 点继电器切换输出模块接线图

2）模拟信号模块。CPU 可以使用 4 输入或 8 输入的模拟量输入模块，2 输出或 4 输出的模拟量输出模块，以及 4 输入 /2 输出的模拟量输入 / 输出混合模块，实现模拟信号的扩展，其中，SM 1231 AI 4×16 位 TC、SM 1231 AI 8×16 位 TC 为热电偶模拟量输入模块，SM 1231 AI 4×RTD×16 位、SM 1231 AI 8×RTD×16 位为热电阻模拟量输入模块。具体型号见表 2-8。

表 2-8　模拟信号模块

型号	订货号	输入 / 输出点数
SM 1231 AI 4×13 位	6ES7231-4HD32-0XB0	4 路输入
SM 1231 AI 8×13 位	6ES7231-4HF32-0XB0	8 路输入
SM 1231 AI 4×16 位	6ES7231-5ND32-0XB0	4 路输出
SM 1231 AI 4×16 位 TC	6ES7231-5QD32-0XB0	4 路输入
SM 1231 AI 8×16 位 TC	6ES7231-5QF32-0XB0	8 路输入
SM 1231 AI 4×RTD×16 位	6ES7231-5PD32-0XB0	4 路输入

（续）

型号	订货号	输入 / 输出点数
SM 1231 AI 8 × RTD × 16 位	6ES7231–5PF32–0XB0	8 路输入
SM 1232 AQ 2 × 14 位	6ES7232–4HB32–0XB0	2 路输出
SM 1232 AQ 4 × 14 位	6ES7232–4HD32–0XB0	4 路输出
SM 1234 AI 4 × 13 位 /AQ 2 × 14 位	6ES7234–4HE32–0XB0	4 路输入 /2 路输出

下面以 SM 1231 AI 4 × 13 位为例介绍模拟量输入的主要技术规范，见表 2-9；以 SM 1232 AQ 2 × 14 位为例介绍模拟量输出的主要技术规范，见表 2-10。

表 2-9　SM 1231 AI 4 × 13 位模拟量输入的主要技术规范

主要技术指标	说明
输入点数	4 路
类型	电压或电流（差动）：可 2 个选为一组
范围	± 10V、± 5V、± 2.5V、0 ～ 20mA 或 4 ～ 20mA
满量程范围（数据字）	–27648 ～ 27648（电压）/0 ～ 27648（电流）
分辨率	12 位 + 符号位
最大耐压 / 耐流	± 35V/ ± 40mA
输入阻抗	≥9MΩ（电压）/≥270Ω，<290Ω（电流）
工作信号范围	信号加共模电压必须小于 +12V 且大于 –12V
电缆长度 /m	100，屏蔽双绞线

表 2-10　SM 1232 AQ 2 × 14 位模拟量输出的主要技术规范

主要技术指标	说明
输出点数	2 路
类型	电压或电流
范围	± 10V、0 ～ 20mA 或 4 ～ 20mA
满量程范围（数据字）	–27648 ～ 27648（电压）/ 0 ～ 27648（电流）
分辨率	电压 14 位，电流 13 位
精度（25℃ /–20 ～ 60℃）	满量程的 ± 0.3%/ ± 0.6%
负载阻抗	≥ 1000Ω（电压）/ ≤ 600Ω（电流）
最大输出短路电流	电压模式：≤24mA，电流模式：≥38.5mA
电缆长度 /m	100m 屏蔽双绞线

SM 1231 AI 4 × 13 位模拟量输入模块的接线如图 2-15 所示，SM 1232 AQ 2 × 14 位模拟量输出模块的接线如图 2-16 所示，连接器必须镀金。

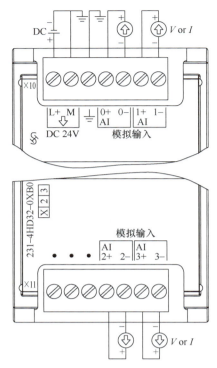

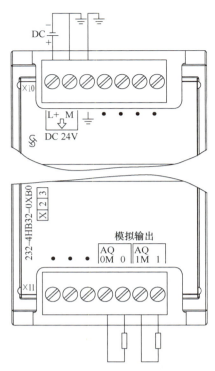

图 2-15 4 路模拟量输入模块接线图　　　图 2-16 2 路模拟量输出模块接线图

4. 集成的通信接口和通信模块

（1）集成的 PROFINET 接口

实时工业以太网是现场总线发展的趋势，PROFINET 是基于工业以太网的现场总线（IEC61158 现场总线标准的类型 10），是开放式的工业以太网标准，它使工业以太网的应用扩展到了控制网络最低层的现场设备。

通过 TCP/IP（传输控制协议 / 互联网协议）标准，S7-1200 PLC 提供的集成 PROFINET 接口可用于与全集成自动化软件 TIA Portal（TIA 博途）通信，与计算机的通信如图 2-17 所示；CPU 还可以使用标准通信协议 TCP 与其他 CPU、编程设备、HMI 设备和非西门子设备通信，不过，含有两个以上的 CPU 或 HMI 设备的网络需要以太网交换机，多个 S7-1200 PLC 与 HMI 的通信如图 2-18 所示。

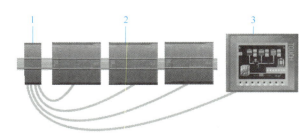

图 2-17 S7-1200 PLC 与计算机的通信　　图 2-18 多个 S7-1200 PLC 与 HMI 的通信

1—CSM1277 以太网交换机　2—CPU1214C 3—HMI

（2）通信模块

S7-1200 系列 PLC 提供了给系统增加附加功能的通信模块（CM）。有两种通信模块：RS232 和 RS485。CPU 最多支持三个通信模块，各 CM 连接在 CPU 的左侧，如图 2-19 所示。

RS232/RS485 通信模块为点对点的串行通信提供连接，TIA 博途编程软件提供了扩展指令或库功能、USS（通用串行通信接口）驱动协议、Modbus RTU 主站协议和 Modbus RTU 从站协议，用于串行通信的组态和编程。

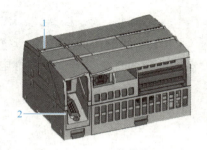

图 2-19　通信模块

1—通信模块的状态 LED　2—通信连接器

 任务实施

1. 任务要求

画出 CPU1214C AC/DC/RLY、CPU1214C DC/DC/DC 的接线图，输出驱动的负载以灯负载为例。

2. 任务目标

1）掌握继电器输出和晶体管输出的 PLC 外部接线。

2）通过完成本任务，要了解到 PLC 的外部接线是基础，它与 PLC 编程分别是 PLC 应用中的硬件和软件内容。

3. CPU1214C AC/DC/RLY PLC 输出接线

CPU1214C AC/DC/RLY 类型的 PLC，表示给 PLC 供电的电源为交流 220V，输入继电器的电源为直流 24V，输出继电器的电源可以是直流 24V 或交流 220V。图 2-20 中 1L 单元输出采用交流电源，2L 单元输出采用直流电源。

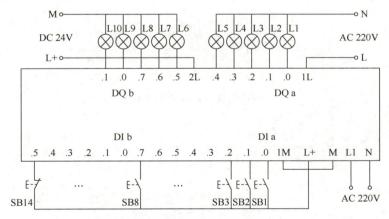

图 2-20　CPU1214C AC/DC/RLY 接线图

4. CPU1214C DC/DC/DC PLC 输出接线

CPU1214C DC/DC/DC 类型的 PLC，表示给 PLC 供电的电源为直流 24V，输入继电器的电源为直流 24V，输出继电器的电源也是直流 24V。图 2-21 为其接线图。

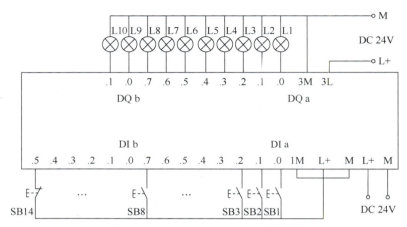

图 2-21　CPU1214C DC/DC/DC 接线图

知识拓展

数字量模块的接线与 CPU 单元的接线相同，在此不再赘述。模拟量模块分为输入模块和输出模块，下面以 4 输入 /2 输出模拟量混合模块为例说明它们的接线方式，如图 2-22 所示，接线图中 4 路模拟量输入只使用了 2 路，没用到的输入端子要用导线（如 2+、2-，3+、3-）短接。

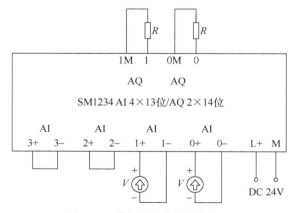

图 2-22　模拟量混合模块接线图

任务 2　S7-1200 PLC 程序设计基础学习

 任务引入

PLC 程序是设计人员根据控制系统的实际控制要求，通过 PLC 的编程语言进行编制的，根据国际电工委员会（IEC）制定的工业控制编程语言标准（IEC 1131-3），PLC 的编程语言有以下五种，分别为梯形图（LAD）、指令表（IL）、顺序功能图（SFC）、功能块图（FBD）及结构化控制语言（SCL）。不同型号的 PLC 编程软件对以上五种编程语言的支持种类是不同的，本节的任务是学习 PLC 程序设计基础。

 任务分析

要完成本任务，需要具备以下知识：
1. 熟悉 S7-1200 PLC 的编程语言。
2. 掌握 PLC 的工作原理。
3. 熟悉 S7-1200 PLC 的数据类型。
4. 熟悉 S7-1200 PLC 的系统存储区。

 相关知识

1. S7-1200 PLC 的编程语言

S7-1200 PLC 只有梯形图和功能块图这两种编程语言。

（1）梯形图

梯形图是使用得最多的 PLC 图形编程语言。梯形图与继电器电路图很相似，具有直观易懂的优点，很容易被工厂熟悉继电器控制的电气工程人员掌握，特别适合数字量逻辑控制，有时把梯形图称为电路或程序。

梯形图由触点、线圈和用方框表示的指令框组成。触点代表逻辑输入条件，例如外部的开关、按钮和内部条件等。线圈通常代表逻辑运算的结果，常用来控制外部的负载和内部的标志位等。指令框用来表示定时器、计数器或者数学运算等指令。

使用编程软件可以直接生成和编辑梯形图，并将它下载到 PLC。

触点和线圈等组成的电路称为程序段，英文名称为 Network（网络），TIA 博途软件自动为程序段编号。

可以在程序段编号的右边加上程序段的标题，在程序段编号的下面可以为程序段加上注释，单击编辑器工具栏上的""按钮，可以显示或关闭程序段的注释，如图 2-23 所示。

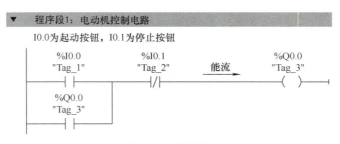

图 2-23　梯形图

在分析梯形图的逻辑关系时，为了借用继电器电路图的分析方法，可以想象在梯形图的左右两侧各有一根带电的"母线"，左边是"相线"、右边是"中性线"，当图 2-23 中I0.0 的常开触点接通时，有一个假想的"能流"流过 Q0.0 的线圈，从而驱动 Q0.0 的线圈得电。利用能流这一概念，可以借用继电器电路的术语和分析方法，更好地理解和分析梯形图（能流只能从左往右流动）。

程序段内的逻辑运算按从左往右的方向执行，与能流的方向一致。如果没有跳转指令，程序段之间按从上到下的顺序执行，执行完所有的程序段后，下一次扫描循环返回最上面的程序段 1，自动重新开始执行下一次扫描，周而复始。

（2）功能块图

功能块图使用类似于数字电路的图形编辑符号来表示控制逻辑，有数字电路基础的人很容易理解，国内很少有人使用功能块图语言。

在功能块图中，用类似与门、或门的方框来表示逻辑运算关系，方框的左边为输入变量，右边为逻辑运算的输出变量，输入、输出端的小圆圈表示"非"运算，方框被"导线"连接在一起，信号自左向右流动。指令框用来表示一些复杂的功能，例如数学运算等。图 2-24 为图 2-23 所示梯形图对应的功能块图。

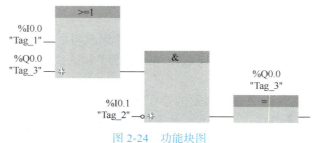

图 2-24　功能块图

（3）编程语言的转换

在 TIA 博途编程软件中，打开项目树中 PLC 的"程序块"文件夹，双击Main[OB1]，打开程序编辑器，在工作区下面巡视窗口的"属性"选项卡中，选择"常规"，打开语言下拉列表，选择 FBD 即可。转换过程如图 2-25 所示。

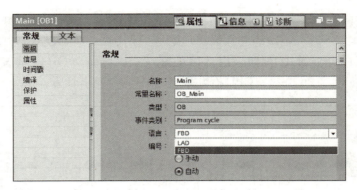

图 2-25　编程语言转换

2. CPU 的工作原理

S7–1200 PLC 系列的 CPU 中运行着操作系统和用户程序。

操作系统处理底层系统级任务，并执行用户程序的调用。操作系统固化在 CPU 中，用于执行与用户程序无关的 CPU 功能，以及组织 CPU 所有任务的执行顺序，操作系统的任务包括：①启动；②更新输入和输出过程映像；③调用用户程序；④检测中断并调用中断 OB（组织块）；⑤检测并处理错误；⑥管理存储区；⑦与编程设备和其他设备通信。

用户程序工作在操作系统平台，完成特定的自动化任务。用户程序是下载到 CPU 的数据块和程序块，用户程序的任务包括：①启动初始化工作；②进行数据处理，I/O 数据交换和工艺相关的控制；③对中断的响应；④对异常和错误的处理。

（1）CPU 的工作模式

S7–1200 PLC CPU 有三种工作模式：停机（STOP）、启动（STARTUP）和运行（RUN），它们的功能见表 2-11。

表 2-11　S7–1200 PLC CPU 工作模式

工作模式	描述
STOP	不执行用户程序，可以下载项目，可以强制变量
STARTUP	执行一次启动 OB（如果存在）及其他相关任务
RUN	CPU 重复执行程序循环 OB，响应中断事件

CPU 模块上没有切换工作模式的模式选择开关，只能使用 TIA 博途编程软件在"在线"菜单中更改操作模式，或用工具栏上的 ⬛ 按钮和 ⬛ 按钮来切换 STOP 或 RUN 工作模式。在 STOP 模式下，CPU 处理所有通信请求（如果适用）并执行自诊断。CPU 不执行用户程序。过程映像也不会自动更新。

1）STOP 模式。STOP 模式不执行用户程序，所有的输出被禁止或按组态时的设置提供替代值或保持最后的输出值，以保证系统处于安全状态。CPU 不执行用户程序和自动刷新过程映像，仅处理通信请求和进行自诊断，可以下载项目。在 RUN 模式下不能下载项目。

2）STARTUP 模式。上电后 CPU 进入 STARTUP 模式，进行上电诊断和系统初始化，检查到某些错误时，将禁止 CPU 进入 RUN 模式，保持在 STOP 模式。

CPU 从 STOP 切换到 RUN 时，进入启动模式，执行启动 OB 及其关联的程序，CPU 启动和运行机制如图 2-26 所示，CPU 在启动过程中执行以下任务。

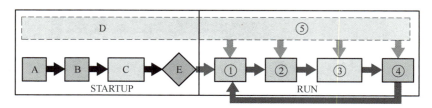

图 2-26　CPU 启动和运行机制

A：将物理输入的状态复制到 I 存储器。B：将 Q 输出（映像）存储区初始化为零、上一个值或组态的替换值将 PB、PN 和 AS-i 输出设为零。C：将非保持性 M 存储器和数据块初始化为其初始值，并启用组态的循环中断事件和时钟事件，执行启动 OB。D：将所有中断事件存储到要在进入 RUN 模式后处理的队列中。E：启用 Q 存储器到物理输出的写入操作。

在启动过程中，不更新过程映像，可以直接访问模块的物理输入，但不能访问物理输出，可以更改 HSC、PWM 以及点对点通信模块的组态。

3）RUN 模式。执行完启动 OB 后，CPU 将进入 RUN 模式。CPU 周而复始地执行一系列任务，任务循环执行一次为一个扫描周期。在每个扫描周期中，CPU 都会写入输出、读取输入、执行用户程序、更新通信模块以及响应用户中断事件和通信请求。在扫描期间会定期处理通信请求。

如图 2-26 所示，CPU 在 RUN 模式时执行以下任务：①将 Q 存储器写入物理输出；②将物理输入的状态复制到 I 存储器；③执行程序循环 OB；④执行自检诊断；⑤在扫描周期的任何阶段处理中断和通信。

4）过程映像。过程映像是 CPU 提供的一个内部存储器，用来存放输入信号和输出信号的状态，被称为过程映像输入区和过程映像输出区。过程映像对 I/O 点的更新可组态在每个扫描周期或发生特定事件触发中断时。

5）冷启动与暖启动。下载了用户程序的块和硬件组态后，下一次切换到 RUN 模式时，CPU 执行冷启动。冷启动时复位输入，初始化输出；复位存储器，即清除工作存储器、非保持性存储区和保持性存储区，并将装载存储器的内容复制到工作存储器。存储器复位不会清除诊断缓冲区，也不会清除永久保存的 IP 地址。

冷启动之后，在下一次下载之前的 STOP 到 RUN 模式的切换均为暖启动。暖启动时所有非保持的系统数据和用户数据被初始化，不会清除保持性存储区。

暖启动不对存储器复位，要复位存储器可以打开 TIA 博途编程软件，在 PLC 项目中选择"在线与诊断"，将 PLC 处于在线状态，在"CPU 操作面板"上单击"MRES"按钮来复位存储器。

S7-1200 PLC 不支持在运行时插入或拔出信号板、信号模块和通信模块，但可以插入或拔出 SIMATIC 存储卡。

（2）存储器机制

S7-1200 PLC CPU 提供了用于存储用户程序、数据和组态的存储器。存储器的类型和特性见表 2-12。

表 2-12　存储器特性

类型	描述
装载存储器	非遗失性存储器，用于存储用户程序、数据和组态等，也可以使用外部存储卡作为装载存储器
工作存储器	遗失性存储器，用于存储与程序执行有关的内容；无法扩展工作存储器；CPU 将与运行相关的程序内容从装载存储器复制到工作存储器中
保持性存储器	非遗失性存储器，如果发生断电或停机时，CPU 使用保持性存储器存储一定数量的工作存储区数据，在启动运行时恢复这些保持性数据

3. 数据类型

数据类型用于指定数据元素的大小和格式，在定义变量时需要设置变量的数据类型，在使用指令、函数和函数块时，需要按照操作数要求的数据类型使用合适的变量。每个指令参数至少支持一种数据类型，而有些参数支持多种数据类型。S7-1200 PLC 的数据类型分为以下几种：①基本数据类型；②数组数据类型；③ PLC 数据类型；④ VARIANT（指针）；⑤系统数据类型；⑥硬件数据类型。

此外，当指令要求的数据类型与实际操作数的数据类型不同时，还可以根据数据类型的转换功能来实现操作数的转换。

本书介绍常用数据类型。

（1）基本数据类型

基本数据类型为具有确定长度的数据类型，分为位和位序列数据类型、整型、浮点实数、时间和日期、字符和字符串。

1）位和位序列数据类型。位和位序列数据类型有位、字节、字和双字，见表 2-13。

表 2-13　位和位序列数据类型

数据类型	大小	数值类型	数值范围	常数示例	地址示例
Bool（布尔型）	1 位	布尔运算	FALSE 或 TRUE	TRUE	I1.0 Q0.1 M50.7 DB1. DBX2.3 Tag_name
		二进制	2#0 或 2#1	2#0	
		无符号整数	0 或 1	1	
		八进制	8#0 或 8#1	8#0	
		十六进制	16#0 或 16#1	16#1	
Byte（字节）	8 位	二进制	2#0 ～ 2#1111_1111	2#1000_1001	IB2 MB10 DB1.DBB4 Tag_name
		无符号整数	0 ～ 255	15	
		有符号整数	−128 ～ 127	−63	
		八进制	8#0 ～ 8#377	8#17	
		十六进制	B#16#0 ～ B#16#FF，16#0 ～ 16#FF	B#16#F，16#F	

（续）

数据类型	大小	数值类型	数值范围	常数示例	地址示例
Word（字）	16 位	二进制	2#0 ~ 2#1111_1111_1111_1111	2#1101_0010_1001_0110	MW10 DB1.DBW2 Tag_name
		无符号整数	0 ~ 65535	61680	
		有符号整数	−32768 ~ 32767	72	
		八进制	8#0 ~ 8#177_777	8#170_362	
		十六进制	W#16#0 ~ W#16#FFFF，16#0 ~ 16#FFFF	W#16#F1C0，16#A67B	
DWord（双字）	32 位	二进制	2#0 ~ 2#1111_1111_1111_1111_1111_1111_1111_1111	2#1101_0100_1111_1110_1000_1100	MD10 DB1.DBD8 Tag_name
		无符号整数	0 ~ 4_294_967_295	15793935	
		有符号整数	−2_147_483_648 ~ 2_147_483_647	−400000	
		八进制	8#0 ~ 8#37_777_777_777	8#74_177_417	
		十六进制	DW#16#0000_0000 ~ DW#16#FFFF_FFFF，16#0000_0000 ~ 16#FFFF_FFFF	DW#16#20_F30A，16#B_01F6	

2）位。位数据的数据类型为 Bool 型，在编程软件中，Bool 变量的值 1 和 0 用 TRUE（真）或 FALSE（假）表示。

位存储单元的地址由字节地址和位地址组成，例如 I1.0 中的区域标识符"I"表示输入，字节地址为 1，位地址为 0，这种存取方式称为"字节. 位"寻址方式。

3）字节。8 位二进制数组成 1 个字节，用 B 表示。例如 M1.0 ~ M1.7 组成输入字节 MB1（B 是 Byte 的缩写）。

4）字。相邻的两个字节组成一个字，16 位，用 W 表示。例如字 MW100 由字节 MB100 和 MB101 组成。需要注意以下两点：①字的编号用组成字的两个字节中编号小的字节编号表示；②编号小的字节为高字节，编号大的为低字节。双字也有类似特点。

5）双字。两个字（即 4 个字节）组成一个双字，32 位，用 D 表示。例如双字 MD100 由字 MW100、MW102 组成，或由 MB100 ~ MB103 组成。其中 MB100 是双字 MD100 的最高位字节，也是该双字的编号。

位、字节、字和双字的组成如图 2-27 所示。

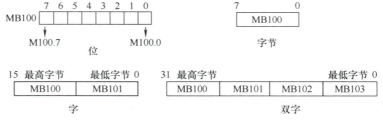

图 2-27　位、字节、字和双字的组成图

（2）整数数据类型

在整数数据类型中，Int 为 16 位有符号整数，在 Int 前面加 S 为 8 位有符号整数，在 Int 前面加 U 为 16 位无符号整数，在 Int 前面加 US 为 8 位无符号整数，在 Int 前面加 D 为 32 位有符号整数，整数数据类型见表 2-14。

表 2-14　整数数据类型

数据类型	大小	数值范围	常数示例	地址示例
SInt（短整型）	8 位	−128 ～ 127	+50，16#50	MB0 DB1.DBB4 Tag_name
USInt（无符号短整型）	8 位	0 ～ 255	78，2#01001110	
Int（整型）	16 位	−32768 ～ 32767	123，−123	MW2 DB1.DBW2 Tag_name
UInt（无符号整型）	16 位	0 ～ 65535	123	
DInt（双整型）	32 位	−2147483648 ～ 2147483647	123，−123	MD6 DB1.DBD8 Tag_name
UDInt（无符号双整型）	32 位	0 ～ 4294967295	123	

（3）浮点型实数数据类型

实（或浮点）数以 32 位单精度数（Real）或 64 位双精度数（LReal）表示。单精度浮点数的精度最高为 6 位有效数字，而双精度浮点数的精度最高为 15 位有效数字。在输入浮点常数时，最多可以指定 6 位（Real）或 15 位（LReal）有效数字来保持精度。浮点型实数数据类型见表 2-15。

表 2-15　浮点型实数数据类型

数据类型	大小	数值范围	常数示例	地址示例
Real（实型或浮点型）	32 位	-3.402823×10^{38} ～ $-1.175495 \times 10^{-38}$，$\pm 0$，$+1.175495 \times 10^{-38}$ ～ $+3.402823 \times 10^{38}$	123.456，−3.4，1.0×10^{-5}	MD100 DB1.DBD8 Tag_name
LReal（长实型）	64 位	$-1.7976931348623158 \times 10^{308}$ ～ $-2.2250738585072014 \times 10^{-308}$，$\pm 0$，$+2.2250738585072014 \times 10^{-308}$ ～ $+1.7976931348623158 \times 10^{308}$	$12345.123456789 \times 10^{40}$，$1.2 \times 10^{40}$	DB_name.var_name 规则： 不支持直接寻址； 可在 OB、FB 或 FC 块接口数组中进行分配

（4）时间和日期数据类型

时间和日期数据类型见表 2-16。

表 2-16 时间和日期数据类型

数据类型	大小	数值范围	常数示例
Time（时间）	32 位	T#-24d_20h_31m_23s_648ms ～ T#24d_20h_31m_23s_647ms 存储形式：-2，147，483，648 ～ +2，147，483，647ms	T#5m_30s T#1d_2h_15m_30s_45ms TIME#10d20h30m20s630ms 500h10000ms 10d20h30m20s630ms
日期	16 位	D#1990-1-1 ～ D#2168-12-31	D#2009-12-31 DATE#2009-12-31 2009-12-31
Time_of_Day	32 位	TOD#0:0:0.0 ～ TOD#23:59:59.999	TOD#10:20:30.400 TIME_OF_DAY#10:20:30.400 23:10:1
DTL （长格式日期和时间）	12 字节	最小：DTL#1970-01-01-00:00:00.0 最大：DTL#2554-12-31-23:59:59.999999 999	DTL#2008-12-16-20:30:20.250

Time 数据作为有符号双整数存储，被解释为毫秒。编辑器格式可以使用日期（d）、小时（h）、分钟（m）、秒（s）和毫秒（ms）信息。也可以不指定全部时间单位。例如，T#5h10s 和 500h 均有效。所有指定单位值的组合值不能超过以毫秒表示的时间日期类型的上限或下限（-2，147，483，648 ～ +2，147，483，647ms）。

日期 Date 数据作为无符号整数值存储，被解释为添加到基础日期 1990 年 1 月 1 日的天数，用以获取指定日期。编辑器格式必须指定年、月和日。

TOD（Time_of_Day）数据作为无符号双整数值存储，被解释为自指定日期的凌晨算起的毫秒数（凌晨 =0ms），必须指定小时（24 小时 / 天）、分钟和秒，可以选择指定小数秒格式。

DTL（日期和时间长型）数据类型使用 12 个字节的结构保存日期和时间信息。可以在块的临时存储器或者 DB 中定义 DTL 数据。必须在 DB 编辑器的"起始值"（Start value）列为所有组件输入一个值。DTL 的每一部分均包含不同的数据类型和值范围。指定值的数据类型必须与相应部分的数据类型相一致。表 2-17 为 DTL 结构的元素。

表 2-17 DTL 结构的元素

Byte	组件	数据类型	值范围
0	年	UInt	1970 ～ 2554
1			
2	月	USInt	1 ～ 12
3	日	USInt	1 ～ 31
4	星期	USInt	1（星期日）～ 7（星期六）[①]
5	时	USInt	0 ～ 23
6	分	USInt	0 ～ 59

（续）

Byte	组件	数据类型	值范围
7	秒	USInt	0 ～ 59
8			
9	纳秒	UDInt	0 ～ 999 999 999
10			
11			

① 　年 – 月 – 日 – 时：分：秒．纳秒格式中不包括星期。

（5）字符和字符串数据类型

字符和字符串数据类型见表 2-18。

表 2-18　字符和字符串数据类型

数据类型	大小	数值范围	常数示例
Char	8 位	16#00 ～ 16#FF	'A', 't', '@', 'ä', 'Σ'
WChar	16 位	16#0000 ～ 16#FFFF	'A', 't', '@', 'ä', 'Σ', 亚洲字符、西里尔字符以及其他字符
String	n+2 字节	n=（0 ～ 254 字节）	" ABC "
WString	n+2 字节	n=（0 ～ 65534 个字）	" ä123@XYZ.COM "

Char 在存储器中占一个字节，可以存储以 ASCII 格式（包括扩展 ASCII 字符代码）编码的单个字符。

WChar 在存储器中占一个字的空间，可包含任意双字节字符表示形式。

编辑器语法在字符的前面和后面各使用一个单引号字符，可以使用可见字符和控制字符。

CPU 支持使用 String 数据类型存储一串单字节字符。String 数据类型包含总字符数（字符串中的字符数）和当前字符数。String 类型提供了多达 256 个字节，用于在字符串中存储最大总字符数（1 个字节）、当前字符数（1 个字节）以及最多 254 个字节。String 数据类型中的每个字节都可以是 16#00 ～ 16#FF 的任意值。

WString 数据类型支持单字（双字节）值的较长字符串。第一个字包含最大总字符数；下一个字包含总字符数，接下来的字符串可包含多达 65534 个字。WString 数据类型中的每个字可以是 16#0000 ～ 16#FFFF 之间的任意值。

（6）数组数据类型

1）数组（Array）。数组是由数目固定且数据类型相同的元素组成的数据结构。数组可以在 OB、FC、FB 和 DB 的块接口编辑器中创建。无法在 PLC 变量编辑器中创建数组。

2）数组的格式。要在块接口编辑器中创建数组，须为数组命名并选择数据类型"Array [lo .. hi] of type"，然后根据如下说明编辑"lo""hi"和"type"：① lo，数组的起始（最低）下标；② hi，数组的结束（最高）下标；③ type，数据类型，例如 Bool、

SInt 和 UDInt。

3）使用数组的规则：①数组元素的数据类型包括除数组类型、VARIANT 类型以外的所有类型；②一个数组最多可包含 6 个维度；③全部数组元素必须是同一数据类型；④用逗点字符分隔多维索引的最小最大值声明；⑤不允许使用嵌套数组或数组的数组。

4）数组示例。

数组声明：

ARRAY[1..20] of REAL	// 一维，20 个元素
ARRAY[-5..5] of INT	// 一维，11 个元素
ARRAY[1..2，3..4] of CHAR	// 二维，4 个元素

数组地址：

ARRAY1[0]	//ARRAY1 元素 0
ARRAY2[1，2]	//ARRAY2 元素 [1，2]
ARRAY3[i，j]	// 如果 i=3 且 j=4，则对 ARRAY3 的元素 [3，4] 进行寻址

（7）PLC 数据类型

PLC 数据类型用来定义在程序中多次使用的数据结构。

在 TIA 博途软件中，通过打开项目树的"PLC 数据类型"分支并双击"添加新数据类型"项来创建 PLC 数据类型。在新创建的 PLC 数据类型项上，两次单击可重命名默认名称，双击则会打开 PLC 数据类型编辑器。也可以在数据块编辑器中用相同的编辑方法创建自定义 PLC 数据类型结构。为任何必要的数据类型添加新的行，以创建所需数据结构。

如果创建新的 PLC 数据类型，则该新 PLC 类型名称将出现在 DB 编辑器和代码块接口编辑器的数据类型选择器下拉列表中。

可以按照以下方式使用 PLC 数据类型：

1）作为代码块接口或数据块中的数据类型。

2）作为创建使用同一数据结构的多个全局数据块的模板。

3）作为 CPU I 和 Q 存储区中 PLC 变量声明的数据类型。

4. 系统存储区

S7-1200 PLC 的存储器分为不同的地址区，地址区包括过程映像 I 区、过程映像 Q 区、位存储器区 M、数据块 DB 和临时存储器区 L 等，存储区可访问的地址单位及表示方法见表 2-19。

表 2-19　S7-1200 PLC 的系统存储区

存储区	可访问的地址单位	符号	示例
过程映像 I 区	输入位	I	%I0.0
	输入字节	IB	%IB0
	输入字	IW	%IW0
	输入双字	ID	%ID0

（续）

存储区	可访问的地址单位	符号	示例
过程映像 Q 区	输出位	Q	%Q0.0
	输出字节	QB	%QB0
	输出字	QW	%QW0
	输出双字	QD	%QD0
位存储器区 M	存储器位	M	%M0.0
	存储器字节	MB	%MB0
	存储器字	MW	%MW0
	存储器双字	MD	%MD0
数据块 DB	数据位	DBX	%DB1.DBX0.0
	数据字节	DBB	%DB1.DBB0
	数据字	DBW	%DB1.DBW0
	数据双字	DBD	%DB1.DBD0
临时存储器区 L	局部数据位	L	%L0.0
	局部数据字节	LB	%LB0
	局部数据字	LW	%LW0
	局部数据双字	LD	%LD0

（1）过程映像输入 / 输出

过程映像输入在用户程序中的标识符为 I，它是 PLC 接收外部的数字量信号的窗口，输入端可以外接常开触点或常闭触点，也可以接多个触点组成的串联电路。

过程映像输出在用户程序中的标识符为 Q，每次循环周期开始时，CPU 将过程映像输出的数据传送给输出模块，再由输出模块驱动外部负载。

S7-1200 PLC 提供了两种 I/O 访问方法：过程映像访问和直接物理访问，如图 2-28 所示。

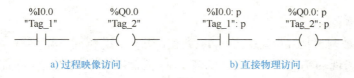

a) 过程映像访问　　　　　　　b) 直接物理访问

图 2-28　I/O 访问

过程映像访问和直接物理访问的区别如下：

1）过程映像访问是使用地址标识符 I/O 访问 CPU 的过程映像区，采用过程映像访问，可以保证在一个扫描周期内的信号不发生改变。

2）直接物理访问是在 I/O 地址后附加"：P"，访问的是物理输入输出点，对于实时性要求高的输入输出地址访问可以采用直接物理访问，采用直接物理访问，在一个扫描周期内，输入输出点的信号将会发生改变。

不论过程映像访问还是直接物理访问，都可以按位、字节、字和双字进行 I/O 访问。

（2）位存储器区

位存储器区 M 用来存储运算的中间操作状态或中间数据，可以按位、字节、字和双字读 / 写位存储器区。

（3）数据块

数据块简称为 DB，用来存储代码块使用的各种类型的数据，包括中间操作状态、其他控制信息以及某些指令（如定时器、计数器指令）需要的数据结构。可以设置数据块的写保护功能。

数据块关闭后，或有关的代码块的执行开始或结束后，数据块中存放的数据不会丢失。

（4）临时存储器区

临时存储器用于存储代码块被处理时使用的临时数据。

PLC 为三个 OB 的优先级组分别提供临时存储器：①启动和程序循环，包括有关的 FB 和 FC；②标准的中断事件，包括有关的 FB 和 FC；③时间错误中断事件，包括有关的 FB 和 FC。

临时存储器类似于 M 存储器，二者的主要区别在于 M 存储器是全局的，而临时存储器是局部的，它们的区别是：

1）所有的 OB、FB 和 FC 都可以访问 M 存储器中的数据，即这些数据可以提供用户程序中所有的代码块全局性的使用。

2）在 OB、FB 和 FC 的界面区生成临时变量（Temp），它们具有局部性，只能在生成它们的代码块内使用，不能与其他代码块共享，即使 OB 调用 FC，FC 也不能访问调用它的 OB 的临时存储器。例如：当 OB 调用 FC 时，FC 无法访问对其进行调用的 OB 的临时存储器。

CPU 根据需要分配临时存储器。启动代码块（对于 OB）或调用代码块（对于 FC 或 FB）时，CPU 将为代码块分配临时存储器并将存储单元初始化为 0。

代码块执行结束后，CPU 将它使用的临时存储器区重新分配给其他要执行的代码块使用，CPU 不对在分配时可能包含数值的临时存储单元初始化，只能通过符号地址访问临时存储器。

5. 用户程序结构

S7-1200 PLC 与 S7-300/400 PLC 的程序结构基本上相同。用户程序中包含不同的程序块，各程序块实现的功能不同，S7-1200 PLC 支持的程序块类型及功能描述见表 2-20。

表 2-20　程序块类型及功能描述

程序块类型	功能描述
组织块（OB）	由操作系统调用，决定用户程序的结构
函数块（FB）	FB 是有"存储区"的代码块，可将值存储在背景数据块中，即使在块执行完后，这些值仍然有效
函数（FC）	FC 是不带"存储区"的代码块
全局数据块（DB）	用于存储程序数据，其数据格式由用户定义
背景数据块（DB）	用于保存相关 FB 的输入、输出、输入 / 输出和静态变量

（1）用户程序结构类型

根据实际应用要求，用户程序结构可选择线性结构或模块化结构。

1）线性程序。线性程序按顺序逐条执行用于自动化任务的所有指令。通常，线性程序将所有程序指令都放入用于循环执行程序的 OB（OB1）中。

2）模块化程序。模块化程序调用可执行特定任务的特定代码块。要创建模块化结构，需要将复杂的自动化任务划分为与过程的工艺功能相对应的更小的次级任务。每个代码块都为每个次级任务提供程序段。通过从另一个块中调用其中一个代码块来构建程序。

通过创建可在用户程序中重复使用的通用代码块，可简化用户程序的设计和实现。

当一个代码块调用另一个代码块时，CPU 会执行被调用块中的程序代码。执行完被调用块后，继续执行该块调用之后的指令。

图 2-29 为模块化程序块调用示意图。

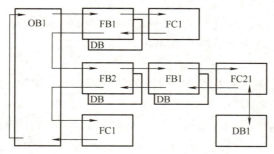

图 2-29　模块化程序块调用示意图

（2）用户程序中的块

1）组织块 OB。组织块 OB 是操作系统与用户程序的接口，由操作系统调用，用于控制扫描循环和中断程序的执行、PLC 的启动和错误处理等。组织块的程序是用户编写的。

每个组织块必须有一个唯一的 OB 编号，OB 不能相互调用，也不能被 FC 和 FB 调用。

① 程序循环组织块。OB1 是用户程序中的主程序，CPU 循环执行操作系统程序，在每一次循环中，操作系统程序调用一次 OB1。因此 OB1 中的程序也是循环执行的，允许有多个程序循环 OB，默认的是 OB1，其他程序循环 OB 的编号应大于或等于 200。

② 启动组织块。当 CPU 的工作模式从 STOP 切换到 RUN 时，执行一次启动组织块，来初始化程序循环 OB 中的某些变量。执行完启动 OB 后，开始执行程序循环 OB，可以有多个启动 OB，默认的为 OB100，其他启动 OB 的编号应大于或等于 200。

③ 中断组织块。中断处理用来实现对特殊内部事件或外部事件的快速响应。如果没有中断事件出现，CPU 循环执行组织块 OB1。如果出现中断事件，操作系统在执行完当前程序的当前指令（即断点处）后，立即响应中断。CPU 暂停正在执行的程序块，自动调用一个分配给该事件的组织块（即中断程序）来处理中断事件。执行完中断组织块后，返回被中断的程序的断点处继续执行原来的程序。

处理中断事件的程序放在该事件驱动的 OB 中。

2）函数 FC。函数 FC 是用户编写的子程序，它包含完成特定任务的代码和参数。FC 是快速执行的代码块，用于执行以下任务：①完成标准的和可重复使用的操作，例如算术运算；②完成技术功能，例如使用位逻辑运算的控制。

FC 可以在程序中的不同位置多次被调用，这可以简化对经常重复发生的任务的编程。FC 没有固定的存储区，功能执行结束后，其临时变量中的数据就丢失了。可以使用全局数据块或 M 存储区来存储那些在功能执行结束后需要保存的数据。

对 FC 编程时，FC 的形参只能用符号访问，不能用绝对地址访问。

3）函数块 FB。函数块 FB 是用户编写的子程序，调用函数块时，需要指定背景数据块，后者是函数块专用的存储区。CPU 执行 FB 中的程序代码，将块的输入、输出参数和局部静态变量保存在背景数据块中，以便可以从一个扫描周期到下一个扫描周期快速访问它们。FB 的典型应用是执行不能在一个扫描周期结束的操作，在调用 FB 时，打开了对应的背景数据块，后者的变量可以供其他代码块使用。

调用同一个 FB 时，使用不同的背景数据块可以控制不同的设备。例如用来控制水泵和阀门的函数块使用包含特定的操作参数的不同的背景数据块，可以控制不同的水泵和阀门。

S7–1200 PLC 的部分指令（例如定时器和计数器指令）实际上是函数块，在调用它们时需要指定配套的背景数据块。

4）数据块 DB。数据块 DB 是用于存放执行代码块时所需的数据的，有两种类型的数据块：

①全局数据块：存储供所有的代码块使用的数据，所有的 OB、FB 和 FC 都可以访问它们。

②背景数据块：存储供特定的 FB 使用的数据块，其结构取决于 FB 界面区的参数。

 任务实施

本任务是掌握数据进制的转换。

1. 任务目标

1）掌握二进制、八进制和十六进制转换成十进制的方法。
2）掌握实数转换成指数形式的方法。
3）通过该任务的学习，理解深入学习每个知识点的重要性。

2. 数据进制转换实例

1）将 8#377、16#2A5F 和 2#1011 1101 0011 转换成十进制数。

解：

$$8\#377 = 3 \times 8^2 + 7 \times 8^1 + 7 \times 8^0 = 255$$

$$16\#2A5F = 2 \times 16^3 + 10 \times 16^2 + 5 \times 16^1 + 15 \times 16^0 = 10847$$

$$2\#1011\ 1101\ 0011 = 1 \times 2^{11} + 0 \times 2^{10} + 1 \times 2^9 + 1 \times 2^8 + 1 \times 2^7 + 1 \times 2^6 + 0 \times 2^5 +$$
$$1 \times 2^4 + 0 \times 2^3 + 0 \times 2^2 + 1 \times 2^1 + 1 \times 2^0 = 3027$$

2）将实数（也称浮点数）+25.419、–234567 表示为指数形式。

解：

$$+25.419=+2.5419\times10^1=+2.5419e+1$$
$$-234567=-2.34567\times10^5=-2.34567e+5$$

　　浮点数的优点是用很小的存储空间（4B）可以表示非常大和非常小的数。PLC 输入和输出的数值大多是整数，用浮点数来处理这些数据需要进行整数和浮点数之间的相互转换，浮点数的运算速度比整数运算慢得多。

知识拓展

　　解释操作数 DB10.DBX4.3，指针寻址 P#Q10.0 BYTE 10 的意思。
　　解：在操作数中 X 表示位，则 DB10.DBX4.3 表示数据块 DB10 中的数据位 DBX4.3。P# 表示指针寻址，P#Q10.0 BYTE 10 表示寻址从 Q10.0 开始的 10 个字节数据，即寻址的数据为 QB10 ～ QB19。

任务 3　TIA 博途编程软件使用

任务引入

　　TIA 博途软件是西门子公司推出的新一代编程软件，它是将西门子 PLC、人机界面 HMI 和驱动装置所有的自动化软件都统一到一个开发环境中，是业内首个采用统一工程组态和软件项目环境的自动化软件，功能强大，是学习西门子 PLC 必须掌握的编程软件。

任务分析

　　要完成本任务，需要具备以下知识：
　　1. 熟悉 TIA 博途软件的组成及安装。
　　2. 掌握使用 TIA 博途软件建立一个项目的步骤。
　　3. 熟悉 TIA 博途软件的使用。

相关知识

1. TIA 博途软件简介

　　TIA 博途软件将所有的自动化软件工具都统一到一个开发环境中，是业内首个采用统一工程组态和软件项目环境的自动化软件，可在同一开发环境中组态几乎所有的西门子 PLC、人机界面和驱动装置。在控制器、驱动装置和人机界面之间建立通信时的共享任务，可大大降低连接和组态成本。

TIA 博途软件包含 TIA 博途 STEP 7、TIA 博途 WinCC、TIA 博途 Startdrive 和 TIA 博途 SCOUT 等。用户可以根据实际应用情况，购买以上任意一种软件产品或者多种产品的组合。

（1）TIA 博途 STEP 7

TIA 博途 STEP 7 是用于组态 SIMATIC S7-1200 PLC、S7-1500 PLC、S7-300 PLC、S7-400 PLC 和 WinAC 控制器系列的工程组态软件。

TIA 博途 STEP 7 有两种版本，具体使用取决于可组态的控制器系列：

1）TIA 博途 STEP 7 基本版（STEP 7 Basic），用于组态 S7-1200 PLC。

2）TIA 博途 STEP 7 专业版（STEP 7 Professional），用于组态 S7-1200 PLC、S7-1500 PLC、S7-300 PLC、S7-400 PLC 和软件控制器 WinAC。

（2）TIA 博途 WinCC

基于 TIA 博途平台的全新 SIMATIC WinCC，适用于大多数的 HMI 应用，包括 SIMATIC 触摸型和多功能型面板、新型 SIMATIC 人机界面精简及精智系列面板，也支持基于 PC（个人计算机）多用户系统上的 SCADA（数据采集与监控系统）应用。

TIA 博途 WinCC 有四种版本，具体使用取决于可组态的操作员控制系统：

1）TIA 博途 WinCC 基本版（WinCC Basic），用于组态精简系列面板，TIA 博途 WinCC 基本版包含在 TIA 博途 STEP 7 产品中。

2）TIA 博途 WinCC 精智版（WinCC Comfort），用于组态当前几乎所有的面板（包括精简面板、精智面板和移动面板）。

3）TIA 博途 WinCC 高级版（WinCC Advanced），除了组态面板外，还可以组态基于单站 PC 的项目，运行版为 WinCC Runtime Advanced。

4）TIA 博途 WinCC 专业版（WinCC Professional），除了具备 TIA 博途 WinCC 高级版功能，还可以组态 SCADA，运行版为 WinCC Runtime Professional。

（3）TIA 博途软件安装对计算机的要求

1）处理器类型：2.30GHz 或更高频率的 CPU。

2）内存 RAM（随机存储器）容量：8GB。

3）可用硬盘空间：系统驱动器 C:\ 上的 20GB 空间。

4）操作系统：Windows 7（64 位），Windows 10（64 位），Windows Server（64 位）。

5）图形卡：32MB RAM 24 位颜色深度。

6）屏幕分辨率：1024×768 像素。

7）网络：通信采用 100Mbit/s 以太网或更快网速。

在安装过程中自动安装自动化许可证，卸载 TIA 博途软件时，自动化许可证也被自动卸载。

2. TIA 博途软件使用介绍

（1）项目视图的结构

1）Portal 视图与项目视图。TIA 博途提供两种不同的工具视图：基于项目的项目视图和基于任务的 Portal（门户）视图，项目视图可以访问项目中的所有组件，编程一般在 Portal 视图中进行，它们之间可以相互切换。

双击桌面上的 图标，打开 TIA 博途软件的启动画面，如图 2-30 所示，此时可以"打开现有项目",也可以"创建新项目"。选择打开一个现有项目,在"最近使用的"项目中选择一个项目,单击"打开"。单击视图左下角的"项目视图",切换到项目视图,如图 2-31 所示。下面介绍项目视图各组成部分的功能。

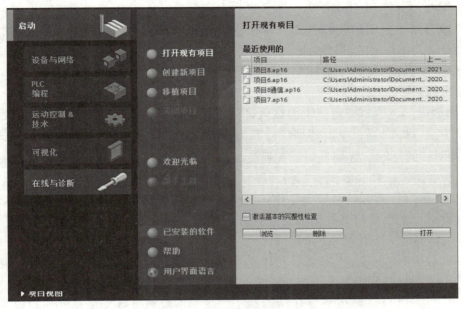

图 2-30 启动画面

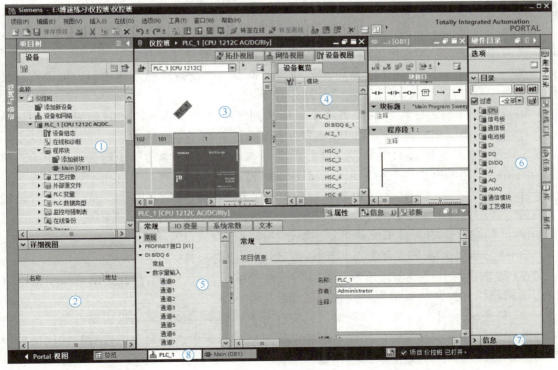

图 2-31 项目视图

2）项目树。图 2-31 中标有①的区域为项目树（或称为项目浏览器），可以用项目树访问所有的设备和项目数据，添加新的设备，编辑已有的设备，打开处理项目数据的编辑器。

单击项目树右上角的◀按钮，项目树和下面标有②的"详细视图"将消失，同时在最左边的垂直条的上端出现▶按钮，单击它将打开项目树和详细视图。可以用类似的方法隐藏和显示右边标有⑥的任务卡。

将鼠标的光标放到两个显示窗口的交界处，出现带双向箭头的光标时，按住鼠标的左键移动光标，可以移动分界线，以调节分界线两边的窗口大小。

3）详细视图。项目树窗口下面标有②的区域是详细视图，详细视图显示项目树被选中的对象下一级的内容。单击详细视图左上角的▼按钮，详细视图被关闭，只剩下紧靠"Portal 视图"的标题，标题左边的按钮变为▶，单击该按钮，将重新显示详细视图。可以用类似的方法显示和隐藏标有⑤的"巡视窗口"和标有⑦的"信息窗口"。

4）工作区。标有③的区域为工作区，可以同时打开几个编辑器，但是一般只能在工作区同时显示一个当前打开的编辑器。打开的编辑器在最下面标有⑧的编辑器栏中显示。没有打开编辑器时，工作区是空的。

单击工具栏上的▭、▯按钮，可以垂直或水平拆分工作区，同时显示两个编辑器。

在工作区同时打开程序编辑器和设备视图，将设备视图中的 CPU 放大到 200% 以上，可以将 CPU 上的 I/O 点拖放到程序编辑器中指令的地址域，这样不仅能快速设置指令的地址，还能在 PLC 变量表中创建相应的条目。也可以用上述方法将 CPU 上的 I/O 点拖放到 PLC 变量表中。

单击工作区右上角的"最大化"按钮，将工作区最大化，将会关闭其他所有的窗口。最大化工作区后，单击工作区右上角的▯按钮，工作区将恢复原样。

图 2-31 中的工作区显示的是硬件与网络编辑器的"设备视图"选项卡，可以组态硬件。选中"网络视图"选项卡，将打开网络视图。

可以将硬件列表中需要的设备或模块拖放到工作区的设备视图和网络视图中。显示设备视图或网络视图时，标有④的区域为设备概览区或网络概览区。

5）巡视窗口。图 2-31 中标有⑤的区域为巡视窗口，用来显示选中的工作区中的对象附加的信息，还可以用巡视窗口来设置对象的属性。巡视窗口有三个选项卡：

① "属性"选项卡用来显示和修改选中的工作区中的对象的属性。左边的窗口是浏览窗口，选中其中的某个参数组，在右边窗口显示和编辑相应的信息或参数。

② "信息"选项卡显示所选对象和操作的详细信息，以及编译的报警信息。

③ "诊断"选项卡显示系统诊断事件和组态的报警事件。

6）编辑器栏。巡视窗口下面标有⑧的区域是编辑器栏，显示打开的所有编辑器，可以用编辑器栏在打开的编辑器之间快速地切换工作区。

7）任务卡。图 2-31 中标有⑥的区域为任务卡，任务卡的功能与编辑器有关。可以通过任务卡进行进一步或附件的操作。例如从库或硬件目录中选择对象，搜索与替代项目中的对象，将预定义的对象拖放到工作区。

可以用最右边的竖条上的按钮来切换任务卡显示的内容。图 2-31 中的任务卡显示的是硬件目录，任务卡的下面标有⑦的区域是选中的对象的信息窗口。包括对象的图形、名称、版本号、订货号和简要的描述。

（2）项目的创建

1）新建一个项目。双击桌面上的 图标，打开 TIA 博途的启动画面，如图 2-30 所示，可以打开现有项目和创建新项目，创建新项目时可以修改项目的名称。或者使用系统指定的名称，单击"路径"输入框右边的"---"按钮，可以修改保存项目的路径。单击"创建"按钮，开始生成新项目。

2）添加新设备。单击图 2-30 中的"设备与网络"。单击中间的"添加新设备"，然后选中右边窗口中的"控制器"，挑选 S7–1200 PLC，添加设备的订货号一定要与实际设备的订货号、版本号一致，然后单击"添加"按钮。图 2-32 为添加的 CPU1212C、AC/DC/RLY 和版本号 4.2 的 PLC。在项目树、硬件视图和网络视图中可以看到添加的设备。

图 2-32　添加新设备

3）设置 TIA 博途的参数。在 Portal 视图中执行菜单命令"选项"→"设置"，选中工作区左边窗口的"常规"，如图 2-33 所示。在工作区的右边窗口，在"用户特定设置"区将用户界面语言设置为"中文"，助记符设置为"国际"。在"常规设置"区，勾选"启动过程中，将加载上一次打开的项目"，还有在"工具提示"中，勾选需要的选项。在"起始视图"中，勾选"Portal 视图"或"项目视图"。还有其他选项，根据需要勾选。

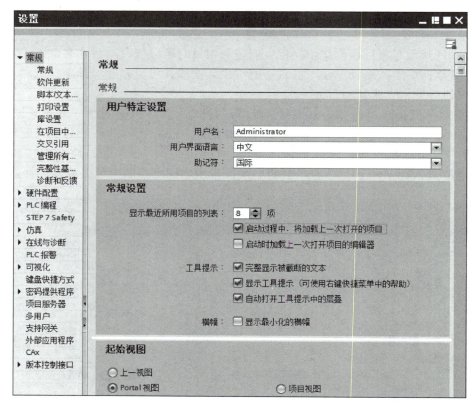

图 2-33　设置 TIA 博途软件的参数

（3）硬件组态

1）设备组态的任务。设备组态的任务就是在设备和网络编辑器中生成一个与实际硬件系统对应的虚拟系统，包括系统中的设备（PLC 和 HMI）、PLC 各模块的型号、订货号和版本号。模块的安装位置和设备之间的通信连接，都应与实际的硬件系统完全相同。

此外还应设置模块的参数，即给参数赋值，或称为参数化。

自动化系统启动时，CPU 比较组态时生成的虚拟系统和实际的硬件系统，如果两个系统不一致，将采取相应的措施。

双击项目视图项目树中的"设备和网络"，打开设备与网络编辑器。

2）在设备视图中添加模块。打开图 2-31 项目树中的"PLC_1"文件夹，双击其中的"设备组态"，打开设备视图，可以看到 1 号插槽中的 CPU 模块。

在硬件组态时，需要将 I/O 模块或通信模块放置到工作区机架的插槽内，有两种放置硬件对象的方法：

①用"拖放"的方法放置硬件对象。单击图 2-31 中最右边竖条上的"硬件目录"，打开硬件目录窗口。选中文件夹"\DI\DI8×24V"中订货号为"6ES7 221-1BH32-

0XB0"的 8 点 DI 模块，用鼠标左键按住该模块不放，移动鼠标，将选中的模块"拖"到机架中 CPU 右边的 2 号插槽，该模块浅色的图标和订货号随着光标一起移动。没有移动到允许放置该模块的工作区时，光标的形状为 ◯（禁止放置），当移动到允许放置该模块的工作区时，光标的形状为 ▧（允许放置）。此时松开鼠标左键，被拖动的模块被放置到工作区。

② 用双击的方法放置硬件。放置模块还有另一个简便的方法，首先单击机架中需要放置模块的插槽，使它的四周出现深蓝色的边框。双击硬件目录中要放置的模块，该模块便出现在选中的插槽中。

放置通信模块和信号板的方法与放置信号模块的方法相同，信号板安装在 CPU 模块内，通信模块安装在 CPU 左侧的 101 ～ 103 号槽。

3）硬件目录中的过滤器。选中图 2-31 中"硬件目录"窗口上面的"过滤"复选框，激活硬件目录的过滤器功能，硬件目录只显示与工作区有关的硬件。例如用设备视图打开 PLC 的组态画面时，如果选中了过滤器，则硬件目录窗口不显示 HMI，只显示 PLC 的模块。

4）删除硬件组件。可以删除设备视图或网络视图中的硬件组件，被删除的组件的地址可供其他组件使用。不能单独删除 CPU 和机架，只能在网络视图或项目树中删除整个 PLC 站。

删除硬件组件后，可能在项目中产生矛盾，即违反插槽规则。选中指令树中的"PLC_1"，单击工具栏上的编译"▦"按钮，对硬件组态进行编译。编译时进行一致性检查，如果有错误将会显示错误信息，应改正错误后重新进行编译。

5）复制与粘贴硬件组件。可以在项目树、网络视图或设备视图中复制硬件组件，然后将保存在剪贴板上的组件粘贴到其他地方。可以在网络视图中复制和粘贴站点，在设备视图中复制和粘贴模块。

可以用拖放的方法或通过剪贴板在设备视图或网络视图中移动硬件组件，但是不能移动 CPU，因为它必须在 1 号槽。

6）改变设备的型号。右击设备视图中要更改型号的 CPU，执行出现的快捷菜单中的"更改设备类型"命令，选中出现的对话框的"新设备"列表中用来替换的设备的订货号，单击"确定"按钮，设备型号被更改。

（4）信号模块与信号板的参数设置

1）信号模块与信号板的地址分配。双击项目树的 PLC_1 文件夹中的"设备组态"，打开该 PLC 的设备视图。添加了 CPU、信号板或信号模块后，它们的 I、Q 地址是自动分配的。选中工作区中的 CPU，在工作区右边的"设备概览"区，可以看到 CPU 集成的 I/O 模块和信号模块的字节地址，如图 2-34 所示。

例如，CPU1212C 集成的 8 点数字量输入的字节地址为 0（I0.0 ～ I0.7），6 点数字量输出的字节地址为 0（Q0.0 ～ Q0.5）。CPU 模拟量输入地址为 IW64 和 IW66（每个通道占一个字或两个字节）。DI2/DO2 信号板的地址为 I4.0 ～ I4.1 和 Q4.0 ～ Q4.1。

DI、DO 的地址以字节为单位分配，如果没有用完分配给它的某个字节中所有的位，剩余的位也不能再作他用。

设备概览

模块	插槽	I 地址	Q 地址	类型	订...
	103				
	102				
	101				
PLC_1	1			CPU 1212C AC/DC/Rly	6E...
DI 8/DQ 6_1	1 1	0	0	DI 8/DQ 6	
AI 2_1	1 2	64...67		AI 2	
DI 2/DQ 2x5VDC_1	1 3	4	4	DI2/DQ2 信号板 (200...	6E...
HSC_1	1 16	1000...10...		HSC	
HSC_2	1 17	1004...10...		HSC	
HSC_3	1 18	1008...10...		HSC	
HSC_4	1 19	1012...10...		HSC	
HSC_5	1 20	1016...10...		HSC	
HSC_6	1 21	1020...10...		HSC	
Pulse_1	1 32		1000...10...	脉冲发生器 (PTO/PWM)	

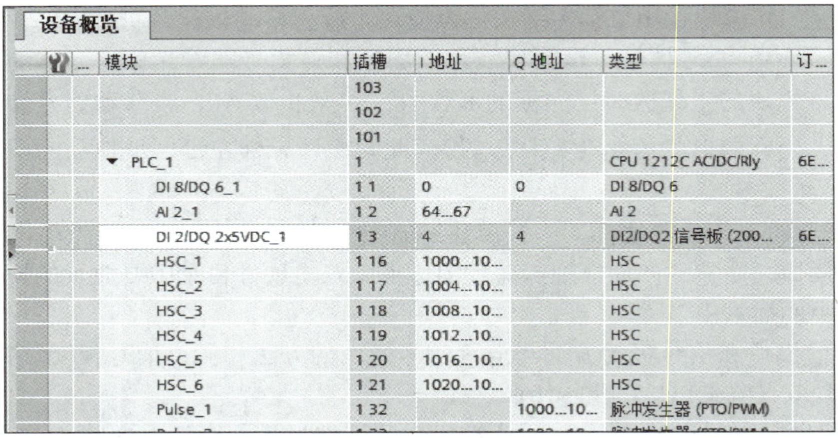

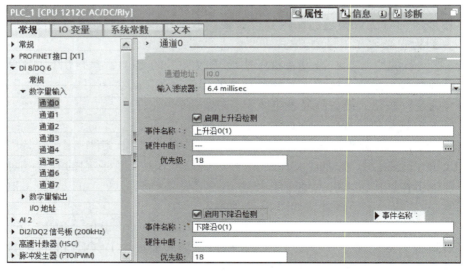

图 2-34　CPU 集成的 I/O 模块和信号模块的字节地址

如果想更改 I/O 地址，在“设备概览”中选中要更改的 I 地址或 Q 地址，写入新地址即可。例如要修改信号板的 I/O 地址为 1，可直接在 I 地址或 Q 地址将地址 4 修改为 1 即可。

当然也可以在“设备视图”中或在“设备概览”中选择信号板，在下面的巡视窗口的“属性”→“常规”→“I/O 地址”中修改。

2）数字量输入点的参数设置。选中设备视图中的 CPU、信号板或信号模块，然后选中工作区下面的巡视窗口的“属性”→“常规”→“数字量输入”，可以用选择框分组设置输入点的滤波器的时间常数，时间从 0.1μs ～ 20ms，如图 2-35 所示。选中 CPU 和信号板的某个输入点后，可以激活 CPU 和信号板各输入点的上升沿中断和下降沿中断功能，以及设置产生中断事件时调用的硬件中断 OB。

图 2-35　数字量输入点的参数设置

3）数字量输出点的参数设置。选中设备视图中的 CPU、信号板或信号模块，然后选中工作区下面的巡视窗口的"属性"→"常规"→"数字量输出",如图 2-36 所示。可以选择在 CPU 进入 STOP 模式时,数字量输出保持上一个值,或使用替代值,选中后者时,可以设置各输出点的替换值,以保证系统进入安全的状态。复选框内有"√"表示替换值为 1,反之为 0(默认的替换值)。

图 2-36　数字量输出点的参数设置

4)模拟量输入点的参数设置。

① 积分时间与干扰抑制频率成反比。后者可选 60Hz、50Hz 和 10Hz,积分时间越长,精度越高,快速性越差。积分时间为 20ms 时,对 50Hz 的干扰噪声有很强的抑制作用。为了抑制工频信号对模拟量信号的干扰,一般选择积分时间为 20ms。组态模拟量输入点如图 2-37 所示。

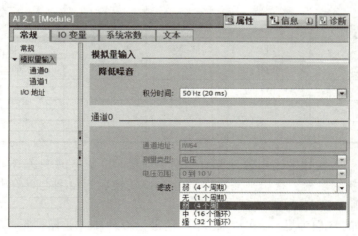

图 2-37　组态模拟量输入点

② 设置测量种类和测量范围,例如电压范围。

③ 设置 A/D(模/数)转换得到的模拟值的滤波等级。模拟值的滤波处理可以减轻干扰的影响,这对缓慢变化的模拟量信号是很有意义的。滤波处理用平均值数字滤波来实现,即根据系统规定的转换次数来计算转换后的模拟值的平均值。用户可以在滤波的 4 个等级"无、弱、中、强"中进行选择,这 4 个等级对应的计算平均值的模拟量采样值的个数分别为 1、4(4 次采样)、16(16 次采样)和 32(32 次采样)。所选的滤波等级越高,

滤波后的模拟值越稳定，但是测量的快速性越差。

5）模拟量输出点的参数设置。与数字量输出相同，可以设置 CPU 进入 STOP 模式后，各输出点保持最后的值，或使用替换值，选中后者时，可以设置各点的替换值。可以设置各输出点的输出类型（电压或电流）和输出范围。可以激活电压输出的短路诊断功能，电流输出的断路诊断功能，以及超出上限值 32511 或低于下限值 -32512 的诊断功能。

信号板的模拟量输出点与模拟量输出模块的参数设置方法基本相同。

（5）模拟量输入模块的输出转换为实际的物理量

1）模拟量输入转换后的模拟值表示方法。模拟量输入 / 输出模块中模拟量对应的数字称为模拟值，模拟值用 16 位二进制补码（整数）来表示。最高位为符号位，正数的符号位为 0，负数的符号位为 1。

模拟量经 A/D 转换后得到的数值的位数（包括符号位）如果小于 16 位，则转换值被自动左移，使其最高位（符号位）在 16 位字的最高位，模拟值左移后未使用的低位则填入 "0"，这种处理方法称为 "左对齐"。设模拟值的精度为 12 位加符号位，左移 3 位后未使用的低位（第 0 ~ 2 位）为 0，相当于实际的模拟值被乘以 8。

这种处理方法的优点在于模拟量的量程与移位处理后的数字的关系是固定的，与左对齐之前的转换值无关，便于后续的处理。

表 2-21 给出了模拟量输入模块的模拟量与模拟值的对应关系，分为单极性和双极性。

表 2-21　模拟量与模拟值的对应关系

范围	双极性			单极性		
	十进制	十六进制	电压范围 /V	十进制	十六进制	电流范围 /mA
超出范围	32511	7EFF	11.759	32511	7EFF	23.52
正常范围	27648	6C00	10	27648	6C00	20
	0	0	0	0	0	0
	-27648	9400	-10			
低于范围	-32511	8000	-11.759			

根据模拟量输入模块的输出值计算对应的物理量时，应考虑变送器的输入 / 输出量程和模拟量输入模块的量程，找出被测物理量与 A/D 转换后的数字之间的比例关系。

2）转换举例。

压力变送器的量程为 0 ~ 10MPa，输出信号为 0 ~ 10V，模拟量输入模块的量程为 0 ~ 10V，转换后的数字为 0 ~ 27648，设转换后得到的数字为 N，试求以 kPa 为单位的压力值。

解：0 ~ 10MPa（0 ~ 10000kPa）对应于转换后的数字为 0 ~ 27648，转换公式为

$$P=10000N/27648（单位为 kPa）$$

注意：在运算时一定要先乘后除，否则会损失原始数据的精度。

（6）CPU 模块的参数设置

双击项目树中 PLC_1 文件夹中的 "设备组态"，打开该 PLC 的 "设备视图"，选中

CPU 后，再选中下面的巡视窗口右边的"属性"，再选中左边的"常规"，可以在右边的窗口设置有关的参数。

1）设置系统存储器字节与时钟存储器字节。选中如图 2-38 所示的巡视窗口左边的"系统和时钟存储器"，单击右边窗口的复选框"启用系统存储器字节"，采用默认的 MB1 作为系统存储器字节，也可以修改系统存储器字节的地址。

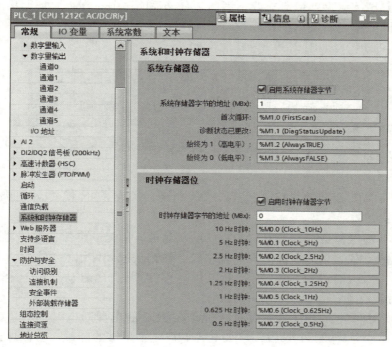

图 2-38　设置系统存储器字节与时钟存储器字节

将 MB1 设置为系统存储器字节后，该字节的 M1.0 ～ M1.3 的意义如下：

① M1.0（首次循环）：仅在进入 RUN 模式的首次扫描时为 1 状态，以后为 0 状态。

② M1.1（诊断状态已更改）：CPU 登录了诊断事件时，在一个扫描周期内为 1 状态。

③ M1.2（始终为 1）：总是为 1 状态，其常开触点总是闭合的。

④ M1.3（始终为 0）：总是为 0 状态，其常闭触点总是闭合的。

选中图 2-38 右边窗口的复选框"启用时钟存储器字节"，设置用默认的 MB0 作时钟存储器字节，也可以修改时钟存储器字节的地址。

时钟脉冲是一个周期内 0 状态和 1 状态所占的时间各为 50% 的方波信号，时钟存储器字节各位对应的时钟脉冲的周期与频率见表 2-22。CPU 在扫描循环开始时初始化这些位。

表 2-22　时钟存储器字节各位对应的时钟脉冲的周期与频率

位	7	6	5	4	3	2	1	0
周期 /s	2	1.6	1	0.8	0.5	0.4	0.2	0.1
频率 /Hz	0.5	0.625	1	1.25	2	2.5	5	10

以 M0.5 为例，其时钟脉冲的周期为 1s，如果用它的触点来控制某输出点对应的指示灯，指示灯将以 1Hz 的频率闪动，即灯亮 0.5s、灭 0.5s。

指定了系统存储器和时钟存储器字节后，这两个字节不能再用于其他用途，否则将会使用户程序运行出错。

因为系统存储器和时钟存储器不是保留的存储器，用户程序或通信可能改写这些存储单元，破坏其中的数据。应避免改写这两个存储器的字节，保证它们的功能正常运行。

2）设置 PLC 上电后的启动方式。选中巡视窗口左边的"启动"组，可以组态上电后 CPU 的 3 种启动方式，如图 2-39 所示。

图 2-39　设置启动方式

① 不重新启动，保持在 STOP 模式。②暖启动，进入 RUN 模式。③暖启动，进入断电前的操作模式。

暖启动将非断电保持存储器复位为默认的初始值，但是断电保持存储器中的值不变。

下载项目或下载项目的组件（例如程序块、数据块或硬件组态）之后，下一次切换到 RUN 模式时，CPU 执行冷启动（清除断电保持存储器）。冷启动之后，由 STOP 切换到 RUN 时都执行暖启动。

3）设置实时时钟。CPU 带有实时时钟，在 PLC 的电源断电时，用超级电容器给实时时钟供电。PLC 通电 24 小时后，超级电容器被充了足够的能量，可以保证实时时钟运行 10 天。

选中巡视窗口左边的"时间"组，将默认的时区（柏林）改为北京、重庆，我国目前没有使用夏令时，如图 2-40 所示。

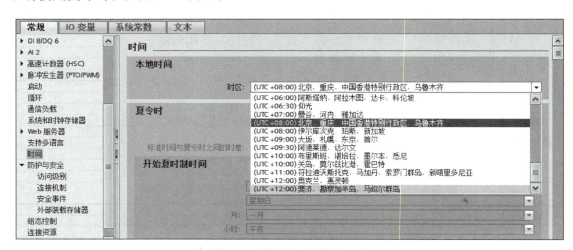

图 2-40　设置实时时钟的时区

4）设置读写保护和密码。程序块保护设置，打开软件，进入项目视图，到"程序块"内找到想要加密的程序块，右击选择属性。

在弹出的块属性窗口下，选择常规列表里的"保护"选项，单击保护选项内的"保护"按钮，弹出"专有技术保护"对话框。默认情况下，块是没有保护的，这时单击"定义"按钮，就可以给块添加相应的密码保护了。在这里还可以将块绑定到固定的 CPU 或存储卡上，防止别人复制，操作界面如图 2-41 所示。

图 2-41　程序块保护密码设置

CPU 访问权限设置。选中巡视窗口左边的"访问级别"选项，可以选择右边窗口的 4 个保护级别，如图 2-42 所示。

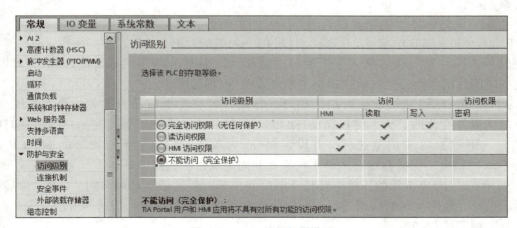

图 2-42　CPU 访问权限设置

①"完全访问权限"是默认的级别，没有设置口令保护，用户可以访问 HMI，可以读写 CPU 的程序。②如果选中"读访问权限"，输入正确的口令后才能修改 CPU 中的数据，并改变 CPU 的运行模式。③如果选中"HMI 访问权限"，则 TIA 用户将不能访问所有功能，而 HMI 用户可以访问所有功能。④如果选中"不能访问（完全保护）"，则 TIA

用户和 HMI 应用将不具有对所有功能的访问权限。

被授权（知道口令）的用户可以进行读/写访问。不知道口令的人员，只能读有写保护的 CPU，不能访问有读/写保护的 CPU。口令中的字母区分大小写。

为了限制对 CPU 的访问，应选中读保护或读/写保护，并输入密码和输入确认的密码。

使用通信指令的 PLC 之间的通信和 HMI 的功能不受 CPU 的保护级别的限制。

5）设置循环时间和通信负载。循环时间是操作系统刷新过程映像和执行程序循环 OB 的时间，包括所有中断此循环的程序的执行时间，每次循环的时间并不相等。

CPU 提供两个参数来监视循环时间。最大扫描循环时间和固定的最小扫描循环时间，启动阶段结束后，开始扫描循环监视。在组态 CPU 的属性时选中左边窗口的"循环"，如图 2-43 所示，可以组态这两个参数。

图 2-43　设置循环时间

如果循环时间超过最大循环时间，CPU 将调用 OB80。如果没有下载 OB80，将忽略第一次超过循环时间的事件。

如果循环时间超过最大循环时间的两倍，并且没有执行 RE_TRIGR 指令来复位监控定时器，不管是否有 OB80，CPU 将立即进入 STOP 模式。

不能结束的循环指令和非常长的扫描时间可能会导致反复调用 RE_TRIGR 指令，虽然 CPU 不会进入 STOP 模式，但是会造成在一个扫描周期内 CPU 被"锁死"，为了防止出现这种情况，每 100ms 插入一个通信时间片，选中图 2-43 中的"通信负载"，可以改变这一时间片的大小，这一机制提供了恢复 CPU 控制的机会。

通常 CPU 尽可能快地执行扫描循环，与用户程序和通信任务有关，每次扫描循环的时间间隔是变化的。为了使扫描循环时间尽可能一致，可以设置固定的扫描循环时间。为此应选中图 2-43 中的复选框，并设置以 ms 为单位的固定的最小循环时间。CPU 将以 ±1ms 的精度，保持在设置的最小扫描时间内完成每次扫描循环。

如果 CPU 完成正常的扫描循环任务的时间小于设置的最小循环时间，CPU 将延迟启动新的循环，用附加的时间来进行运行时间诊断和处理通信请求，用这种方法来保证在固定的时间内完成扫描循环。

如果在设置的最小循环时间内，CPU 没有完成扫描循环，CPU 将完成正常的扫描（包括通信处理），并且不会产生超出最小循环时间的系统响应。

最大扫描循环时间总是起作用的，固定的最小循环时间是可选的，作为默认的设置，它被禁止。表 2-23 给出了循环时间监视功能的时间范围和默认值。

表 2-23　扫描循环时间

循环时间	范围	默认值
最大扫描循环时间 /ms	1 ～ 6000	150
固定的最小扫描循环时间 /ms	0 ～ 6000	禁止

6）组态网络时间同步。网络时间协议（NTP）广泛应用于互联网的计算机时钟的时间同步，局域网内的时间同步精度可达 1ms。离线组态时，打开 CPU 的以太网接口，然后选中下边的"时间同步"，在左边的巡视窗口中激活"通过 NTP 服务器启动同步时间"，如图 2-44 所示。然后设置时间同步的服务器的 IP 地址和更新的时间间隔，设置的参数下载后起作用。

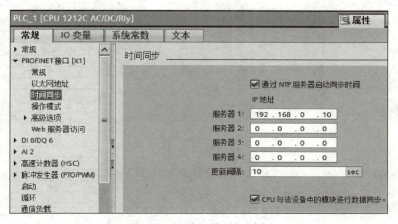

图 2-44　组态网络时间同步

 任务实施

1. 任务目标

1）掌握 S7-1200 PLC CPU 固件版本的更新方法。

2）掌握 S7-1200 PLC CPU 恢复出厂设置的方法。

3）学会使用存储卡装载用户程序。

4）通过本任务学习，不仅要学会编写 PLC 程序，还要掌握 TIA 博途软件的常用使用方法。

2. 使用 TIA 博途软件更新 S7-1200 PLC CPU 固件版本

若使用的 PLC 购买得较早，其固件版本号比较低，有很多功能没有，此时就需要升级固件版本，升级步骤如下。

1）打开所连接 S7-1200 PLC CPU 的"在线和诊断"视图，并切换到"在线"模式。在线访问如图 2-45 所示。

2）在在线访问界面中单击"功能"→"固件更新"，单击"浏览"按钮并导航至包含固件更新文件的位置，如图 2-46 所示。

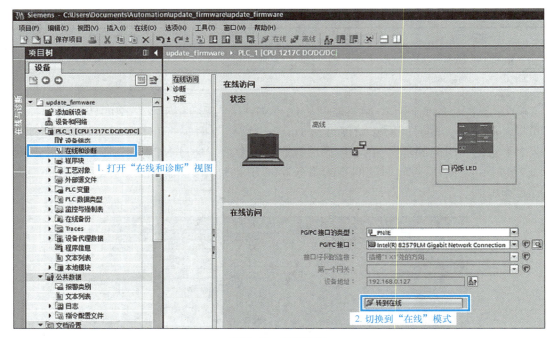

图 2-45　在线访问

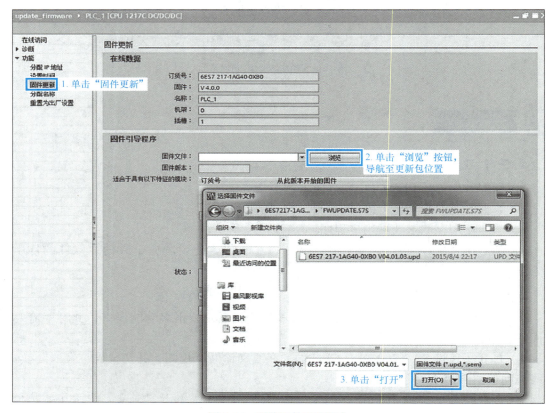

图 2-46　浏览固件更新版本

3）浏览到新版本固件后，单击"运行更新"按钮，即可执行更新 CPU 固件操作。运行更新新版本如图 2-47 所示。

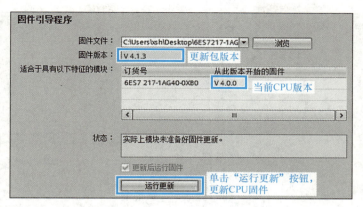

图 2-47　运行更新新版本

4）在加载固件更新时会显示进程对话框。固件更新完成后，对话框会提示使用新固件启动模块。

3. S7–1200 PLC 重置为出厂设置的方法

硬件出错后，有时需要恢复出厂设置，此时，可以按如下步骤进行。

1）创建新项目，在项目树中选择"在线访问"，选择 PC 与 S7–1200 PLC 连接的网卡"Realtek PCle GBE Family Controller"，将 PLC 设置为"转至在线"，双击"更新可访问设备"，扫描完成后，会显示已找到的可访问设备"plc_1[192.168.0.1]"，双击"在线和诊断"，如图 2-48 所示。

图 2-48　重置出厂设置过程

2）进入在线和诊断窗口后，单击"功能"标签下的"复位为出厂设置"选项，单击"重置"按钮，在弹出的窗口中选择"是"，如图 2-49 所示。

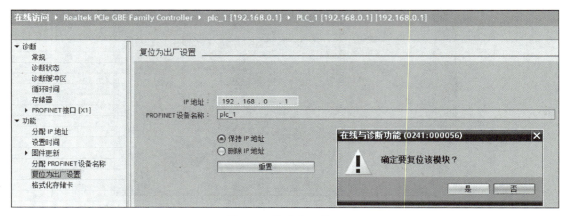

图 2-49　复位出厂设置

3）如果 CPU 为 RUN 状态时，重置为出厂设置需要 CPU 在 STOP 操作模式下进行，在弹出的选择窗口中选择"是"。当巡视窗口显示模块已复位时，CPU 复位成功。

4. 使用存储卡装载程序

使用存储卡装载 PLC 程序，然后将存储卡插入另一台 PLC，去控制另一台 PLC 的运行，操作方法如下。

1）先将存储卡插入读卡器上，插入计算机上，提前配置好项目，配置的硬件需要与实际的 PLC 硬件一致。

2）打开硬件组态，单击 CPU，在下面巡视窗口中选择"属性"→"常规"→"脉冲发生器（PTO/PWM）"→"启动"，单击"上电后启动"的下拉菜单，将启动模式更改为"暖启动 –RUN 模式"，就是 PLC 上电后立即进入运行模式，选择存储卡传程序的启动方式如图 2-50 所示。

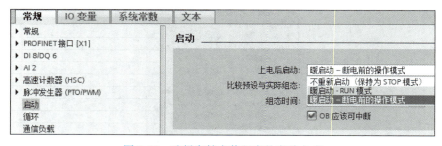

图 2-50　选择存储卡传程序的启动方式

3）双击 Main，在 OB1 中编写主程序，就是要下载到读卡器的程序。

4）在项目树中找到"读卡器 /USB 存储器"→"可移除式设备"→"（H:）SIMATIC MC 程序"，选中"（H:）SIMATIC MC 程序"，然后右击，在弹出的菜单中选择"属性"。在弹出"属性"窗口中，将"PLC 卡模式"更改为"传送"，"PLC 卡模式"有三种选择，分别是"程序""传送"和"更新固件"，如果选择"程序"，则 PLC 中是没有程序的，拔出存储卡，PLC 将不能运行；选择"传送"，即使拔出了存储卡，PLC 中是有程序的，仍然可以运行。选择存储卡模式如图 2-51 所示。

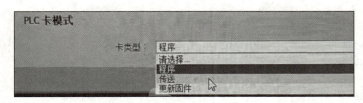

图 2-51　选择存储卡模式

5）在项目树中，选择 PLC_1，单击将其拖曳到"（H:）SIMATIC MC 程序"，出现"+"号时释放。在弹出的窗口中，单击"装载"，此时就会将程序装载到存储卡中。

6）装载完成后，在计算机上弹出存储卡，将 PLC 断电，将存储卡插入卡槽，然后将 PLC 上电，此时存储卡的程序将会自动传送到 CPU 中，传送将持续一段时间。

7）程序传送完毕后，将 PLC 断电，拔出存储卡，再次将 PLC 上电，此时 PLC 将自动启动运行。

　知识拓展

如何清除 S7-1200 PLC 中的密码：

S7-1200 PLC 中的程序如果有密码，是不能往 PLC 中下载程序的，必须输对密码才可以。在忘记密码的情况下，采用下述方法清除密码，将 PLC 恢复到出厂设置就可以下载程序了。

首先找到一张 S7-1200 PLC 的空白存储卡，将 PLC 断电，断电后插入存储卡，然后上电，此时 PLC 会将空白存储卡的内容下载到 CPU 中，相当于向 CPU 中写入了一个空白项目，写完后断电，拔出存储卡。再次给 PLC 上电，就可以正常使用了。

任务 4　简单项目的建立与运行

　任务引入

学完 TIA 博途软件的使用知识后，首要目的就是建立一个项目，进行实际的操作，掌握操作的步骤，学会分析操作中出现的问题及解决问题的方法。

　任务分析

要完成本任务，需要具备以下知识：

1.学会设备的硬件组态。

2. 学会主程序的编辑。

3. 学会以太网地址的设置。

4. 程序下载及监视。

 **相关知识**

使用 TIA 博途软件编写程序，一般按照以下步骤进行：

1）打开 TIA 博途软件，创建项目，并命名项目名称，设置项目保存路径。

2）在项目中添加设备，所添加的 CPU 订货号、版本号必须与实际的 CPU 一样。

3）设置 CPU 和计算机的以太网地址，二者的地址不能相同。

4）在程序块的 Main[OB1] 中编写主程序。可以在编写主程序之前或编写完主程序之后，在 PLC 变量→默认变量表中为使用的变量定义变量名称。

5）主程序编写完后，先对主程序和硬件进行编译，无错后，将硬件和软件都下载到 CPU 中。

6）程序调试。

任务实施

1. 控制要求

采用 S7-1200 CPU1212C AC/DC/RLY PLC，采用 TIA 博途软件编辑下述梯形图，并下载运行。按下启动按钮 SB1，指示灯 HL1 点亮并保持，按下停止按钮 SB2，指示灯 HL1 熄灭。PLC 接线图和梯形图如图 2-52 所示。

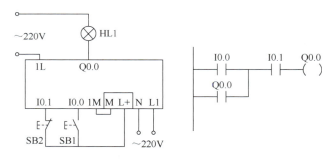

图 2-52　PLC 接线图和梯形图

2. 任务目标

1）学会在 TIA 博途软件中建立项目的方法。

2）掌握程序调试的方法。

3）掌握 PLC 变量表建立和使用监控表监视变量的方法。

4）通过该任务的学习，要认识到做事情必须夯实基础，一步一个脚印地完成。

3. 项目建立步骤

在 TIA 博途软件中完成一个自动化控制系统的建立与运行，需要经过项目的创建、硬件组态、程序编写和软硬件下载等步骤。

（1）创建项目

打开 TIA 博途软件，单击"项目"→"新建"，弹出"创建新项目"对话框，如图 2-53 所示。填写新建的项目名称、项目保存路径等信息，完成后单击"创建"按钮，新项目创建完成。

图 2-53　创建新项目

（2）配置 PLC

一个 TIA 博途软件项目可以包含多个 PLC 站点、HMI 及驱动等设备，在使用 S7–1200 PLC CPU 之前，需要在项目中添加 PLC 站点，并对其进行硬件配置，然后编写用户程序。

添加 PLC 站点和硬件配置，是将真实的 PLC 及其外部设备（如 HMI、变频器等）连接，以及各设备参数设置情况，映射到 TIA 博途软件平台上，这个过程也称为对 PLC 硬件系统的参数化过程，所以只有在完成系统硬件配置后，才能进行程序的编写工作。

在新建项目中双击"添加新设备"选项，选择"控制器"→"SIMATIC S7–1200"→"CPU"→"CPU 1212C AC/DC/RLY"→"6ES7 212–1BE40–0XB0"，版本号为4.2，最后单击"添加"按钮，配置完成。配置过程如图 2-32 所示。

配置完成后会弹出如图 2-54 所示的"设备视图"，在"设备概览"中，可以看到输入 / 输出为 DI8/DQ6_1（8 点输入、6 点输出），地址都为 0 字节；模拟量输入有 2 路输入，地址为 64 ～ 67 字节；6 个高速计数器；4 个高速输出脉冲；1 个以太网接口。

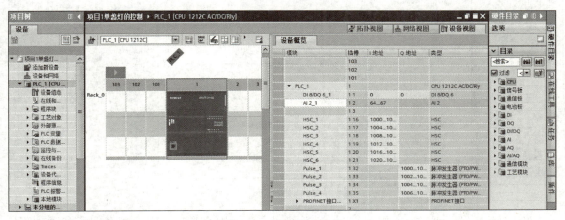

图 2-54　设备视图信息

然后进行 CPU 参数的配置，在"设备视图"界面中选中"CPU"模块，单击下面巡视窗口中的"属性"选项，在这里可以配置 CPU 的各种参数，如通信接口 PROFINET 的以太网地址、系统和时钟存储器、保护等。

本例为单一的 PLC 应用项目，只需设置 CPU 通信接口，其他参数保持默认即可。如图 2-55 所示，单击巡视窗口中的"属性"→"常规"→"以太网地址"，设置 PLC 的"IP 地址"为"192.168.0.1"，"子网掩码"为"255.255.255.0"，并单击"工具栏"中的"保存项目"图标，保存设置的项目参数，PLC 硬件设置完成。

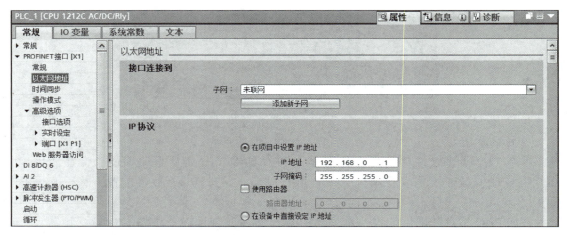

图 2-55　PLC 的 IP 地址设置

（3）创建程序

当 CPU 参数配置完成后，在项目中会自动创建主程序组织块"Main[OB1]"，双击打开"Main[OB1]"，可以在主程序组织块中编辑梯形图，如图 2-56 所示。

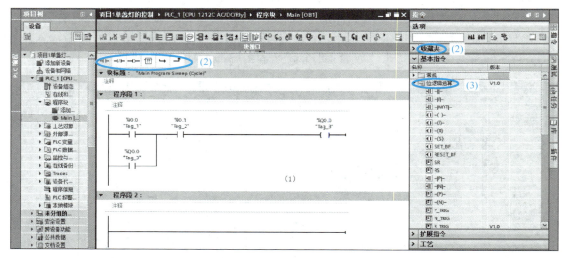

图 2-56　编辑梯形图程序

图 2-56 标注（1）表示程序编辑器的工作区，可以完成以下任务：①创建和管理程序

段；②输入块和程序段的标题与注释；③插入指令并为指令提供变量。

编辑梯形图时，可以拖曳标注（2）和（3）区域的指令图标到工作区指定位置，组成工作区中的逻辑关系。其中标注（2）是右边"基本指令"选项卡中"收藏夹"的内容，通过"收藏夹"可以快速访问常用指令。（3）是右边"基本指令"选项卡中的"位逻辑运算"指令。

OB1块程序可分为程序段1、程序段2等若干段程序，程序段用来构建程序，每个块最多可以包含999个程序段，每个程序段至少包含一个梯级，插入程序段只需右击"程序段"字样或右击工作区域空白处即可弹出快捷菜单，选择"插入程序段"命令即可。

图2-56中的变量名称"Tag_1"等是系统自动生成的，可以在"PLC变量"选项下，通过双击打开"默认变量表"，对"默认变量表"中的"Tag_1"等变量名称进行修改，图2-57中将"Tag_1""Tag_2""Tag_3"等修改为"start""stop""led"等，便于记忆。

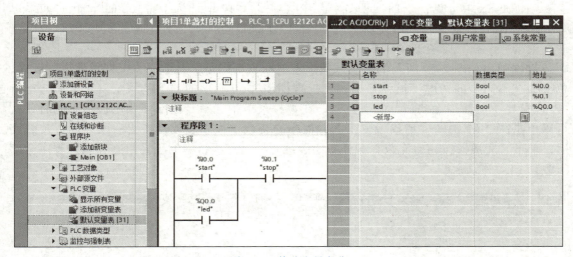

图 2-57　修改变量名称

（4）将硬件组态及程序下载到PLC

程序下载前，用网线连接编程计算机与PLC的以太网接口，同时将计算机的以太网IP地址与PLC以太网IP设置为相同网段，主机地址设置不同即可，将计算机IP地址设置为"192.168.0.10"。

将硬件组态及程序下载到PLC前，先要进行编译，单击"工具栏"中的"　"按钮进行编译，编译没有错误后，再单击"工具栏"中的"　"按钮进行下载，此时将弹出"扩展下载到设备"对话框。在对话框中，"PG/PC接口的类型"选择"PN/IE"，"PG/PC接口"选择编程计算机使用的网卡型号，选择完毕单击"开始搜索"按钮，搜索网络上所有的站点，弹出搜索出的目标设备界面如图2-58所示。

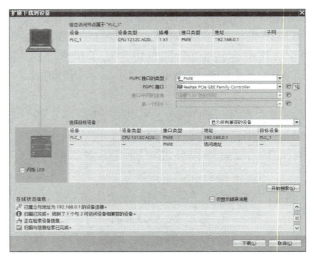

图 2-58   "扩展下载到设备"对话框

从图 2-58 中可见，当前搜索到可用 PLC 一台，IP 地址为 192.168.0.1，此时如果选择"闪烁 LED"复选框，可使所选的 CPU 上的 LED 灯闪烁，表示计算机与 PLC 通信正常，单击"下载"按钮下载程序。

软件弹出如图 2-59 所示的"装载到设备前的软件同步"对话框，根据需求进行选择，单击"在不同步的情况下继续"按钮，出现如图 2-60 所示的"下载预览"对话框，单击"停止模块"后面"无动作"的下拉键，在下拉菜单中选择"全部停止"选项。此时，就可以单击图 2-61 中的"装载"按钮进行程序的装载，程序装载要持续一段时间，装载完后，单击"完成"按钮，完成下载任务。装载时，是将项目中的硬件组态和软件程序全部下载到 PLC 中。

图 2-59   "装载到设备前的软件同步"对话框

图 2-60   "下载预览"对话框

图 2-61   程序的装载

4. 程序调试

项目下载完成后，打开 Main[OB1] 主程序，可以对程序进行调试，如图 2-62 所示，单击标注（1）"转至在线"或单击标注（2）"启动 CPU"，运行程序。也可以直接单击标注（3）"启用 / 禁用监控"按钮，进入程序监控界面。

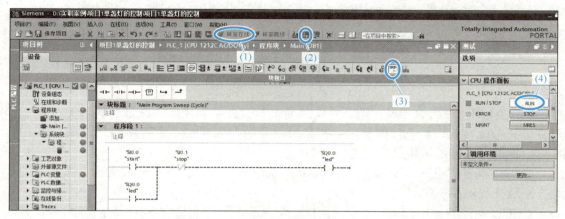

图 2-62　程序监控界面

如果当前 PLC 是停止状态，也可以通过单击标注（4）的 CPU 操作面板的"RUN"按钮，启动 PLC 运行。当程序处于监控状态时，元件的触点、线圈是绿色表示接通和得电，蓝色点画线表示信号流断开。

当按下图 2-52 中的按钮 SB1 时，程序中 I0.0 常开触点闭合，输出 Q0.0 线圈得电并自锁，灯 HL1 点亮；当按下按钮 SB2 时，I0.1 常闭触点断开，输出 Q0.0 线圈失电，自锁解除，灯 HL1 熄灭。

通过监视，可以清楚看到元件的动作过程。

5. PLC 变量表及监控表

PLC 程序中应用的所有变量，TIA 博途软件都会集中管理。变量可以在程序编辑过程中直接在程序编辑器中创建，也可以在编写程序前在 PLC 变量表或全局数据块中提前创建。在 S7-1200 PLC CPU 编程过程中，为便于记忆和识别，可采用符号地址的方式，这样可以增强程序的可读性、简化程序的调试和维护，为后续编程和维护提高效率。

（1）PLC 变量表

PLC 变量表包含整个 CPU 范围内都有效的变量和符号常量，系统会为项目中使用的每个 CPU 自动创建一个 PLC 变量表，用户也可以创建其他的变量表，用于对变量和常量进行归类与分组。

在 TIA 博途软件中添加 CPU 设备后，会在项目树中该 CPU 设备下出现一个"PLC 变量"的文件夹，文件夹内包含下列表格："显示所有变量""添加新变量表"和"默认变量表"。

打开"显示所有变量"表格，有三个选项卡分别为"变量""用户常量"和"系统常量"，该表为 PLC 的基础表格，不能删除或移动。PLC 变量表如图 2-63 所示。

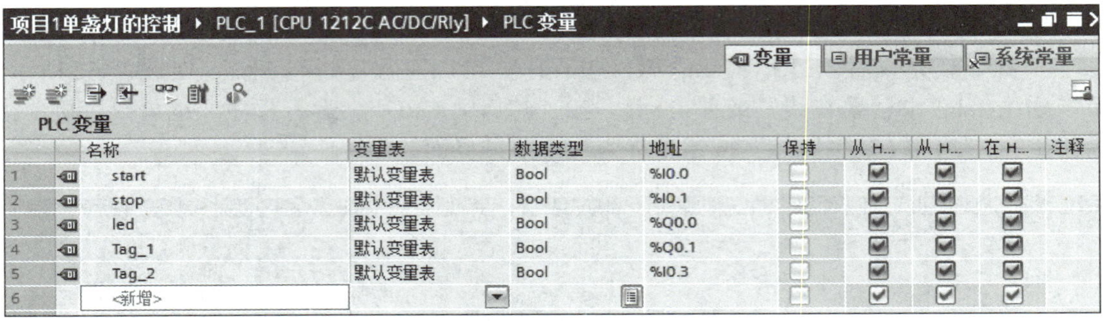

图 2-63 中变量表类型显示的默认变量表是系统自动创建的，该表包含 PLC 变量、用户常量和系统常量，是不能删除的，用户可以直接在该表中定义需要的 PLC 变量和用户常量，也可以通过添加新变量表进行分类整理。

如可以双击"添加新变量表"，添加新的变量表、自定义变量表的名称，按照新的分类方法定义程序编写中需要的变量等。

在 TIA 博途软件中，PLC 变量的操作非常灵活，可以直接在 PLC 变量表中进行编辑，然后以 Excel 表格的形式导出，也可以在 Office Excel 表格中进行定义编辑后导入到 TIA 博途软件中，同时，符号编辑器也具有 Office 的编辑风格，可以通过复制、粘贴或下拉拖曳的方式修改变量。

例如，要导出 PLC 变量表，可以依次单击项目下的"PLC 变量"→"显示所有变量"选项，在打开的 PLC 变量中单击左上角的导出图标，在弹出的"导出"对话框中选择导出的路径，如图 2-64 所示，并选定默认的文件名命名为 PLCTags，文件后缀为 xlsx，导出元素可选择"变量"或"常量"复选框，完成后单击"确定"按钮，则变量表被导出到选定的路径文件夹中。

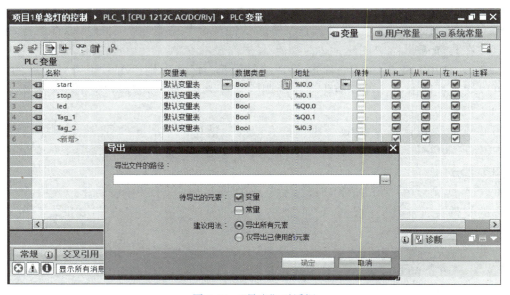

图 2-64 "导出"对话框

变量导出后，可以打开导出的 PLCTags 文件，PLCTags 文件如图 2-65 所示，此时可以在 Excel 表中按照对应格式进行变量的检查、修改和编辑，完成后还可以再次将编辑后的变量表导入到 TIA 博途软件中。在打开的 PLC 变量中单击左上角的导入图标，在弹出的"从 Excel 中导入"对话框中，选择导入文件的路径，待导入元素可选择"变量"或"常量"复选框，完成后单击"确定"按钮，则变量表被导入。

	A	B	C	D	E	F	G	H	I	J
1	Name	Path	Data Type	Logical Add	Comment	Hmi Visible	Hmi Access	Hmi Writea	Typeobject	Version ID
2	start	默认变量表	Bool	%I0.0		True	True	True		
3	stop	默认变量表	Bool	%I0.1		True	True	True		
4	led	默认变量表	Bool	%Q0.0		True	True	True		
5	Tag_1	默认变量表	Bool	%Q0.1		True	True	True		
6	Tag_2	默认变量表	Bool	%I0.3		True	True	True		

图 2-65　PLCTags 文件

（2）符号寻址

在 S7-1200 PLC CPU 编程理念中，特别强调符号寻址的使用，STEP7 中可以定义两类符号：全局变量符号和局部变量符号。全局变量符号利用变量表定义，可以在项目中的所有程序块中使用；局部变量符号在相应程序块的变量声明表中定义，只能在该程序块中使用。

用户在编辑时，应为变量定义在程序中使用的标签名称（Tag）及数据类型。标签名称原则上以便于记忆、不易混淆为准；定义的符号名称允许使用汉字、字母、数字和特殊字符，但不能使用引号；编程时通过使用符号进行寻址，可以提高编程者的效率和增加程序的可读性。

由于 TIA 博途软件不允许无符号名称的变量出现，所以程序编写过程中新增加的变量，即使用户没有命名，软件也会自动为其分配一个默认标签，以"Tag+ 数字"的形式出现，如"Tag1""Tag5"等，但这种名称不便于记忆和识别，建议用户进行修改。

例如对如图 2-62 所示变量符号进行修改，可以在程序编辑器中直接右击变量标签，选择"重命名"进行修改，"重命名变量"对话框如图 2-66 所示，也可以在 PLC 变量表中修改变量名称。

图 2-66　"重命名变量"对话框

6. 监控表和强制表的使用

监控表和强制表是 S7-1200 PLC 重要的调试工具，合理使用监控表和强制表的功能，可以有效地进行程序的测试和监控。

（1）监控表的功能和建立

使用监控表可以保存各种测试环境，验证程序运行效果。监控表具有以下功能：

1）监视变量。通过该功能可以在 PG/PC 上显示用户程序和 CPU 中各变量的当前值。

2）修改变量。通过该功能可以将固定值分配给用户程序或 CPU 中的各个变量，在调试程序时，使用该功能对变量进行修改和赋值，可以使程序测试更为方便。

3）启动外设输出和立即修改。通过这两个功能，可以将固定值分配给处于 STOP 模式的 CPU 的各个外设输出，使用这两项功能还可以检查接线情况。

在监控表中，可以监视和修改以下变量：输入、输出和位存储器，数据块的内容，用户自定义变量的内容及 I/O 点等。

要建立一个监控表，可以在程序编写完成并下载到 PLC 后，在项目树中选择"监控与强制表"→"添加新监控表"选项，则项目树中会自动生成一项系统默认的监控表"监控表 –1"。打开新建的"监控表 –1"，在"名称"栏输入要监控的名称或在"地址"栏中输入需要监控的变量地址，完成后可以根据监控需要修改各变量的显示格式。

程序下载到 PLC 并启动运行后，就可以在"监控表 –1"界面输入需要监控的元件名称，单击在线监控图标，就可以观察各变量的变化情况，图 2-67 为使用在线监控监视图 2-66 程序中的元件动作情况。

图 2-67　在线监控

（2）强制表的功能和建立

在程序调试过程中，由于硬件输入信号不能在线修改而无法对程序进行模拟调试，这时可通过强制功能让某些 I/O 保持为用户制定的值，与修改变量不同，一旦 I/O 被强制，则其始终保持为强制值，不受程序运行影响，直到用户取消强制功能。

每个 CPU 仅对应一个强制表，选择"监控与强制表"→"强制表"选项，可以在其中输入需要强制的变量，变量输入方式与监控表一致，然后在"强制值"一栏输入需要强制的数值，真为"TRUE"或假为"FALSE"，单击强制命令图标"F"，即可对变量进行强制，强制过程如图 2-68 所示。单击 F 图标取消强制。

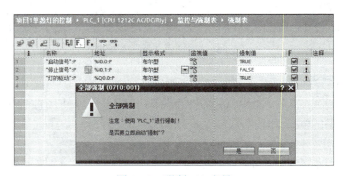

图 2-68　强制 I/O 变量

在强制表中，只能强制外设输入和外设输出，强制功能由 PLC 提供，不具备强制功能的 PLC 无法使用该功能；使用强制功能后，PLC 面板上的强制指示灯 MAINT 变为黄色，提示强制功能已使用。

1. S7–1200 PLC 的程序上传

有时需要将 PLC 中的程序上传到 TIA 博途软件中，实际的 S7–1200 PLC 版本号如果低于 TIA 博途软件上使用的 S7–1200 PLC 版本号，要将低版本的 PLC 中的程序上传，可按下述方法执行。

1）低版本 PLC 往高版本 PLC 中上传程序时，只能上传程序，并不能上传硬件配置。

2）假设 PLC 版本号为 V4.2，类型为 CPU1212C AC/DC/RLY；先创建一个新项目，添加硬件配置，类型选择与 PLC 的类型一样，版本号也相同为 V4.2，如图 2-69 所示。

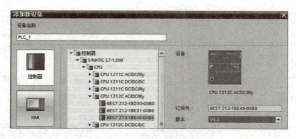

图 2-69　添加硬件配置

3）设置好 PLC 的 IP 地址，然后单击"转至在线"，出现一个搜索界面，单击"开始搜索"，搜索实际 PLC，选择搜索到的设备，单击界面下方的"转至在线"，如图 2-70 所示。

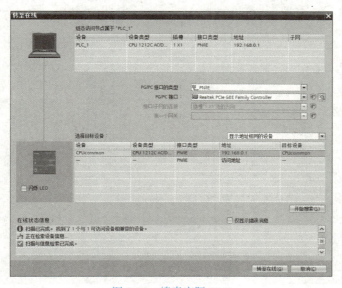

图 2-70　搜索实际 PLC

4）转至在线后，打开程序块，打开 OB1，此时 OB1 里是没有任何程序的，然后选中 PLC_1，单击工具栏中的上传按钮，如图 2-71 所示，在跳出的界面中按提示单击"继续"→"从设备中上传"，最后单击"确定"，进行上传程序直到完成。该方法同样适用同版本号的 PLC 程序上传。

图 2-71　选择程序上传

2. 硬件与软件同时上传

如果要将一个 S7-1200 PLC 的硬件与软件同时上传，可以采用下述方法。将 S7-1200 PLC 通过网线与计算机连接好，打开 TIA 博途软件，上传 PLC 中程序的步骤如下。

1）生成一个新的项目，然后在新项目中添加一个新设备，在选择设备时选择"非特定的 CPU 1200"，而不是选择具体的 CPU，如图 2-72 所示。

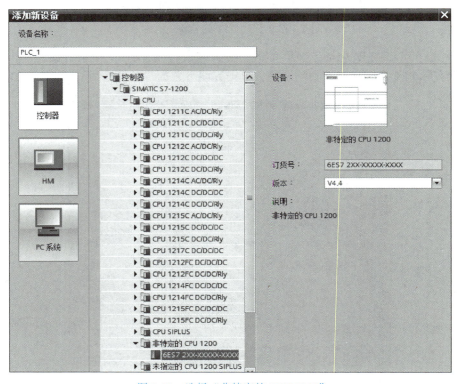

图 2-72　选择"非特定的 CPU 1200"

2）在生成的"设备视图"中，单击"PLC_1"下方的"获取"，获取相连设备的组态如图 2-73 所示。

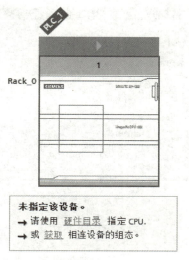

图 2-73　获取相连设备的组态

3）单击"获取"后，出现如图 2-74 所示硬件检测界面，单击"开始搜索"，搜索到 PLC_1 后，单击"检测"，则 PLC_1 的硬件组态上传到 TIA 博途软件中。

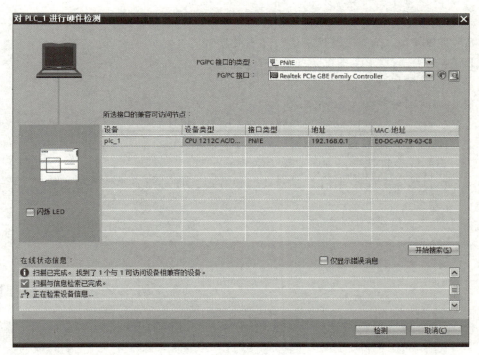

图 2-74　搜索 PLC 设备

4）单击 TIA 博途软件中的"转至在线"，然后选中"PLC_1"项目，右击选中"从设备中上传（软件）"，然后出现如图 2-75 所示界面，单击"从设备中上传"，即完成程序的上传。

图 2-75   上传软件

思考与练习

1. CPU1214C 的实际输入 / 输出有多少个点？可扩展的点数达到多少个字节？

2. S7-1200 PLC 上的标识 DC/DC/DC、AC/DC/RLY 表示什么意思？

3. 信号板分为几类？分别有哪些种类？

4. 信号模块分为几类？分别有哪些种类？

5. S7-1200 PLC 有几种编程语言？分别是哪些？

6. RUN 模式下，CPU 执行哪些任务？

7. 何为冷启动、暖启动？

8. 将下面数据转换为十进制数。

$$8\#127 \quad W\#16\#A9C5 \quad B\#16\#3C$$

9. 过程映像访问与直接物理访问的区别是什么？

10. 在 TIA 博途软件中，如何更改 I/O 地址？

11. 通过 TIA 博途软件对 PLC 进行强制操作时，可对哪些元件进行操作？

项目 3　位逻辑指令及程序编写

任务 1　位逻辑运算指令学习

任务引入

　　位逻辑指令是 PLC 编程中使用最多的、最基本的指令，也是学习 PLC 编程的第一步，掌握了位逻辑指令的使用方法后，就能编写不同的逻辑控制程序。

任务分析

　　要完成本任务，必须具备以下知识：
　　1. 掌握位逻辑指令的种类。
　　2. 掌握位逻辑指令的应用。
　　3. 学会使用位逻辑指令编写程序。

相关知识

1. 三种编程语言

　　STEP7 为 S7-1200 PLC 提供了 LAD（梯形图）、FBD（功能块图）和 SCL 语句表三种标准编程语言，使用最多的是 LAD 语言。

　　在使用 TIA 博途软件添加新程序块即 OB、FB 和 FC 块时，单击项目程序块下方的"添加新块"，在弹出的"添加新块"对话框中，通过语言栏进行编程语言选择，如图 3-1 所示。新添加的 OB、FC 和 FB，都可以在 LAD、FBD 和 SCL 语句表三种语言中选择一种使用。

　　三种编程语言中，LAD、FBD 是可以相互切换的，操作时，只需在项目树中选择待切换语言的程序块，右击或使用"编辑"菜单下的"切换编程语言"命令，选择切换的目标编程语言，如图 3-2 所示。SCL 语句表是相对独立的，以 SCL 编程语言创建的程序块不能更改为其他的编程语言。

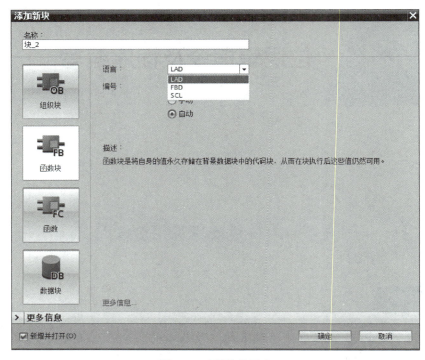

图 3-1　选择编程语言

图 3-2　切换编程语言

任何一种编程语言都有相应的指令集，指令集包含最基本的编程元素，用户可以通过指令集使用这种编程语言对应的基本指令、扩展指令和工艺通信指令等，进行程序的编写工作，LAD、FBD 和 SCL 编程语言指令集对比如图 3-3 所示。

图 3-3　LAD、FBD 和 SCL 编程语言指令集对比

2. 基本逻辑指令及属性

位逻辑指令处理的对象为二进制信号，对于触点和线圈而言，"0"表示未激活或未激励，"1"表示已激活或已激励。

位逻辑指令解释信号状态"0"和"1"，并根据布尔逻辑对它们进行组合，所产生的结果为逻辑运算结果（RLO），存储在状态字的 RLO 中。

触点用于读取位的状态，而线圈则将逻辑运算的结果写入位中。

位逻辑运算基本指令梯形图符号及功能描述见表 3-1。

表 3-1　位逻辑运算基本指令梯形图符号及功能描述

基本指令梯形图符号	功能描述	操作对象
─┤ ├─	常开触点	I、Q、M、DB、L
─┤/├─	常闭触点	I、Q、M、DB、L
─( )─	线圈	I、Q、M、DB、L

（续）

基本指令梯形图符号	功能描述	操作对象
—|NOT|—	取反 RLO	RLO
—(/)—	取反线圈	I、Q、M、DB、L
—(S)—	置位输出	I、Q、M、DB、L
—(R)—	复位输出	I、Q、M、DB、L
—(SET_BF)—	置位位域	操作数 1：I、Q、M、IDB、DB、Bool 类型的 Array 中的元素 操作数 2：常数
—(RESET_BF)—	复位位域	操作数 1：I、Q、M、IDB、DB、Bool 类型的 Array 中的元素 操作数 2：常数
—|P|—	扫描操作数 1 的信号上升沿	操作数 1：I、Q、M、DB、L 操作数 2：I、Q、M、DB、L
—|N|—	扫描操作数 1 的信号下降沿	操作数 1：I、Q、M、DB、L 操作数 2：I、Q、M、DB、L
—(P)—	在信号上升沿置位操作数 1	操作数 1：I、Q、M、DB、L 操作数 2：I、Q、M、DB、L
—(N)—	在信号下降沿置位操作数 1	操作数 1：I、Q、M、DB、L 操作数 2：I、Q、M、DB、L
SR（S、R1、Q）	置位/复位触发器	S：I、Q、M、DB、L R1：I、Q、M、DB、L、T、C 操作数：I、Q、M、DB、L Q：I、Q、M、DB、L
RS（R、S1、Q）	复位/置位触发器	R：I、Q、M、DB、L S1：I、Q、M、DB、L、T、C 操作数：I、Q、M、DB、L Q：I、Q、M、DB、L
P_TRIG（CLK、Q）	扫描 RLO 的信号上升沿	CLK：I、Q、M、DB、L 操作数：M、DB Q：I、Q、M、DB、L
N_TRIG（CLK、Q）	扫描 RLO 的信号下降沿	CLK：I、Q、M、DB、L 操作数：M、DB Q：I、Q、M、DB、L
R_TRIG（EN、ENO、CLK、Q）	在信号上升沿时置位输出 Q	EN：I、Q、M、DB、L CLK：I、Q、M、DB、L、常数 ENO：I、Q、M、DB、L Q：I、Q、M、DB、L
F_TRIG（EN、ENO、CLK、Q）	在信号下降沿时置位输出 Q	EN：I、Q、M、DB、L CLK：I、Q、M、DB、L、常数 ENO：I、Q、M、DB、L Q：I、Q、M、DB、L

3. 基本逻辑指令的应用

（1）触点 / 线圈指令的应用

常开 / 常闭触点的激活取决于相关操作数的信号状态，当操作数的信号状态为"0"时，不会激活常开 / 常闭触点，常开 / 常闭触点指令输出的状态分别为 0/1（OFF/ON），即保持原来的状态。

当操作数的信号状态为"1"时，激活常开 / 常闭触点，常开 / 常闭触点指令输出的状态分别为 1/0（ON/OFF），此时，常开触点闭合，常闭触点断开。

线圈"—( )—"指令用来驱动指定操作数的线圈。如果线圈输入的 RLO 的信号状态为"1"，则驱动线圈输出；如果线圈输入的 RLO 的信号状态为"0"，则不驱动线圈输出。

取反"—|NOT|—"指令是对 RLO 的信号状态取反。

取反线圈"—(/)—"指令为赋值取反指令，可将 RLO 进行取反。

（2）置位 / 复位指令的应用

置位指令是仅当线圈输入的 RLO 为"1"时，则指定的操作数置位为"1"；置位后如果线圈输入的 RLO 为"0"，指定的操作数的信号状态保持不变。

复位指令是仅当线圈输入的 RLO 为"1"时，则指定的操作数复位为"0"；如果线圈输入的 RLO 为"0"，指定的操作数的信号状态保持不变。

置位指令和复位指令的应用如图 3-4 所示。当 I0.0 闭合后，Q0.0 线圈置位，即使 I0.0 再断开，Q0.0 线圈也处于置位状态，线圈输出状态如图 3-4 右边"监控表"最下边一行所示。

图 3-4　置位 / 复位指令的应用

置位位域指令"—(SET_BF)—"用于对某个特定地址开始的多个连续位进行置位，置位指令有两个操作数，一个指定要置位位域的首地址，另一个用于指定要置位的个数，如果指定值大于所选字节的个数，则将对下一字节的位进行置位；如果置位导通条件消失，置位线圈自保持。

复位位域指令"—(RESET_BF)—"用于对某个特定地址开始的多个连续位进行复位，复位指令有两个操作数，一个指定要复位位域的首地址，另一个用于指定要复位的个数，如果指定值大于所选字节的个数，则将对下一字节的位进行复位；如果复位导通条件消失，复位线圈自保持。

置位 / 复位位域指令的应用如图 3-5 所示。当 I0.0 闭合后，Q0.0 ～ Q0.3 线圈置位，即使 I0.0 再断开，Q0.0 ～ Q0.3 线圈也处于置位状态，线圈输出状态如图 3-5 右边"监控表"下边四行所示。

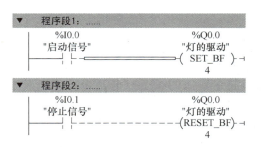
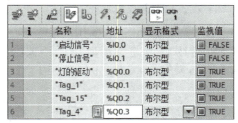

图 3-5　置位 / 复位位域指令的应用

（3）跳变沿检测指令的应用

沿信号在程序中的应用比较常见，如设备的启动、停止和故障信号的捕捉大都是通过沿信号实现的。上升沿检测指令检测信号每次从 0 到 1 的正跳变，能流接通一个扫描周期；下降沿检测指令检测信号每次从 1 到 0 的负跳变，能流接通一个扫描周期。

1）边沿检测触点指令。边沿检测触点指令包括上升沿检测指令"—|P|—"和下降沿检测指令"—|N|—"，上升沿检测触点指令示例如图 3-6 所示，下降沿检测触点指令示例如图 3-7 所示，写在指令上方的操作数为 <操作数 1>，写在指令下方的操作数为 <操作数 2>。

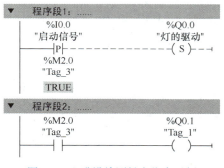
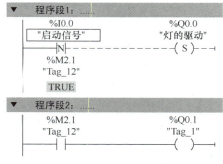

图 3-6　上升沿检测触点指令示例　　　　图 3-7　下降沿检测触点指令示例

上升沿检测指令用于检测所指定 <操作数 1> 的信号状态是否从"0"跳变为"1"，如果该指令检测到 RLO 从"0"变为"1"，说明出现一个上升沿，则该指令输出的信号状态为"1"，在其他任何情况下，该指令输出的信号状态均为"0"。

在图 3-6 中，当 I0.0 闭合时，上升沿检测指令检测到上升沿信号，该指令输出一个扫描周期的"1"状态，则驱动 Q0.0 置位输出，同时 <操作数 2>M2.0 一直处于闭合状态，驱动 Q0.1 一直得电；当 I0.0 断开时，<操作数 2>M2.0 断开，则 Q0.1 失电。

下降沿检测指令用于检测所指定 <操作数 1> 的信号状态是否从"1"跳变为"0"，如果该指令检测到 RLO 从"1"变为"0"，说明出现一个下降沿，则该指令输出的信号状态为"1"，在其他任何情况下，该指令输出的信号状态均为"0"。

在图 3-7 中，当 I0.0 闭合时，Q0.0 因为没有检测到下降沿信号，没有输出，但 M2.1 保存 I0.0 的输入信号状态，有输出，所以 Q0.1 一直输出；当 I0.0 断开时，Q0.0 检测到下降沿信号，Q0.0 输出置位，同时 M2.1 失电，Q0.1 输出失电。

2）边沿检测线圈指令。边沿检测线圈指令包括信号上升沿线圈检测指令"—(P)—"和信号下降沿线圈检测指令"—(N)—"，写在指令上方的操作数为 <操作数 1>，写在指

下方的操作数为 < 操作数 2>，边沿检测线圈指令可以放置在程序段的中间或程序段的最右边，但不能放置在程序段的最左边。

信号上升沿线圈检测指令，是在 RLO 从 "0" 变为 "1" 时，< 操作数 1> 的信号状态将在一个扫描周期内保持为 "1"，在其他任何情况下，< 操作数 1> 的信号状态均为 "0"。

信号下降沿线圈检测指令，是在 RLO 从 "1" 变为 "0" 时，< 操作数 1> 的信号状态将在一个扫描周期内保持为 "1"，在其他任何情况下，< 操作数 1> 的信号状态均为 "0"。

如图 3-8 所示，当 I0.0 闭合时，信号上升沿线圈检测指令检测到上升沿信号，M2.0 得电一个扫描周期，驱动 Q0.0 置位；当 I0.0 断开时，信号下降沿线圈检测指令检测到下降沿信号，M2.3 得电一个扫描周期，复位 Q0.0。

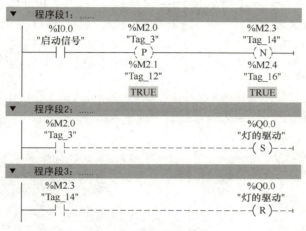

图 3-8　边沿线圈检测指令

3）扫描 RLO 的信号沿指令。使用扫描 RLO 的信号上升沿指令（P_TRIG），可查询 RLO 的信号状态从 "0" 到 "1" 的更改。

使用扫描 RLO 的信号下降沿指令（N_TRIG），可查询 RLO 的信号状态从 "1" 到 "0" 的更改。

P_TRIG 指令和 N_TRIG 指令不能放在电路的开始处和结束处。

如图 3-9 所示，当 I0.0、I0.1 闭合时，RLO 信号从 "0" 变到 "1"，P_TRIG 指令的

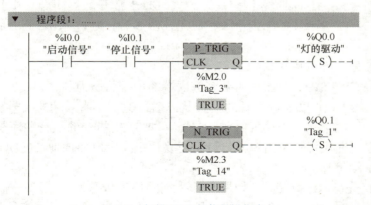

图 3-9　扫描 RLO 的信号沿指令

CLK 端检测到上升沿信号，Q 端输出一个扫描周期信号，驱动 Q0.0 置位；当 I0.0、I0.1 中有一个输入信号断开时，N_TRIG 指令的 CLK 端检测到下降沿信号，Q 端输出一个扫描周期信号，驱动 Q0.1 置位。图 3-9 中 I0.0、I0.1 闭合，P_TRIG 指令检测到上升沿信号，驱动 Q0.0 置位。

4）检测信号沿指令。检测信号沿指令包括检测信号上升沿指令（R_TRIG）和检测信号下降沿指令（F_TRIG），使用 R_TRIG 和 F_TRIG 指令时，必须建立相应的背景数据块。当 R_TRIG 指令运行时，CLK 端检测到信号上升沿时，输出端 Q 输出一个扫描周期的脉冲；当 F_TRIG 指令运行时，CLK 端检测到信号下降沿时，输出端 Q 输出一个扫描周期的脉冲。

图 3-10 为 R_TRIG 指令编程示例，在程序段 1 中，当 I0.0 闭合，R_TRIG 指令运行，当 I0.1 闭合，CLK 端检测到 I0.1 的上升沿信号，输出端 Q 输出一个扫描周期脉冲，驱动 M2.0 得电一个扫描周期。在程序段 2 中，M2.0 常开触点闭合一个扫描周期，驱动 Q0.0 置位。图 3-10a 为 R_TRIG 指令编程应用，图 3-10b 为 R_TRIG 指令背景数据块的监视表。

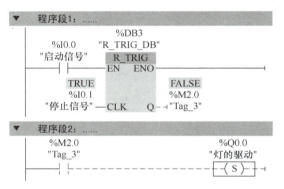
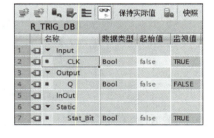

a) R_TRIG 指令编程应用　　　　　　　　b) R_TRIG 指令背景数据块的监视表

图 3-10　R_TRIG 指令编程示例

图 3-11 为 F_TRIG 指令编程示例，在程序段 1 中，当 I0.0 闭合，F_TRIG 指令运行，当 I0.1 闭合，CLK 端检测到 I0.1 的下降沿信号，输出端 Q 输出一个扫描周期脉冲，驱动 M2.1 得电一个扫描周期。在程序段 2 中，M2.1 常开触点闭合一个扫描周期，驱动 Q0.1 置位。图 3-11a 为 F_TRIG 指令编程应用，图 3-11b 为 F_TRIG 指令背景数据块的监视表。

（4）SR/RS 触发器的应用

SR：复位优先型 SR 触发器。如果 S 输入端的信号状态为"1"，R 输入端的信号状态为"0"，则置位 SR。如果 S 输入端的信号状态为"0"，R 输入端的信号状态为"1"，则复位触发器。如果两个输入端的 RLO 状态均为"1"，则指令的执行顺序是最重要的。SR 触发器先在指定地址执行置位指令，然后执行复位指令，以使该地址在执行余下的程序扫描过程中保持复位状态。

RS：置位优先型 RS 触发器。如果 R 输入端的信号状态为"1"，S 输入端的信号状态为"0"，则复位 RS。如果 R 输入端的信号状态为"0"，S 输入端的信号状态为"1"，则置位触发器。如果两个输入端的 RLO 状态均为"1",则指令的执行顺序是最重要的。RS 触发器先在指定地址执行复位指令,然后执行置位指令,以使该地址在执行余下的程序扫描过程中保持置位状态。

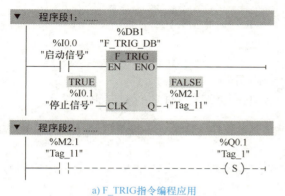

a) F_TRIG指令编程应用　　　　b) F_TRIG指令背景数据块的监视表

图 3-11　F_TRIG 指令编程示例

SR/RS 双稳态触发器示例如图 3-12 所示,用一个表格表示这个例子的输入与输出的对应关系,见表 3-2。

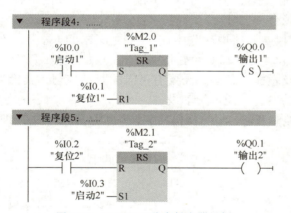

S7–1200 PLC 选择 NPN 还是 PNP 型传感器

图 3-12　SR/RS 双稳态触发器示例

表 3-2　SR/RS 双稳态触发器输入与输出的对应关系

复位优先 SR				置位优先 RS			
输入状态		输出状态	说明	输入状态		输出状态	说明
10.0	10.1	Q0.0		10.2	10.3	Q0.1	
1	0	1	当各个状态断开后,输出状态保持	1	0	0	当各个状态断开后,输出状态保持
0	1	0		0	1	1	
1	1	0		1	1	1	

任务实施

常用典型小程序应用。

1. 任务目标

1）掌握典型小程序的执行过程。

2）记住这些小程序，自己编程时可以使用。

3）通过该任务的学习，意识到多学多记，才能提高自己的编程能力。

触点／线圈指令的应用如下。

2. 自锁程序

自锁程序是自动化控制系统中最常见的控制程序，有单输出自锁和多输出自锁两种形式。

1）单输出自锁程序。在单输出自锁程序中只对一个负载进行控制，所以这种控制方式称为单输出控制，失电优先和得电优先梯形图如图 3-13 所示。

图 3-13 中的程序段 1 是失电优先电路。无论起动按钮 I0.0 是否闭合，只要按下停止按钮 I0.1，输出 Q0.0 必失电，所以称这种电路为失电优先的自锁电路。这种控制方式常用于需要及时停车的场合。

图 3-13 中的程序段 2 是得电优先电路。从梯形图可以看出，不论停止按钮 I0.1 处于什么状态，只要按下起动按钮 I0.0，便可使输出 Q0.1 得电，从而驱动负载。对于有些应用场合，如报警设备及救援设备等，需要有可靠的起动控制，其无论停车按钮是否处于闭和状态，只要按下起动按钮，便可起动设备。

2）多输出自锁控制程序。多输出自锁控制也称多元控制，即自锁控制不止一个输出，如图 3-14 所示。

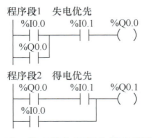

图 3-13　失电优先和得电优先梯形图

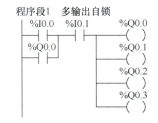

图 3-14　多输出自锁控制程序

3. 多地控制程序

在不同的地点对同一个控制对象（例如一台电动机）实施控制的方式称为多地控制，可用并联多个起动按钮和串联多个停车按钮的方法来实现，如图 3-15 所示。图中的 I0.0 和 I0.2 组成一对起、停控制按钮，I0.1 和 I0.3 组成另一对控制按钮，安装在另一处，这样就可以在不同的地点对同一负载 Q0.0 进行控制了。

4. 优先控制程序

在互锁控制程序中，几组控制元件的优先权是平等的，它们可以互相控制对方，先动作的具有优先权，如图3-16所示。两个输入信号I0.0和I0.1分别控制两个输出信号Q0.0和Q0.1。当I0.0或I0.1中的某一个先按下时，这一路控制信号就取得优先权，另外一个即使按下，这路信号也不会动作。

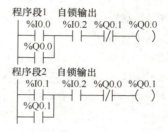

图3-15　多地控制程序

图3-16　优先控制程序

 知识拓展

1. 梯形图时序图的绘制

分频器程序时序图的绘制方法如下：

PLC的时序图有时也称为波形图。这个梯形图是分频器程序。

分频器程序梯形图如图3-17所示。试根据I0.0的信号画出输出继电器Q0.0、Q0.1的波形。

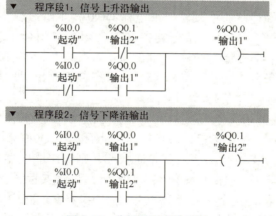

图3-17　分频器程序梯形图

PLC梯形图与电路图的关系

时序图是根据元件的线圈、触点的动作过程所画的波形，其中高电平表示元件线圈得电和触点闭合，低电平表示元件线圈失电和触点断开。

在如图3-17所示梯形图中，使用PLC的扫描周期分析元件的通断过程。

1）当I0.0第1次闭合时。PLC的第1个扫描周期：

当输入继电器 I0.0 有输入信号时，程序段 1 中并联块的第 1 条分支中 I0.0 常开触点闭合，Q0.1 常闭触点闭合，第 1 条分支处于导通状态；第 2 条分支中，I0.0 常闭触点断开，Q0.0 常开触点断开，第 2 条分支处于断开状态。2 条分支中有 1 条处于导通状态，则输出继电器 Q0.0 得电输出。

程序段 2 中，并联块中的第 1 条分支中 I0.0 常闭触点断开，Q0.0 常开触点闭合，第 1 条分支处于断开状态；第 2 条分支中，I0.0 常开触点闭合，Q0.1 常开触点断开，第 2 条分支处于断开状态。2 条分支都处于断开状态，则输出继电器 Q0.1 没有输出。

第 2 个扫描周期：

程序段 1 中并联块的第 1 条分支中 I0.0 常开触点闭合，Q0.1 常闭触点闭合，第 1 条分支处于导通状态；第 2 条分支中，I0.0 常闭触点断开，Q0.0 常开触点闭合，第 2 条分支处于断开状态。2 条分支中有 1 条处于导通状态，则输出继电器 Q0.0 得电继续输出。

程序段 2 中，并联块的第 1 条分支中 I0.0 常闭触点断开，Q0.0 常开触点闭合，第 1 条分支处于断开状态；第 2 条分支中，I0.0 常开触点闭合，Q0.1 常开触点断开，第 2 条分支处于断开状态。2 条分支都处于断开状态，则输出继电器 Q0.1 没有输出。

画时序图时，一般分析 2 个扫描周期即可，因为第 3 个扫描周期与第 2 个扫描周期结果一样。

此时即可判断在 I0.0 第 1 次导通时，Q0.0 有输出、Q0.1 没有输出。时序图如图 3-18 所示。

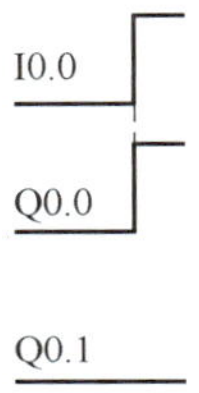

2）当 I0.0 第 1 次断开时。第 1 个扫描周期：

此时 I0.0 状态发生改变，则其他元件的状态也将发生改变。

程序段 1 中并联块的第 1 条分支中 I0.0 常开触点断开，Q0.1 常闭触点闭合，第 1 条分支处于断开状态；第 2 条分支中，I0.0 常闭触点闭合，Q0.0 常开触点闭合，第 2 条分支处于闭合状态。2 条分支中有 1 条处于导通状态，则输出继电器 Q0.0 得电继续输出。

图 3-18　I0.0 第 1 次闭合时的时序图

程序段 2 中，并联块中的第 1 条分支中 I0.0 常闭触点闭合，Q0.0 常开触点闭合，第 1 条分支处于闭合状态；第 2 条分支中，I0.0 常开触点断开，Q0.1 常开触点断开，第 2 条分支处于断开状态。2 条分支中有 1 条处于导通状态，则输出继电器 Q0.1 得电输出。

第 2 个扫描周期：

程序段 1 中并联块的第 1 条分支中 I0.0 常开触点断开，Q0.1 常闭触点断开，第 1 条分支处于断开状态；第 2 条分支中，I0.0 常闭触点闭合，Q0.0 常开触点闭合，第 2 条分支处于闭合状态。2 条分支中有 1 条处于导通状态，则输出继电器 Q0.0 得电继续输出。

程序段 2 中，并联块的第 1 条分支中 I0.0 常闭触点闭合，Q0.0 常开触点闭合，第 1 条分支处于闭合状态；第 2 条分支中，I0.0 常开触点断开，Q0.1 常开触点闭合，第 2 条分支处于断开状态。2 条分支中有 1 条处于导通状态，则输出继电器 Q0.1 得电继续输出。

此时即可判断在 I0.0 断开的过程中，Q0.0、Q0.1 都有输出。时序图如图 3-19 所示。

3）当 I0.0 第 2 次闭合时。第 1 个扫描周期：

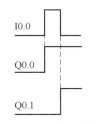

图 3-19　I0.0 第 1 次断开时的时序图

此时 I0.0 状态发生改变,则其他元件的状态也将发生改变。

程序段 1 中并联块的第 1 条分支中 I0.0 常开触点闭合,Q0.1 常闭触点断开,第 1 条分支处于断开状态;第 2 条分支中,I0.0 常闭触点断开,Q0.0 常开触点闭合,第 2 条分支处于断开状态。2 条分支都处于断开状态,则输出继电器 Q0.0 停止输出。

程序段 2 中,并联块中的第 1 条分支中 I0.0 常闭触点断开,Q0.0 常开触点断开,第 1 条分支处于断开状态;第 2 条分支中,I0.0 常开触点闭合,Q0.1 常开触点闭合,第 2 条分支处于闭合状态。2 条分支中有 1 条处于导通状态,则输出继电器 Q0.1 得电继续输出。

读者可以自己分析第 2 个扫描周期。

此时即可判断在 I0.0 第 2 次闭合时,Q0.0 没有输出、Q0.1 一直有输出。时序图如图 3-20 所示。

4)当 I0.0 第 2 次断开时。读者可以根据上面分析的过程,自己完成分析。

分析完 I0.0 第 2 次闭合、断开后,程序的一个循环结束,后面的时序图按一个循环复制前面的时序图,一个接一个往下绘制即可。

如图 3-21 所示的分频器程序时序图就是输出继电器 Q0.0、Q0.1 的输出时序图,是错开的二分频信号。

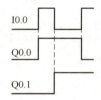

图 3-20　I0.0 第 2 次闭合时的时序图

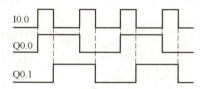

图 3-21　分频器程序时序图

2. 使用一个按钮控制输出继电器 Q 的起停

使用一个按钮控制输出继电器 Q0.2 的起停,当第一次按下按钮时,输出继电器 Q0.2 得电,当再次按下按钮时,输出继电器 Q0.2 失电。即按下按钮时,输出继电器 Q0.2 得电,再按下时输出继电器 Q0.2 失电。

1)使用上升沿脉冲控制输出继电器 Q0.2 的得电和失电。梯形图和时序图如图 3-22 所示。

2)使用一个按钮控制输出继电器 Q 的起停也可以使用下面的梯形图实现。梯形图和时序图如图 3-23 所示。

图 3-22　使用一个按钮控制输出继电器的得电和失电 1

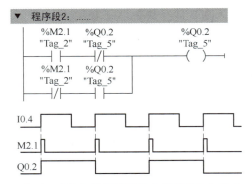

图 3-22 使用一个按钮控制输出继电器的得电和失电 1（续）

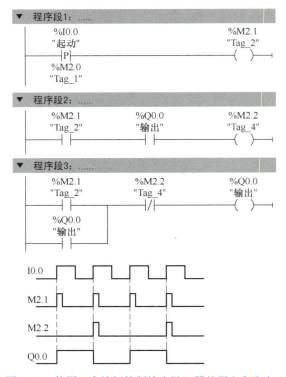

图 3-23 使用一个按钮控制输出继电器的得电和失电 2

任务 2 PLC 控制电动机正反转

任务引入

在常见的生产过程中，往往需要生产机械的部件具有两个不同方向的运动，而运动部件常由电动机带动其运动，要想改变其运动方向，最简单的办法之一就是改变电动机的转向。由电动机的原理可知，改变三相异步电动机的方向，可以通过改变三相异步电动机定子绕组任意两相相序来实现。

任务分析

要完成该任务，必须具备以下知识：
1. 熟悉输入继电器 I 和输出继电器 Q。
2. 掌握 PLC 控制电动机正反转的接线图。
3. 熟悉程序设计的步骤。

相关知识

1. 输入继电器 I

作用：输入继电器就是 PLC 系统存储区中的输入映像寄存器。它的作用是接收来自现场的控制按钮、行程开关及各种传感器等的输入信号。输入继电器的状态是在每个扫描周期的输入采样阶段接收由现场送来的输入信号（"1"或"0"）。

结构：常开触点，符号"⊣├"；常闭触点，符号"⊣/├"。

公共点：1M。

输入继电器 I 有 1024 个字节的点数。

西门子 S7-1200 PLC 的公共点 1M 与输入继电器 I 之间是没有电源的。要使输入继电器 I 动作，必须根据 PLC 的型号，在公共点 1M 与输入继电器 I 之间外加电源。DC/DC/DC、DC/DC/RLY 和 AC/DC/RLY 这三种型号的 PLC 都需要外加 24V 的直流电源，注意，不能加交流 220V 电源。该电源可以使用 PLC 自身提供的 24V 直流电源，也可以由外部提供。

S7-1200 PLC 输入信号的接法有两种方式，一种是源型，一种是漏型，源型是将公共点接"L+"，漏型是将公共点接"M"，PLC 采集开关量的接线如图 3-24 所示。

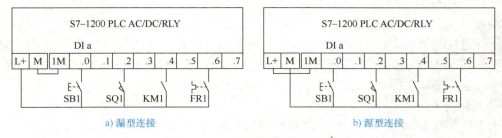

a) 漏型连接　　　　　　　　　　　　b) 源型连接

图 3-24　PLC 采集开关量的接线图

信号的采集方式：PLC 的输入端子是从外部开关接收信号的窗口，它只能接收开关量信号和数据信号。当将图 3-24a 中的按钮 SB1 按下时，输入继电器 I0.0 与公共点 1M 之间实现短接，则 PLC 面板上输入继电器 I0.0 对应的 LED 绿灯亮；表示图 3-25 梯形图中输入继电器 I0.0 的常开触点闭合，常闭触点断开，则程序中输出继电器 Q0.0 的线圈得电。

输入继电器的常开触点和常闭触点的使用次数不限，这些触点在 PLC 内可以自由使用。

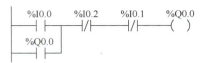

图 3-25　PLC 采集开关量的梯形图

由于 S7-1200 PLC 输入映像寄存器是以字节为单位的寄存器，CPU 一般按"字节位"的编址方式来读取一个继电器的状态，也可以按字节 IB（8 位）、按字 IW（2 个字节、16 位）或者双字 ID（4 个字节、32 位）来读取相邻一组继电器的状态。

2. 输出继电器 Q

作用：专门用来驱动外部负载的元件。

结构：线圈，—（　）；常开触点，符号"┤├"；常闭触点，符号"┤/├"。

公共点（以 CPU1214C 为例）如下。

1L：Q0.0、Q0.1、Q0.2、Q0.3、Q0.4。

2L：Q0.5、Q0.6、Q0.7、Q1.0、Q1.1。

输出继电器 Q 有 1024 个字节的点数。

PLC 的输出端使用多个公共点的好处是：每个公共点与输出继电器组成一个独立单元，每个单元可驱动不同的负载；但当驱动的负载相同时，可将多个公共点并联，每个公共点可实现分流，避免过大的电流流过同一个公共点，烧毁该公共点。

输出端的外加电压：交流电压小于 250V，直流电压小于 30V。

输出继电器的驱动负载能力：灯负载 ≤ 200W/ 点（AC），≤ 30W/ 点（DC）；电阻性负载 ≤ 2A/ 点。

输出继电器的常开和常闭触点使用次数不限，其闭合、断开由线圈驱动。

输出继电器的线圈得电有两层含义：一是使其常开和常闭触点动作，常开闭合，常闭断开；二是使其输出信号端口与对应的公共点接通。

输出继电器也是按"字节 . 位"的编址方式来读取一个继电器的状态，同时也可以按字节 QB（8 位）、按字 QW（2 个字节、16 位）或者双字 QD（4 个字节、32 位）来读取相邻一组继电器的状态。

3. 程序设计的步骤

在设计 PLC 的控制程序时，不要认为只是设计梯形图，梯形图只是其中最核心的部分。分析题目的控制要求，知道要用到哪些输入信号、哪些输出信号；设计梯形图时把可能出现的情况都考虑到，程序能否对外部发生的情况做出反映；PLC 与外部设备是如何连接的，这些都要考虑到，总结程序设计的步骤如下。

（1）创建项目

根据所要设计的内容，创建一个新的项目并命名。

（2）添加设备

添加与实际 PLC 相同的设备，包括 PLC CPU 的版本号也要相同。同时在 CPU 的属性中设置输入 / 输出的地址，如果不更改输入 / 输出的地址，使用默认地址也可以。

（3）建立 PLC 变量表

将程序中涉及的所有元件，命名一个符号名称，用英文、中文命名都可以。

（4）梯形图设计

梯形图设计时要将控制设备可能发生的情况都考虑到，这样无论控制设备发生何种故障，只要程序设计时考虑到了的，PLC 都能做出报警、停机等反映。

梯形图设计时，要仔细分析各元件之间的逻辑关系，不要将梯形图设计得很繁琐，即在元件的触点上并联很多支路，逻辑关系很复杂，这种设计方法不好。梯形图设计要简洁、条理清楚。

设计 PLC 程序要注意以下问题。

1）以输出线圈为核心设计梯形图，并画出该线圈的得电条件、失电条件和自锁条件。

2）画出各个输出线圈之间的互锁条件。互锁可以避免发生危险的动作，保证系统工作的可靠性。

3）如果不能直接使用输入条件的逻辑组合控制输出线圈，则需要使用辅助继电器来建立输出线圈的得电和失电条件。

4）最初设计好的梯形图不一定就是正确的，要在 PLC 上调试，反复修改，直到最后满足要求。

（5）外部接线图

外部接线图就是 PLC 如何控制设备的原理图。PLC 的外部接线图一般比较简单，因为很多控制都在梯形图中完成了。初学者往往认为 PLC 的外部接线图较难设计，多练习画外部接线图就能解决这个问题。

 任务实施

本任务是用 PLC 实现对三相异步电动机正反转的控制。

1. 控制要求

用 PLC 控制电动机的运行，能实现正转、反转的可逆运行。平时所见的伸缩门、升降机和起重机，医院、高层住宅的电梯等，都使用了电动机的正反转。

具有双重互锁的电动机正反转控制，在电气控制中，使用交流接触器接线实现，原理图如图 3-26 所示。

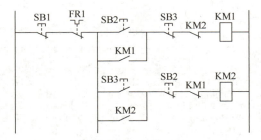

正反转控制动画

图 3-26　具有双重互锁的电动机正反转控制原理图

使用 PLC 控制时，各元件之间的逻辑关系不再通过接线实现，而是通过画梯形图表现图中的逻辑关系，PLC 通过指令去实现，所以称为程序逻辑。

梯形图设计不是简单地将电气控制原理图翻译成梯形图，电气原理图可以作为设计梯形图的参考。设计梯形图更多的是根据电气元件的动作过程、控制要求去设计，很少参照电气原理图去设计梯形图。

2. 任务目标

1）掌握元件自锁、互锁的设计方法。

2）掌握过载保护的实现方法。

3）掌握外部接线图的设计方法，学会实际接线。

4）通过完成该任务，学会按要求步骤去操作，切忌自由发挥，学会遵章守纪。

3. 实训设备

实际需要准备下述设备：CPU1212C AC/DC/RLY 一台、电路控制板（由断路器、交流接触器、热继电器和熔断器组成）一块、0.55kW 四极三相异步电动机一台。

4. 程序设计的步骤

1）电动机正反转的 PLC 外部接线图如图 3-27a 所示。

接线图中，左边是主回路，右边是 PLC 控制电路图。主回路中 KM1 控制电动机正转，KM2 控制电动机反转，通过改变三相电源的相序来改变电动机的旋转方向。

PLC 控制回路中，正转按钮 SB1 的常开触点接 I0.0，反转按钮 SB2 的常开触点接 I0.1，过载保护 FR1 的常闭触点接 I0.2，停止按钮 SB3 的常闭按钮接 I0.3。

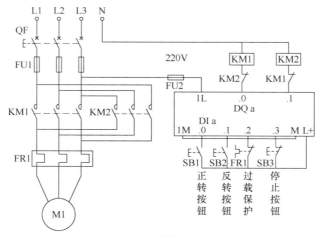

a) 外部接线图

		名称	数据类型	地址	保持	从 H...	从 H...	在 H...
1		正转信号SB1	Bool	%I0.0		✓	✓	✓
2		反转信号SB2	Bool	%I0.1		✓	✓	✓
3		过载保护FR1	Bool	%I0.2		✓	✓	✓
4		停止信号SB3	Bool	%I0.3		✓	✓	✓
5		正转控制KM1	Bool	%Q0.0		✓	✓	✓
6		反转控制KM2	Bool	%Q0.1		✓	✓	✓

b) PLC变量表

图 3-27　电动机正反转的 PLC 外部接线图和变量表

输出继电器 Q0.0 控制 KM1 的线圈，输出继电器 Q0.1 控制 KM2 的线圈，为了保证安全，两个线圈之间加电气互锁。

2）打开 TIA 博途软件，建立项目"电动机正反转控制"。

3）添加新设备"CPU1212C AC/DC/RLY"，版本号为 4.2（根据实际情况选择），同时输入/输出地址选择默认，即输入地址为 0 字节，输出地址为 0 字节。

4）选中"PLC_1"项目下的"PLC 变量"，打开"默认变量表"，在默认变量表中分配程序要使用的变量，分配 PLC 变量表如图 3-27b 所示。

5）梯形图设计。先设计电动机正转控制：当正转按钮按下，I0.0 有信号时，其常开触点闭合，控制输出继电器 Q0.0 对外有输出，此时，交流接触器 KM1 线圈得电，主触点闭合，控制电动机正转运行，辅助常闭触点断开，使 KM2 线圈不能得电。

为了使输出继电器 Q0.0 一直得电，则在程序中要加自锁，同时，要停止输出继电器 Q0.0，则在程序中要加停止按钮控制的信号 I0.3。因为停止按钮一般接的是按钮的常闭触点，所以在程序中，I0.3 要使用常开触点，虽是常开触点，该触点实际处于闭合状态。

在程序中加过载保护信号，同样使用过载保护信号 I0.2 的常开触点。

程序设计到这，正转控制能控制电动机正转起动、停止和过载保护，程序如图 3-28 所示。

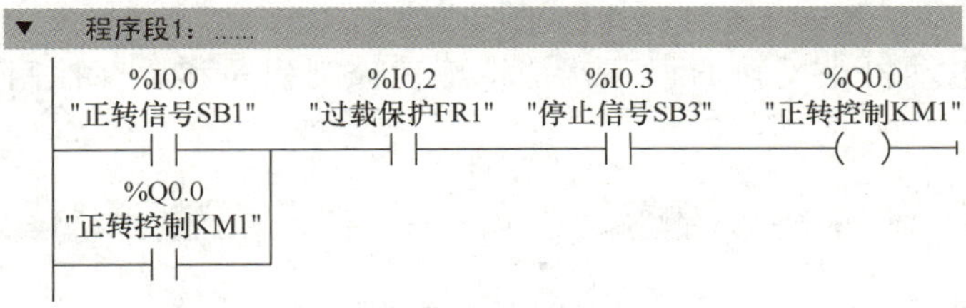

图 3-28　正转起停控制程序

上面的程序能控制电动机的正转，但是不能做到正反转切换，要做到正反转自由切换，在程序中还得加机械互锁，即将正转起动信号的常闭触点加到反转控制程序中，将反转起动信号的常闭触点加到正转控制程序中。此时的程序如图 3-29 所示。

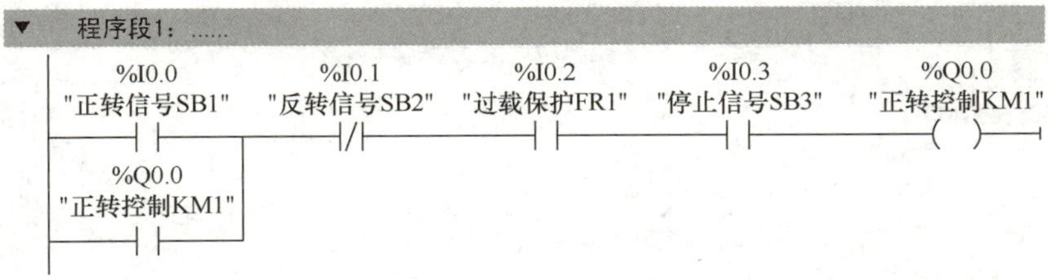

图 3-29　正转、反转切换程序

程序设计到这里，起动、停止、过载保护、自锁和机械互锁都解决了，唯独还有一个问题没有解决，就是控制正转和反转的输出 Q0.0、Q0.1 不能同时得电，否则会造成主回路发生短路事故。为此，在程序中加输出互锁，即将正转输出 Q0.0 的常闭触点加到反转程序中，将反转输出 Q0.1 的常闭触点加到正转程序中，此时，正转控制程序设计就完成了。最后的正转控制程序如图 3-30 所示。

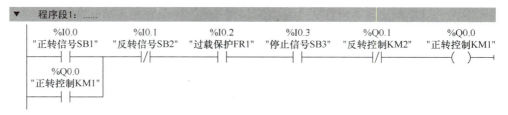

图 3-30　正转控制程序

反转控制程序同正转控制程序是一样的设计思路，看明白了正转控制程序的设计过程，反转控制程序的设计就很容易了，换一下相应的输入信号，复制一遍就可以了。反转控制程序如图 3-31 所示。

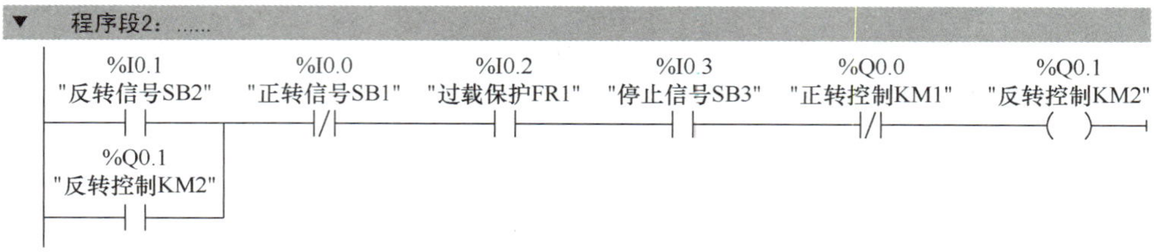

程序段2：……

图 3-31　反转控制程序

最后，控制电动机正反转的程序就是将正转控制程序和反转控制程序组合到一块，如图 3-32 所示。

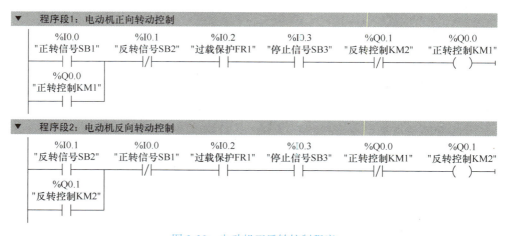

图 3-32　电动机正反转控制程序

5. 电动机正反转控制运行调试

运行调试：程序编好后，下载到 PLC 进行程序调试，按图 3-27a 接好线，先不送 380V 三相交流电，此时，闭合 SB1，将输出 Q0.0，因 SB3、FR1 接的是常闭触点，其信号提前加上，所以 I0.2、I0.3 处于闭合状态，正转运行监控可在默认变量表中查看，如图 3-33 所示。也可以在程序监视状态下查看。

默认变量表

		名称	数据类型	地址	保持	从 H...	从 H...	在 H...	监视值
1	◀□	正转信号SB1	Bool	%I0.0		☑	☑	☑	▣ TRUE
2	◀□	反转信号SB2	Bool	%I0.1		☑	☑	☑	▣ FALSE
3	◀□	过载保护FR1	Bool	%I0.2		☑	☑	☑	▣ TRUE
4	◀□	停止信号SB3	Bool	%I0.3		☑	☑	☑	▣ TRUE
5	◀□	正转控制KM1	Bool	%Q0.0		☑	☑	☑	▣ TRUE
6	◀□	反转控制KM2	Bool	%Q0.1		☑	☑	☑	▣ FALSE

图 3-33　在默认变量表中监控程序运行

1）按图 3-27a 完成 PLC 外部硬件接线，并检查主回路是否换相，控制回路是否加电气互锁，接触器线圈电源是否加 220V 电压。

2）确认控制系统及程序正确无误后，通电试车。

3）在教师的指导下，分析可能出现故障的原因。

6. 程序讲解

1）停止信号、过载保护信号为什么使用常闭触点控制？

停止按钮 SB3、过载保护 FR1 使用常闭触点，则使输入继电器 I0.3、I0.2 提前检测到输入信号，梯形图中的 I0.3、I0.2 的常开触点将闭合。当给正转或反转起动信号时，输出继电器 Q0.0 或 Q0.1 能正常输出。

在工业控制中，具有"停止"和"过载保护"等关系到安全保障功能的信号一般都应使用常闭触点，防止因不能及时发现断线故障而失去作用。

2）交流接触器的线圈为什么要加电气互锁？

电动机正反转的主电路中，交流接触器 KM1 和 KM2 的主触点不能同时闭合，并且必须保证一个接触器的主触点断开以后，另一个接触器的主触点才能闭合。

在 PLC 的输出回路中，KM1 的线圈和 KM2 的线圈之间必须加电气互锁。一是避免当交流接触器主触点熔焊在一起而不能断开时，造成主回路短路；二是电动机正反转切换时，PLC 输出继电器 Q0.0、Q0.1 同时动作，容易造成一个交流接触器的主触点还没有断开，另一个交流接触器的主触点已经闭合，造成主回路短路。

3）过载保护为什么放在 PLC 的输入端，而不放在输出控制端？

电动机的过载保护一定要加在 PLC 控制电路的输入回路中，当电动机出现过载时，热继电器的常闭触点断开，过载信号通过输入继电器 I0.2 被采集到 PLC，断开程序的运行，使输出继电器 Q0.0 或 Q0.1 同时失电，交流接触器 KM1 或 KM2 的线圈断电，电动机停止运行。

如果过载保护放在输出控制端，当电动机出现过载时，热继电器的常闭触点断开，只是把 PLC 输出端的电源切断，而 PLC 的程序还在运行，当热继电器冷却后，其常闭触点闭合，电动机又会重新在过载下运行，造成电动机的间歇运行。

知识拓展

1. 用置位 / 复位指令实现对电动机正反转的控制

使用置位 / 复位指令编写电动机正反转控制程序时，元件符号与图 3-27 所示相同。梯形图如图 3-34 所示，可见使用置位 / 复位指令后，不需要用自锁，程序变得更加简洁。

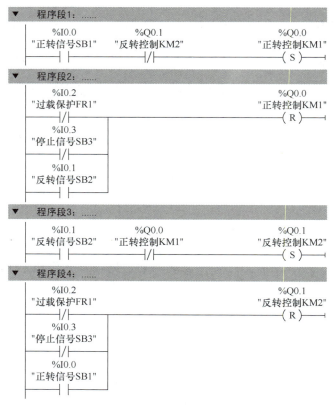

图 3-34　使用置位 / 复位指令编写电动机正反转梯形图

2. 用 SR 双稳态触发器指令实现对电动机正反转的控制

使用 SR 双稳态触发器指令编写电动机正反转控制程序，元件符号与图 3-27 所示相同。梯形图如图 3-35 所示，可见使用 SR 双稳态触发器指令后，不需要用自锁，程序变得更加简洁。当按下按钮 I0.3 后，由于复位优先，电动机无论正转或者反转都会停下；当复位按钮未按下且电动机处于停止状态时，按下 I0.0 按钮电动机正转，按下 I0.1 按钮电动机反转。

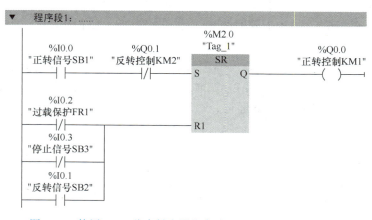

图 3-35　使用 SR 双稳态触发器指令编写电动机正反转梯形图

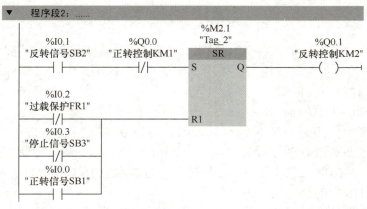

图 3-35　使用 SR 双稳态触发器指令编写电动机正反转梯形图（续）

任务 3　PLC 控制电动机点动和长动

任务引入

　　三相异步电动机的典型控制系统包括电动机的直接起动控制，电动机的长动控制、点动控制，正反转控制等。本任务学习如何用 PLC 控制电动机的点动和长动运行。

任务分析

　　要完成本任务，必须具备以下知识：
　　1. 了解辅助继电器 M 的结构和作用。
　　2. 熟悉电动机点动和长动的工作原理。
　　3. PLC 编程时应注意的事项。

相关知识

1. 位存储器 M

（1）位存储器的作用

　　在逻辑运算中经常需要一些位存储器作为辅助运算，用来存放中间状态或数据。这些元件不直接对外输入、输出，它的数量常比 I、Q 多，可以大量使用。

　　CPU1211C、CPU1212C 的位存储器有 4096 个字节的点数，CPU1214C、CPU1215C 和 CPU1217C 的位存储器有 8192 个字节的点数。

　　位存储器的线圈与输出继电器一样，由程序驱动。位存储器的常开和常闭触点使用次数不限，在 PLC 内可以自由使用。但是，这些触点不能直接驱动外部负载，外部负载必须由输出继电器驱动。

（2）位存储器的结构

结构：线圈，符号为—（ ）—；常开触点，符号为—| |—；常闭触点，符号为—|/|—。

位存储器一般以位为单位使用，采用"字节.位"的编址方式，也可以采用字节、字和双字为单位，作存储数据用。

（3）定义系统和时钟存储器

当要在程序中使用系统和时钟存储器时，可以在 TIA 博途软件中双击项目树中的"设备组态"，打开该 PLC 的"设备视图"，选中 CPU 后，再选中下面的巡视窗口右边的"属性"，再选中左边的"常规"，可以在右边的窗口设置有关的参数。具体操作过程如图 2-38 所示，各参数的意义此处不再赘述。

指定了系统存储器和时钟存储器字节后，这两个字节不能再用于其他用途，否则将会使用户程序运行出错。

2. PLC 编程的注意事项

1）合理安排元件的顺序，如图 3-36 所示的梯形图虽然没有错误，但改成如图 3-37所示的梯形图，则更为合理、美观。

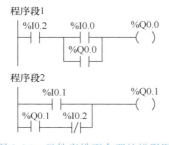

图 3-36　元件安排不合理的梯形图

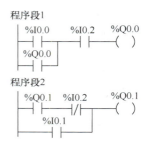

图 3-37　改变后的梯形图

梯形图中，并联块电路尽量往前画，单个元件尽量往后画；并联块电路中，元件数多的分支尽量放到并联块电路的上面，元件数少的分支尽量放到并联块电路的下面。

2）元件的线圈不能串联，如图 3-38 所示。

3）线圈后面不能再接其他元件的触点，如图 3-39 所示。

图 3-38　线圈不能串联　　　　图 3-39　线圈后不能再接其他元件的触点

4）线圈可以不经过任何触点而直接与左母线相连，但这样就直接驱动元件的线圈了，元件的线圈不受任何控制，不好，如图 3-40 所示。

5）程序中不能使用双线圈，如图 3-41 所示。

双线圈是一个元件的线圈被使用两次或两次以上的现象。使用双线圈的后果：前面的线圈对外不输出，只有最后的线圈才对外输出。为什么会出现这种情况呢？使用扫描周期分析：如果使用双线圈，在一个扫描周期内，同一个线圈，后面的状态会将前面的状态覆盖掉，所以前面的线圈对外不输出，只有最后的线圈才对外输出。

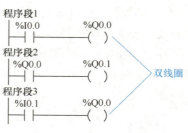

图 3-40 线圈能直接与左母线相连

图 3-41 不能使用双线圈

6）不要编写让人看不懂的梯形图，如图 3-42 所示，梯形图逻辑关系复杂，实际使用时要将该梯形图分解才可以用，该梯形图要分解成 2 个梯形图才可以用，如图 3-43 所示。

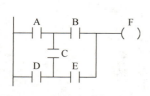

图 3-42 让人看不懂的梯形图

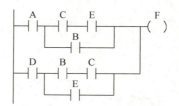

图 3-43 分解后的梯形图

 任务实施

用 PLC 实现对电动机点动、长动的控制。

1. 控制要求

按下电动机连续运行按钮时，电动机连续运行。按下电动机点动控制按钮时，电动机点动运行。按下停止按钮，无论电动机处于点动或长动状态，电动机都将停止运行。

2. 任务目标

1）熟悉电动机点动、长动控制电路。

2）学会运用输入 / 输出继电器、辅助继电器编制基本的逻辑控制程序。

3）熟练掌握梯形图编程的方法。

4）掌握 PLC 外部接线的方法。

5）通过本任务的学习，初识 PLC 的编程技巧，通过模仿具备自己编写小程序的能力。

3. 实训设备

实际需要准备下述设备：CPU1212C AC/DC/RLY 一台，电路控制板一块，0.55kW 四极三相异步电动机一台。

4. 程序设计步骤

1）PLC 外部接线图如图 3-44a 所示。这个接线图相对简单，使用 PLC 的一个输出控制 KM1 来控制电动机的点长动运行。

2）建立项目"电动机点长动控制"。

3）添加新设备"CPU1212C AC/DC/RLY"，版本号 4.2。

4）选中"PLC_1"项目下的"PLC 变量"，打开"默认变量表"，在默认变量表中分配程序要使用的变量，分配 PLC 变量表如图 3-44b 所示。

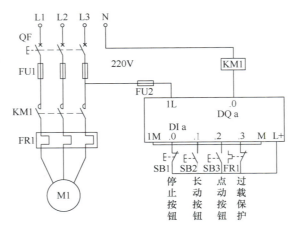

a) 外部接线图

		名称	数据类型	地址	保持	从 H...	从 H...	在 H...
1		停止信号SB1	Bool	%I0.0	☐	☑	☑	☑
2		长动信号SB2	Bool	%I0.1	☐	☑	☑	☑
3		点动信号SB3	Bool	%I0.2	☐	☑	☑	☑
4		过载保护FR1	Bool	%I0.3	☐	☑	☑	☑
5		长动点动控制KM1	Bool	%Q0.0	☐	☑	☑	☑

b) 变量表

图 3-44　电动机点动、长动的 PLC 外部接线图和变量表

5）梯形图设计的过程如下。首先，要明确一个思想，就是点动和长动共用一个输出，并且不能使用双线圈输出。这时，就必须把一个输出用辅助继电器 M 来替代，是替代点动输出还是替代长动输出？显然，点动不需要替代，因为点动是按下按钮就有输出，松开按钮就停止输出，使用辅助继电器替代和不用辅助继电器替代作用是一样的。这样点动控制程序就很容易实现，设计点动控制程序如图 3-45 所示。

长动因为不能再驱动 Q0.0，就只能用辅助继电器替代长动的输出，当长动按钮按下时，用辅助继电器 M 将长动按钮的信号保存在辅助继电器中，加自锁使辅助继电器 M 线圈一直得电，同时将点动按钮 I0.2 的常闭触点串联到长动控制程序中，点动按钮按下时，切断长动控制。长动控制程序如图 3-46 所示。

图 3-45　电动机点动控制程序

图 3-46　电动机长动控制程序

此时，点动控制程序与长动控制程序是没有关系的，要将它们结合起来共用一个输

出，则必须将辅助继电器 M 的常开触点与点动按钮并联，就可以实现用一个输出控制电动机的点动与长动了。具体设计的梯形图如图 3-47 所示。

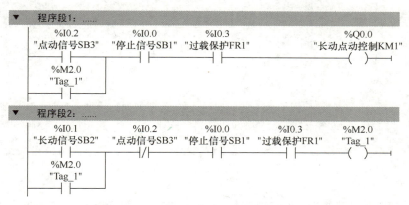

图 3-47　电动机点动、长动控制的梯形图

5. 程序讲解

1）电动机的点动和长动都使用同一个输出继电器 Q0.0 控制。程序设计时不要使用两个输出继电器去控制电动机点动和长动，这样虽然可行，但浪费资源。

2）程序设计时不要将输出继电器 Q0.0 输出两次。即点动输出一次，长动输出一次，这样造成双线圈输出。

3）要学会使用辅助继电器 M。电动机长动运行时，将 M2.0 自锁，然后通过 M2.0 的常开触点去控制输出继电器 Q0.0 的运行，使电动机长动运行。

4）电动机过载时，无论点动和长动，电动机都将停止运行。

6. 运行调试

1）将指令程序输入 PLC 主机，运行调试并验证程序的正确性。

2）按图 3-44a 完成 PLC 外部硬件接线，并检查主回路接线是否正确，Q0.0 是否控制 KM1 的线圈。

3）确认控制系统及程序正确无误后，通电试车，如出现故障应紧急停车。

4）在教师的指导下，分析可能出现故障的原因。

知识拓展

如何设置停电保持辅助继电器。在编写一个重要的程序时，往往需要设置停电保持功能，保证设备在停电后再来电时能自动上电，保证设备的自动运行。具体设置如下：

1）在建立的项目中打开“PLC 变量”→“默认变量表”，如图 3-48 所示，此时在变量 M2.0 的“保持”列中是没有打“√”的，双击图标“🔒”，在弹出的界面中设置“存储器字节数从 MB0 开始”的字节数，如图 3-49 所示，设置字节数为 3，字节 MB0 ～ MB2 就都具有停电保持功能了，图 3-49 中变量 M2.0 的“保持”列中打“√”了。

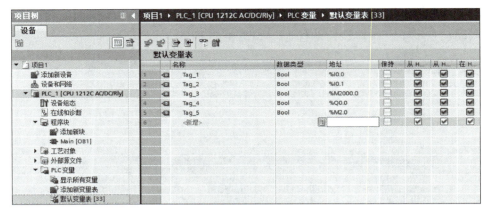

图 3-48　打开默认变量表

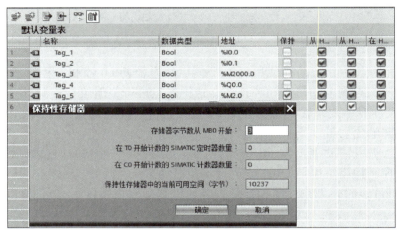

图 3-49　设置停电保持存储器字节数

2）编写一个简单的程序如图 3-50 所示，程序段 1 中，I0.0 启动闭合，输出 M2.0 线圈得电，M2.0 由于已经定义为停电保持辅助继电器，所以具有停电保持功能。程序段 2 中的 Q0.0 得电输出。当由于各种原因，PLC 断电，此时 PLC 的输出停止；当 PLC 再次来电时，由于 M2.0 的停电保持功能，Q0.0 继续得电输出。

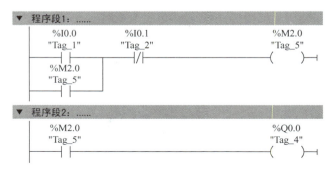

图 3-50　具有停电保持功能的程序

任务 4　PLC 对电动机 Y – △ 减压起动运行的控制

任务引入

三相异步电动机全压起动时，其起动电流很大，达到电动机额定电流的 4 ~ 7 倍。如果电动机的功率大，其起动电流会相当大，会对电网造成很大的冲击。为了降低电动机的起动电流，最常用的办法就是电动机 Y 起动，因为电动机 Y 运行时其电流只有 △ 运行时电流的 1/3，故电动机 Y 起动可降低起动电流。但电动机 Y 起动转矩也只有全压起动转矩的 1/3，故电动机起动后，要马上切换到 △ 运行。中间的时间为 3 ~ 5s。

任务分析

要完成本任务，必须具备以下知识：
1. 掌握定时器 T 的结构和工作原理。
2. 能画出定时器工作时的波形。
3. 熟悉电动机 Y – △ 减压起动运行的工作原理。

相关知识

1. 定时器指令介绍

定时器是 PLC 的重要编程元件，是累计时间增量的内部器件，使用定时器指令可在编程时进行延时控制，S7–1200 PLC CPU 的定时器为 IEC 定时器，有四种类型，分别是脉冲定时器（TP）、接通延时定时器（TON）、关断延时定时器（TOF）和保持型接通延时定时器（TONR）。

定时器符号、名称及功能见表 3-3。定时器指令可以用指令框表示，也可以用线圈指令表示，LAD/FBD/SCL 编程语言定时器指令集如图 3-51 所示，对于 LAD/FBD 格式，除四种定时器指令外，还有复位定时器（RT）和加载定时器时间（PT）两条指令，其作用如下：① RT 指令用于复位指定定时器的数据；② PT 指令用于加载指定定时器的持续时间。IEC 定时器属于功能块，调用时需要指定配套的背景数据块，定时器指令的数据保存在背景数据块中；用户程序中可以使用的定时器数量仅受 CPU 存储器大小的限制，每个定时器均使用 16 字节的 IEC_Timer 数据类型的 DB 结构存储定时器数据。

表 3-3　定时器符号、名称及功能

定时器符号	定时器名称	功能
TP	脉冲定时器	生成具有预设脉宽时间的脉冲
TON	接通延时定时器	输出 Q 在预设的延时过后设置为 ON
TOF	关断延时定时器	输出 Q 在预设的延时过后设置为 OFF
TONR	保持型接通延时定时器	输出 Q 在累计时间达到预设的时间后设置为 ON，使用 R 复位

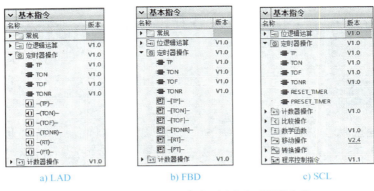

a) LAD   b) FBD   c) SCL

图 3-51   LAD/FBD/SCL 编程语言定时器指令集

下面以脉冲定时器（TP）应用为例，讲解定时器的应用方法。

编写程序时，在基本指令中选择定时器操作，双击选中 TP，此时弹出定时器背景数据块选项框，如图 3-52 所示，单击"确定"按钮，建立定时器背景数据块名称为" IEC_Timer_0_DB"，也可以自己重新命名背景数据块名称。

图 3-52   定时器背景数据块选项框

建立好背景数据块后，即可在程序中编辑定时器，图 3-53 为定时器背景数据块格式。

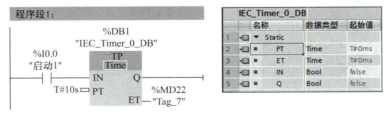

图 3-53   定时器背景数据块格式

2. 脉冲定时器（TP）

脉冲定时器的作用是产生指定时间宽度脉冲的定时器。当 IN 接通时，脉冲定时器指令启动计时，同时节点 Q 立即输出高电平"1"，直到定时器时间到，定时器输出 Q 为

"0"。脉冲定时器可以将长信号变成指定宽度的脉冲。如果定时时间未到，而逻辑位的状态变成"0"时，定时器 Q 也将继续输出，直到延时时间到才停止输出。

用一个例子说明脉冲定时器的应用，梯形图如图 3-54 所示，对应的时序图如图 3-55 所示，可以看出当 I0.0 接通的时间长于 1s 时，Q0.0 输出"1"的时间是 1s，而当 I0.0 接通的时间小于 1s 时，Q0.0 输出"1"的时间还是 1s；当 I0.1 接通时，无论 I0.0 是否接通，定时器都复位，Q0.0 输出为 0。

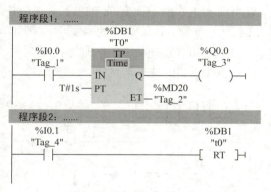

图 3-54 脉冲定时器的应用

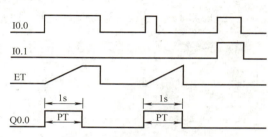

图 3-55 脉冲定时器的时序图

3. 接通延时定时器（TON）

接通延时定时器相当于继电器 – 接触器控制系统中的通电延时时间继电器。通电延时时间继电器的工作原理：线圈通电，触点延时设定时间后动作。当定时器的 IN 接通时，定时器开始延时，延时过程中，定时器的输出为"0"，延时时间到，输出为"1"，整个过程中，IN 都要接通，只要 IN 断开，则输出为"0"。TON 最为常用。

用一个例子来说明 TON 的应用，梯形图如图 3-56 所示，对应的时序图如图 3-57 所示。当 I0.0 闭合时，定时器 T1 开始定时，定时 1s 后（I0.0 一直闭合），当前值 ET 等于设定值 PT，Q0.0 输出高电平"1"，若 I0.0 的闭合时间不足 1s，Q0.0 输出为"0"，若 I0.0 断开，Q0.0 输出为"0"。无论什么情况下，只要复位定时器（本例为 I0.1 闭合，则定时器复位），Q0.0 输出为"0"。

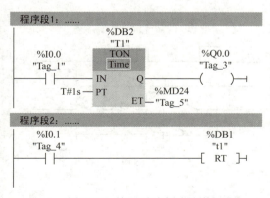

图 3-56 接通延时定时器的应用

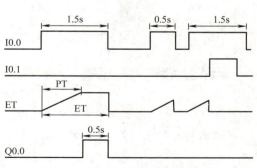

图 3-57 接通延时定时器的时序图

147

4. 保持型接通延时定时器（TONR）

保持型接通延时定时器与接通延时定时器类似，但保持型接通延时定时器具有保持功能。一旦 IN 接通，定时器起动计时，延时时间到，输出 Q 为高电平 "1"，即使 IN 断开，定时器的当前值也不清零，定时器输出 Q 依然为 "1"。要使输出 Q 为 "0"，必须要使复位端 R 接通，才能使定时器当前值清零。

用一个例子来说明 TONR 的应用，梯形图如图 3-58 所示，对应的时序图如图 3-59 所示。当 I0.0 为 "1" 时，定时器 T2 开始延时，当当前值 ET 小于设定值 PT 时，当 I0.0 为 "0" 时，当前值 ET 保持不变，当 I0.0 为 "1" 时，当前值 ET 在原值的基础上继续延时，此时输出 Q 为 "0"。当 ET=PT 时，输出 Q 为 "1"，Q0.0 得电，ET 立即停止延时并保持。在任意时刻，只要 R 为 "1"，输出 Q 为 "0"，Q0.0 失电，ET 值清零。

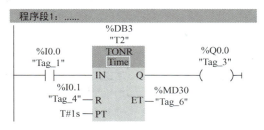

图 3-58　保持型接通延时定时器的应用

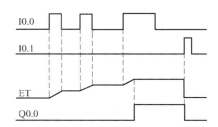

图 3-59　保持型接通延时定时器的时序图

5. 关断延时定时器（TOF）

关断延时定时器相当于继电器控制系统的断电延时时间继电器。只要 IN 为 "1"，定时器 TOF 的输出 Q 即为 "1"，当 IN 从 "1" 变为 "0" 时，定时器起动计时，当 ET=PT，输出 Q 从 "1" 变为 "0"，ET 立即停止计时并保持。

在任意时刻，只要 IN 变为 "1"，ET 立即停止计时并回到 "0"。

用一个例子来说明 TOF 的应用，梯形图如图 3-60 所示，对应的时序图如图 3-61 所示。当 I0.0 为 "1" 时，定时器输出为 "1"，Q0.0 得电，当 I0.0 从 "1" 变为 "0" 时，T3 开始延时，当 ET=PT 时，定时器输出为 "0"，Q0.0 失电。

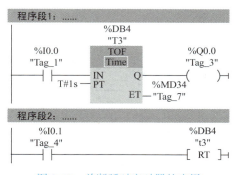

图 3-60　关断延时定时器的应用

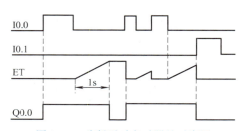

图 3-61　关断延时定时器的时序图

6. 定时器的应用

三种定时器的应用：使用三种定时器设计便池冲水控制电路，便池检测信号接 PLC

的 I0.0，冲水起动系统由 Q0.0 控制，当检测信号接收的时间大于 7s 时，控制系统时序图如图 3-62a 所示，当检测信号接收的时间为 3 ～ 7s 时，控制系统时序图如图 3-62b 所示，当检测信号接收的时间小于 3s 时，控制系统时序图如图 3-62c 所示。

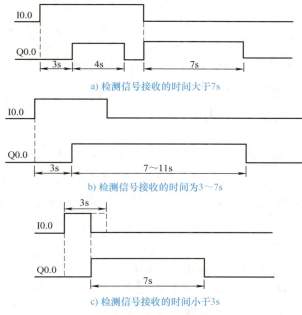

图 3-62 便池冲水控制时序图

便池冲水控制系统分析：

1）当检测信号接收的时间超过 7s 时，则便池冲水系统冲水 2 次，冲水时间为 4s 和 7s，2 次冲水之间有间隔时间。

2）当检测信号接收的时间为 3 ～ 7s 时，则便池冲水系统冲水 1 次，冲水时间为 7 ～ 11s 之间。

3）当检测信号接收的时间小于 3s 时，则便池冲水系统冲水 1 次，冲水时间为 7s。

梯形图设计如图 3-63 所示。

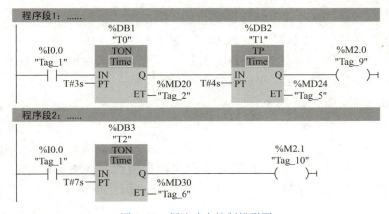

图 3-63 便池冲水控制梯形图

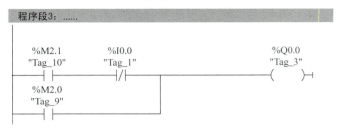

图 3-63　便池冲水控制梯形图（续）

用 PLC 实现对三相异步电动机丫 – △ 减压起动、运行的控制。

1. 控制要求

按电动机的起动按钮，电动机 M 先丫起动，4s 后，控制回路自动切换到△联结电动机 M 做△运行。

2. 任务目标

1）熟悉三相异步电动机丫 – △减压起动的原理。

2）学会定时器的简单应用。

3）掌握外部接线图的设计方法，学会实际接线。

4）通过学习的不断深入，学的知识越来越多，要通过在线课程的配套学习，多加训练，及时掌握这些知识。

3. 实训设备

实际需要准备下述设备：

CPU1212C AC/DC/RLY 一台，电路控制板一块，4kW 四极三相异步电动机（能进行丫 – △转换的电动机）一台。

4. 程序设计步骤

1）PLC 外部接线图如图 3-64a 所示。

2）建立项目"电动机丫 – △减压起动运行"。

3）添加新设备"CPU1212C AC/DC/RLY"，版本号为 4.2。

4）选中"PLC_1"项目下的"PLC 变量"，打开"默认变量表"，在默认变量表中分配程序要使用的变量，分配 PLC 变量表如图 3-64b 所示。

5）梯形图设计如图 3-65 所示。

5. 程序讲解

对于正常运行为△联结的电动机，在起动时，定子绕组先接成丫，当电动机转速上升到接近额定转速时，将定子绕组接线方式由丫改接成△，使电动机进入全压正常运行。一般功率在 4kW 以上的三相异步电动机均为△联结，因此均可采用丫 – △减压起动的方法来限制起动电流。

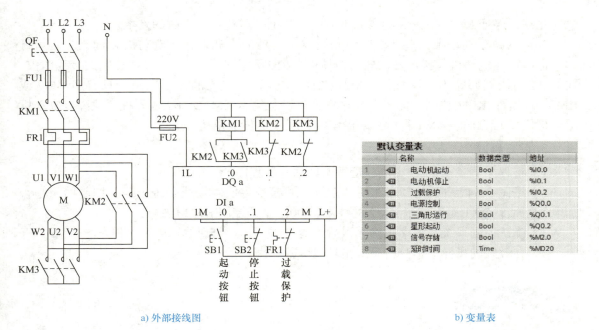

a) 外部接线图　　　　　　　　　　　　　　　　　　　　　　b) 变量表

图 3-64　电动机 丫–△减压起动的 PLC 外部接线图和变量表

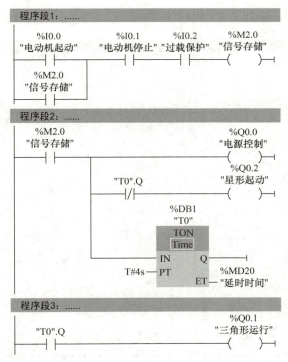

图 3-65　三相异步电动机 丫–△减压起动运行梯形图

　　程序运行中，KM2、KM3 不允许同时带电运行。为保证安全、可靠，设计梯形图时，要限制 Q0.2、Q0.1 的线圈不能同时得电。接线图中，在 KM2、KM3 的线圈回路中加上电气互锁，保证 KM2、KM3 的线圈不能同时带电，避免短路事故的发生。

Y-△减压起动中，电动机应该先接成 Y，然后再通电，使电动机 Y 起动。△运行时，也应该是电动机先接成△，然后再通电，使电动机△运行。故 PLC 控制的接线图中，在 KM1 的线圈回路上，串接了 KM2、KM3 常开触点组成的并联电路，只有当 KM2 或 KM3 闭合后，KM1 线圈才能得电。这样就可以避免当 KM2 或 KM3 元件出故障，电动机不能接成 Y 或△时，KM1 得电，还给电动机送电的情况发生。

6. 运行调试

1）将程序下载到 PLC 主机，运行调试并验证程序的正确性。

2）按图 3-64 完成 PLC 外部硬件接线，并检查主回路接线是否正确，控制回路是否加电气互锁，Q0.1 是否控制 KM2 的线圈，Q0.2 是否控制 KM3 的线圈。

3）确认控制系统及程序正确无误后，通电试车，如出现故障应紧急停车。

4）在教师的指导下，分析可能出现故障的原因。

知识拓展

使用 FC 块控制电动机延时起动。

1）在创建的项目中，打开"程序块"→"添加新块"，在弹出的界面中选择"函数"，定义名称为"延时起动"，如图 3-66 所示。

图 3-66　定义 FC 块

2）打开"延时起动"FC 块，在 FC 块的变量声明表中，定义局域变量 Input、Output，如图 3-67 所示。

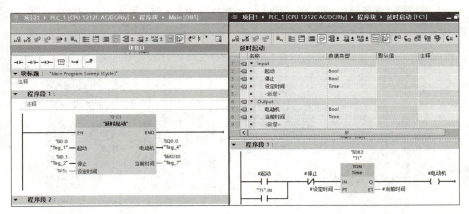

图 3-67　定义局域变量

3）编写 FC 块程序。程序中定时器使用 TON，为全局变量，程序自锁使用"T1"
.IN 输入常开触点，就是当有起动信号时，"T1".IN 常开触点闭合，程序自锁。程序中，
元件符号前面有"#"的表示局域变量，元件符号上面有""的表示全局变量。

4）编写 OB1 主程序。打开主程序 OB1，在编辑区间将"延时起动"FC 块拖曳到程
序段 1 中，分别给"起动""停止""设定时间""电动机"和"当前时间"赋实际变量
就可以了。程序如图 3-68 所示。

图 3-68　主程序和 FC 块程序

5）下载程序到 PLC，运行程序，当 I0.0 为 1 时，Q0.0 延时 5s 得电输出，当 I0.1 为
1 时，Q0.0 失电。

任务 5　PLC 对交通灯的控制

任务引入

灯的亮和灭变换形式多样，各种形式的灯，如红灯、黄灯和绿灯等在国民经济生产、
生活中都赋予了不同的意义，用 PLC 编程控制灯的变化也非常多，交通灯的控制就是其
中之一。城市十字路口的东、西、南、北四个方向各装设了红、绿、黄三色信号灯；三色
信号灯按绿灯亮、绿灯闪烁、黄灯亮和红灯亮的顺序变化，根据要求编写控制交通灯的程
序，对丰富 PLC 编程知识十分必要。

任务分析

要完成本任务，必须具备以下知识：

1. 掌握计数器 C 的结构和工作原理。
2. 能画出计数器 C 的时序波形图。
3. 掌握两灯交替闪烁的程序。
4. 能画出交通信号灯工作时序图并按其编程。

相关知识

1. 计数器指令类型

计数器指令用于对内部程序事件和外部过程事件计数。S2-1200 PLC 计数器指令有三种，分别是加计数器（CTU）、减计数器（CTD）和加减计数器（CTUD），计数器指令如图 3-69 所示。

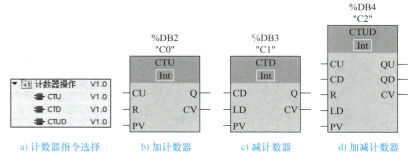

a) 计数器指令选择　　b) 加计数器　　c) 减计数器　　d) 加减计数器

图 3-69　计数器指令

同定时器一样，调用计数器指令时，会自动生成保存计数器数据的背景数据块，可以修改生成的背景数据块的名称，也可以采用默认的名称；S7-1200 PLC CPU 的计数器为 IEC 计数器，数量取决于 CPU 存储器的大小，每个计数器背景 DB 结构的大小取决于计数类型，根据计数器类型占用 3、6 或 12 字节的存储器空间。

CU 和 CD 分别是加计数和减计数的输入端，在 CU 或 CD 端信号由"0"变为"1"时，实际计数值 CV 加 1 或减 1；CTU 和 CTUD 的复位输入端 R 输入信号为 1 时，计数器被复位，当前值 CV 被清零，计数器的输出 Q 状态为 0；CTD 和 CTUD 的 LD 用于装载 CTD 的初值。

2. 加计数器（CTU）

（1）CTU 的工作原理

CTU 指令在 CU 端输入脉冲上升沿时，计数器的当前值加 1。当前值 CV 大于或等于设定值 PV 时，计数器输出 Q 状态位置 1。当计数器的复位端 R 有效时，计数器复位，计数器的当前值清零，计数器输出 Q 状态位复位（置 0）。否则计数器的当前值将一直累加直到达到参数 CV 指定数据类型的上限，达到上限时，即使出现输入信号上升沿，计数器值也不再增加。在进行加计数时，复位信号优先于计数端。

（2）CTU 的应用

图 3-70 为 CTU 的应用和时序图，当计数器 C0 的计数输入端 I0.0 有输入信号时，C0的当前值加 1，当 C0 当前值大于或等于 3 时，C0 的状态位置 1，线圈 Q0.0 接通。当复位输入端 I0.1 有输入信号时，计数器 C0 复位，计数器的当前值清零，计数器状态位复位（置 0），线圈 Q0.0 断开。

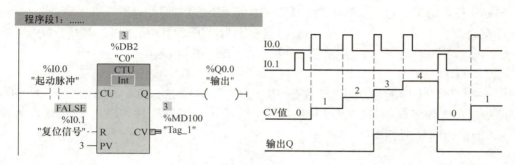

图 3-70 CTU 的应用和时序图

3. 减计数器（CTD）

（1）CTD 的工作原理

CTD 的装载输入端 LD 有效时，计数器复位，并把设定值 PV 装入当前值寄存器中，计数器输出 Q 状态位置 0，当输入端 CD 每捕捉到一个输入信号时，当前值减 1，当前值减小到 0 时，计数器输出 Q 状态位置 1，此时当 CD 端再接收到输入信号时，当前值变为 -1，并可以沿负数一直减下去，达到参数 CV 指定数据类型的下限。在任意时刻，只要 LD 为 "1"，计数器输出 Q 为 "0"，CV 立即停止计数并回到 PV 值。

（2）CTD 的应用

图 3-71 为 CTD 的应用和时序图，装载输入端（LD 端）I0.1 为 1 时，C1 计数器状态位为 0，并把设定值 4 装入当前值寄存器 CV 中，此时线圈 Q0.0 断开。当 I0.1 输入为 0时，计数器计数有效，此时当计数输入端（CD 端）I0.0 有输入脉冲的上升沿时，C1 当前值从设定值 4 开始做递减计数，直到 C1 的当前值等于 0 时，C1 计数器输出 Q 状态位为1，线圈 Q0.0 接通。

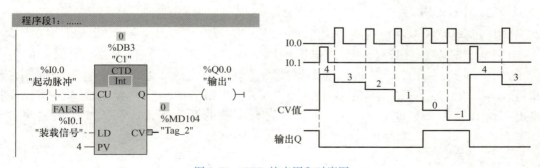

图 3-71 CTD 的应用和时序图

4. 加减计数器（CTUD）

（1）CTUD 的工作原理

CTUD 首次使用或复位端有信号，QD 端输出为"1"，QU 端输出为"0"，当装载端 LD 有信号时，计数器将设定值 PV 的值装载到当前值 CV，此时，QD 端输出为"0"，QU 端输出为"1"，CV 立即停止计数并回到 PV 值。

当 0<CV 值 <PV 值时，QD 端、QU 端输出皆为"0"。

当 CV 值 ≥ PV 值时，QU 端输出为"1"。

当 CV 值 ≤ 0 时，QU 端输出为"0"，QD 端输出为"1"。

任意时刻，只要 R 端为"1"，则 QU 端输出为"0"，QD 端输出为"1"，CV 值清零。CV 的上下限取决于计数器指定的整数类型的最大值和最小值。

（2）CTUD 的应用

图 3-72 为 CTUD 的应用和时序图，I0.0 为加计数信号，I0.1 为减计数信号，I0.2 为复位信号，I0.3 为装载信号，QU 端接"输出 1"Q0.0，QD 端接"输出 2"Q0.1。加减计数器 C2 的运行时序图如图 3-72 所示。

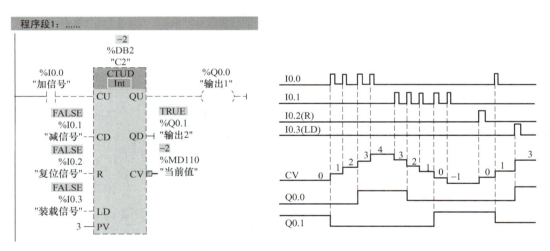

图 3-72　CTUD 的应用和时序图

5. 计数器的应用

利用振荡电路控制 2 盏灯交替闪烁。

用 2 个定时器可以设计一个占空比可调的振荡电路，然后利用 2 个定时器的位交替导通和关断去控制 PLC 的输出继电器线圈，就可以完成 2 盏灯的交替闪烁程序，梯形图程序如图 3-73 所示。图 3-73 中，用"T0""T1"两个定时器组成的振荡程序控制 Q0.0 亮 1s、灭 2s，Q0.1 灭 1s、亮 2s，进行交替的互相亮灭，亮灭 4 次后程序自动停止。

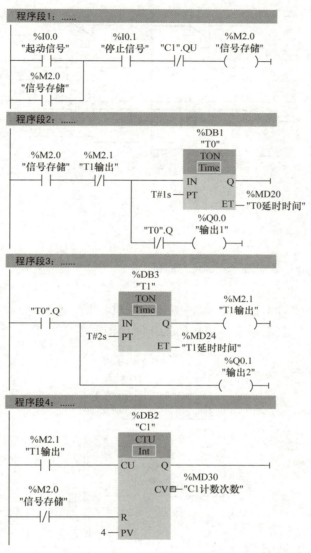

图 3-73 两灯交替闪烁程序

图 3-74 是图 3-73 程序的时序图，从图中可以看出，用 "T0" "T1" 两个定时器组成的振荡程序，因各定时器设定的延时时间不同，可以随意组成占空比，比较自由。需要注意的是，定时器 "T1" 延时时间一到即断开失电，"T1" 的输出 Q 只发出了一个脉冲信号，如果用定时器 "T1" 的常开触点 "T1".Q 作计数器 "C1" 的 CU 端计数脉冲，则信号有时能采集到，有时采集不到，发生遗漏；所以在定时器 "T1" 的输出 Q 端接输出 M2.1 的线圈，用 M2.1 的常开触点接计数器 "C1" 的 CU 端，则计数器能正常计数。

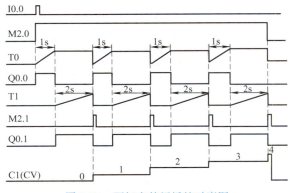

图 3-74　两灯交替闪烁的时序图

 任务实施

1. 用 PLC 逻辑指令实现对交通灯的控制

（1）控制要求

十字路口交通信号灯布置如图 3-75 所示，控制要求见表 3-4。

根据控制要求，该控制系统各信号的工作时序图如图 3-76 所示。

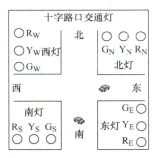

图 3-75　十字路口交通信号灯布置

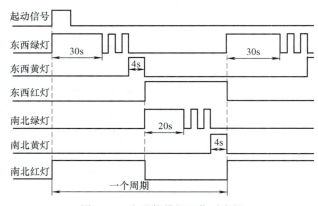

图 3-76　交通信号灯工作时序图

表 3-4　交通信号灯控制要求

东西向	绿灯 Q0.0	绿灯 Q0.0 闪烁	黄灯 Q0.1	红灯 Q0.2		
	30s	OFF　1s，ON　1s　2次	4s			
南北向	红灯 Q0.3			绿灯 Q0.4	绿灯 Q0.4 闪烁	黄灯 Q0.5
				20s	OFF　1s，ON　1s　2次	4s

由时序图可以看出信号灯是按周期循环工作的，其工作周期 T 为 66s。

（2）任务目标

1）进一步熟悉定时器的应用。

2）学会利用定时器构成振荡电路并对灯负载进行循环控制。

3）掌握外部接线图的设计方法，学会实际接线。

4）通过在线课程的配套学习，多学习、多模仿、多练习，具备编写复杂程序的能力。

（3）实训设备

CPU1212C AC/DC/RLY 一台，十字路口交通信号灯模型一块。

（4）设计步骤

1）用 PLC 控制的十字路口交通信号灯的外部接线图有两种，一种是 PLC 输出点所接的灯的功率小于 DC 30W/AC 200W 时，输出点可以直接驱动灯负载，接线图如图 3-77 所示；另一种是 PLC 输出点所接的灯的功率大于 DC 30W/AC 200W 时，输出点不能直接驱动灯负载，需要使用 PLC 的输出点驱动交流接触器，再由交流接触器的主触点驱动灯负载，接线图如图 3-78 所示。

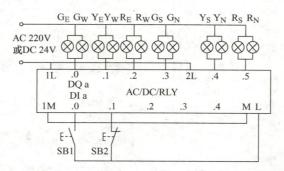

图 3-77　功率小于 DC 30W/AC 200W 的交通灯控制电路接线图

2）建立项目"十字路口交通灯控制"。

3）添加新设备"CPU1212C AC/DC/RLY"，版本号为 4.2。

4）选中"PLC_1"项目下的"PLC 变量"，打开"默认变量表"，在默认变量表中分配程序要使用的变量，分配 PLC 变量表如图 3-79a 所示。

5）梯形图设计如图 3-79b、c 所示。

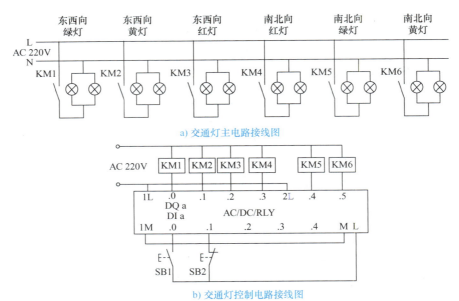

a) 交通灯主电路接线图

b) 交通灯控制电路接线图

图 3-78 功率大于 DC 30W/AC 200W 的交通灯控制电路接线图

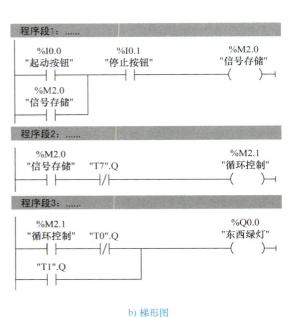

a) 变量表

b) 梯形图

图 3-79 十字路口交通灯控制梯形图和 PLC 变量表

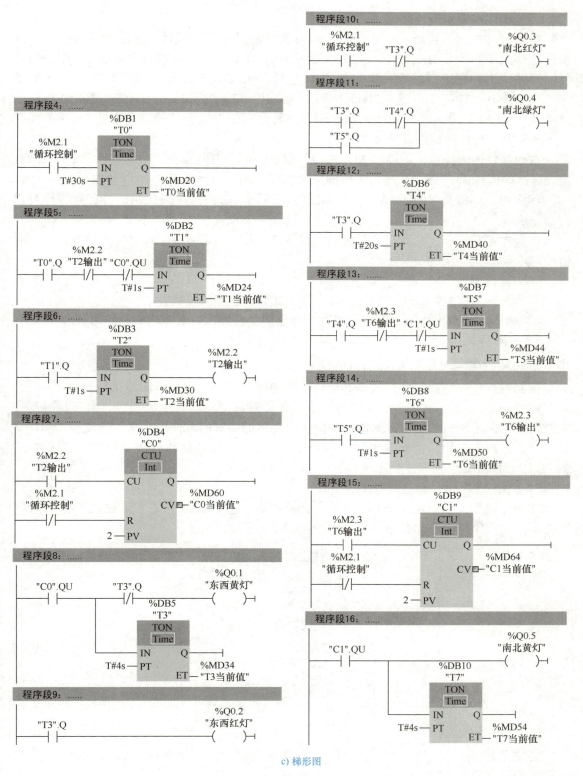

c) 梯形图

图 3-79　十字路口交通灯控制梯形图和 PLC 变量表（续）

（5）程序讲解

交通灯的控制是纯粹的逻辑控制，按灯变化的顺序进行设计。从东西绿灯亮变化到东西红灯灭为一个周期，不断地循环。其中程序的循环使用辅助继电器 M2.1 作为循环控制开关，当程序运行结束，定时器"T7"延时 4s 后，程序段 2 中"T7"的常闭触点"T7".Q 断开，辅助继电器 M2.1 的线圈失电，由 M2.1 控制的元件全部失电，当程序段 16 中元件"T7"的线圈失电后，程序段 2 中其常闭触点闭合，辅助继电器 M2.1 的线圈又重新得电，程序开始循环下一个周期。

东西绿灯的闪烁由定时器"T1""T2"组成的振荡电路控制，由计数器"C0"计数。南北绿灯的闪烁由"T5""T6"组成的振荡电路控制，由计数器"C1"计数。

程序中东西绿灯、南北绿灯也可以同时使用同一个振荡电路控制。其程序设计可以自行完成。

在程序运行期间，只要按下停止按钮使 M2.0 失电，定时器、计数器均被复位，所有信号灯熄灭。

（6）运行调试

1）将指令程序输入 PLC 主机，运行调试并验证程序的正确性。

2）确认控制系统及程序正确无误后，通电试车，如出现故障应紧急停车。

3）在教师的指导下，分析可能出现故障的原因。

2. 用子程序调用实现对交通灯的控制

控制要求、接线图、实训设备和变量表与前面介绍都相同，不同的只是程序。

用逻辑指令编写的交通灯控制程序中，在交通灯变化的一个周期中，由于振荡程序被使用 2 次，东西向的绿灯闪烁使用一次，南北向的绿灯闪烁使用一次，所以振荡程序是公用的，东西向使用，南北向也使用。编程时可以将振荡程序设计成子程序，放置在 FC 或 FB 中，每次要用到振荡程序时，调用 FC 或 FB 即可。

（1）使用 FC 编写交通灯程序

在程序块中，单击添加新块，在弹出的界面中，选中添加"FC"函数，单击"确定"按钮，则在程序块中添加新块"FC1"，如图 3-80 所示。

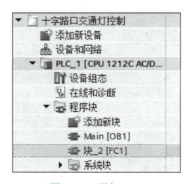

图 3-80　添加 FC1

将主程序编写在 OB1 中，将振荡程序编写在 FC1 中。主程序 OB1 如图 3-81 所示，子程序 FC1 如图 3-82 所示。

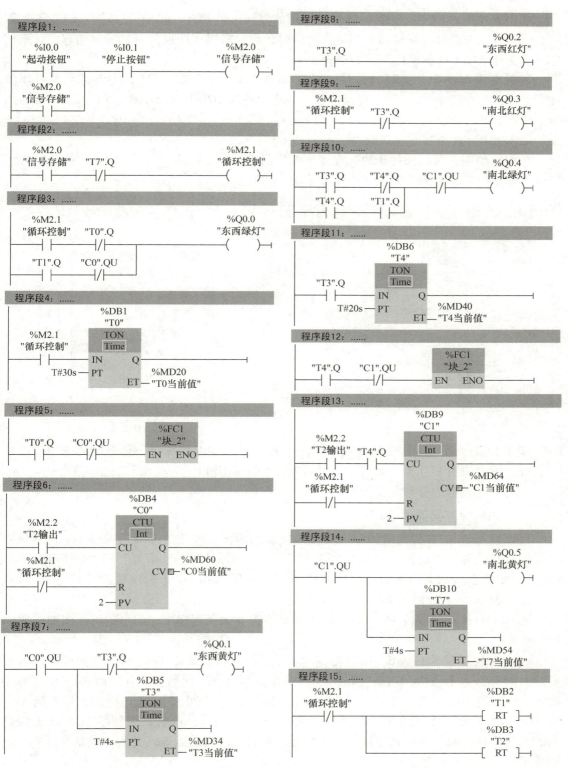

图 3-81　交通灯主程序 OB1

在主程序中，"C0""C1"计数时调用的是同一个 FC1，如果"C0""C1"的计数端 CU 前面接的逻辑关系相同，则它们将同时计数；所以程序设计时，应根据它们计数的时刻，在计数端 CU 前面接不同的逻辑关系。

同时在主程序中，要对 FC1 使用的定时器"T1""T2"清零，不然，只要调用了 FC1，"T1""T2"的状态就一直保持着。一个运行周期结束后，要对"T1""T2"清零，第二次运行才能正常进行。

（2）使用 FB 编写交通灯程序

在程序块中，单击添加新块，在弹出的界面中，选中添加"FB"函数，单击"确定"按钮，则在程序块中添加新块"FB1"，如图 3-83 所示。

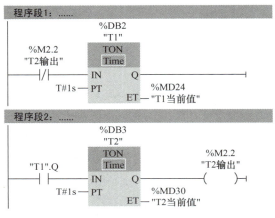

图 3-82　交通灯子程序 FC1　　　　　　图 3-83　添加 FB1

使用 FB1 子程序编写交通灯程序同使用 FC1 子程序编程一样，只不过是将 FC1 换成了 FB1，每次调用 FB1 时，增加一个背景数据块，调用 FC1 时是没有数据块的。

此处省略编程的梯形图。

3. 使用时钟存储器位编写交通灯程序

可以利用 PLC 自身的时钟存储器位来控制东西向、南北向绿灯的闪烁，单击项目中的设备组态，再单击设备组态下面的巡视窗口中的"属性"→"常规"→"系统和时钟存储器"，勾选右边的"启用时钟存储器字节"，其中的 M0.7 为 0.5Hz 时钟，其周期为 2s，占空比为 50%，即 M0.7 位闭合 1s、断开 1s。

选择了时钟存储器位 M0.7 后，编程时就不需要振荡程序了，编写的梯形图如图 3-84 所示。

使用时钟存储器位 M0.7 取代振荡电路，存在一个问题，就是绿灯在闪烁前，其长亮的时间要么多 1s 要么少 1s，因为 M0.7 是奇数秒闭合，偶数秒断开。图 3-84 中的程序段 4 和程序段 10，本来"T0"要延时 30s、"T4"要延时 20s 的，延时时间到后，第 31s、第 21s，M0.7 又闭合，绿灯接着亮，实际亮了 31s 和 21s，也就是闪烁的 1s 与前面绿灯亮的时间连在一起，看不到绿灯第 1 次闪烁，所看到的绿灯闪烁，其实已经是绿灯第 2 次闪烁了。

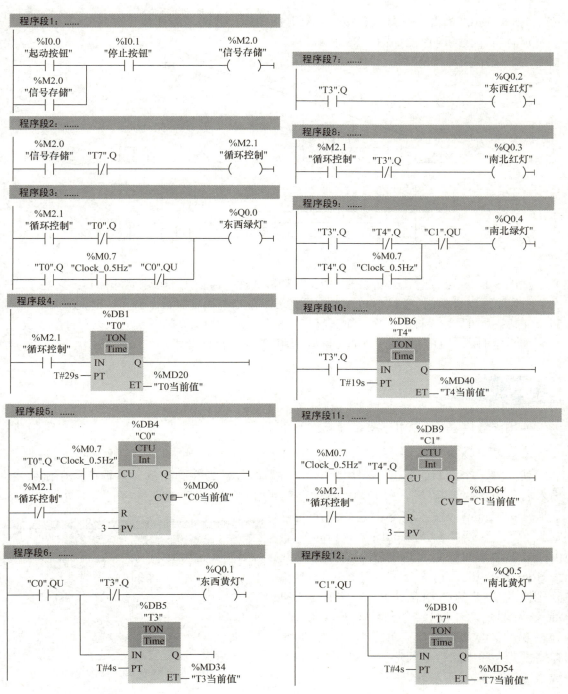

图 3-84 使用时钟存储器位编写交通灯程序

使用计数器计数时，计数器计数 2 次，却只看到绿灯闪烁 1 次，就是因为第 1 次闪烁与绿灯长亮是接在一起的，所以要看到绿灯闪烁 2 次，就要计数 4 次，因为第 3 次绿灯刚要亮就被计数器的常闭触点断开了。

图 3-84 中，"T0" 延时了 29s、"T4" 延时了 19s，比要求的时间少 1s，是因为第

30s、第 20sM0.7 断开，绿灯灭，接着绿灯开始闪烁，此时只需计数 3 次即可。

延时与计数的时序图如图 3-85 所示。

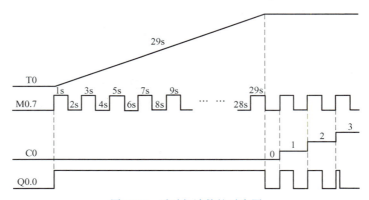

图 3-85　延时与计数的时序图

从图 3-85 中可以看出，计数器 "C0" 计数 3 次，绿灯 Q0.0 实际间隔 1s，灭亮了 2.5次，因为第 3 次计数时，绿灯 Q0.0 实际只亮了一个扫描周期就被断开了，时间太短，看不到绿灯亮；"C0" 如果计数 2 次，则灭亮了 1.5 次，只看到绿灯闪一次，所以要计数 3 次。

如果定时器 "T0" 延时了 30s，可以利用图 3-85 自行分析。

知识拓展

使用函数块 FB 控制电动机一键起停。

1. 添加函数块 FB

建立好一个项目，打开 "程序块" → "添加新块"，在弹出的对话框中选中函数块，输入名称为 "一键起停"，打开 "一键起停" 函数块，在上面的变量声明表中分别输入如

下形参："Input" 输入变量中建立一个变量 "起/停"，数据类型为 Bool；"Output" 输出变量中建立一个变量 "电动机"，数据类型为 Bool；"Static" 静态变量中建立三个变量，分别为上升沿的辅助位 "P_1"、"P_2" 和 SR 触发器的 "辅助位"，数据类型为 Bool，静态变量不会产生接口，可以做一些数据的存储或者一些中间数据的传递。建立 FB 的局域变量如图 3-86 所示。

图 3-86　建立 FB 的局域变量

2. 编写 "一键起停" FB 程序

编写 "一键起停" FB 程序如图 3-87 所示，图中每个变量前面都有一个 "#"，表示该变量为局域变量，只能在 FB 中使用。当变量 "起/停" 第一次有信号时，SR 触发器 S端检测到信号，"辅助位" 置位，输出端变量 "电动机" 置位。同时 SR 触发器 R 端前的 "电动机" 常开触点闭合，当变量 "起/停" 第二次有信号时，SR 触发器 R 端有优先权，

输出端变量"电动机"复位。

3. 编写主程序 OB1

"一键起停"FB 的程序不能执行,必须在主程序中调用后才能执行。主程序调用"一键起停"DB 程序如图 3-88 所示,此时将输入端"起/停"赋实参 I0.0,输出端"电动机"赋实参 Q0.0,Q0.0 驱动电动机即可。程序运行时,第一次 I0.0 有信号时,Q0.0 得电输出,驱动电动机运行,第二次 I0.0 有信号时,Q0.0 失电,电动机停止运行。

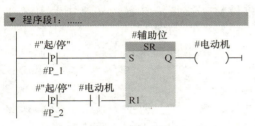

图 3-87 "一键起停"FB 程序

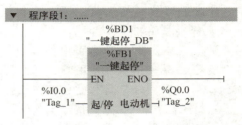

图 3-88 "一键起停"主程序

思考与练习

1. 分频器程序梯形图如图 3-89 所示。试根据 I0.0 的信号画出输出继电器 Q0.0、Q0.1 的波形。

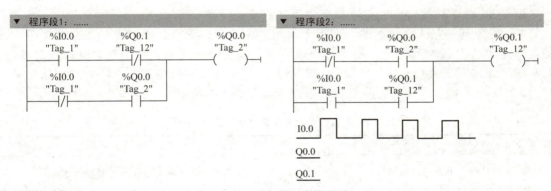

图 3-89 分频器程序梯形图

2. 机床电路的控制。要求:

1)某机床电路有主轴电动机、进给电动机共两台。

2)进给电动机只有在主轴电动机起动运行后才能起动运行。

3)主轴电动机能实现正反转运行。

4)进给电动机能实现点动和长动运行。

5)停止时,只有在进给电动机停止后,主轴电动机才能停止。

6)程序和电路要能实现短路、过载、失电压和欠电压保护。

3. 有两台三相异步电动机 M1 和 M2,要求:

1)M1 起动后,M2 才能起动。

2）M1 停止后，M2 延时 30s 后才能停止。

画出 PLC 控制的接线图及梯形图。

4. 抢答器控制系统的设计。控制要求：

1）有三队选手参加竞赛，选手必须了解以下规定。

2）选手若要回答主持人所提的问题，须待主持人念完题目后，按下桌上的抢答按钮，桌上的灯亮，才算获得抢答权。主持人没有念完题目就按下抢答按钮，蜂鸣器鸣叫，但桌上的灯不亮。此时算竞赛者违规。

3）选手回答完问题后，须待主持人按下复位键后，获得抢答权的队桌上的灯才熄灭；停止蜂鸣器鸣叫也是如此。

4）为了给三队参赛选手中的儿童一些优待，按下桌上两个按钮中的任一个，灯都亮。而为了对教授组做一定限制，必须同时按下两个按钮，灯才亮。中学生队桌上只有一个按钮。违规时，蜂鸣器则是任何按钮按下都鸣叫。

5）如果选手在主持人按下开始按钮的 10s 内获得抢答权，选手头顶上方的彩球旋转，以示竞赛者得到一次幸运机会。10s 后获得抢答权，选手头顶上方的彩球不旋转。

5. 用 PLC 实现报警灯的控制。控制要求：

1）某装置，正常运行时，信号灯绿灯亮；当 PLC 的输入继电器检测到故障报警信号后，信号灯绿灯灭，报警红灯以 1Hz 的频率闪烁，同时蜂鸣器鸣叫。

2）报警红灯以 1Hz 的频率闪烁 10 次后，如果还没有工作人员来排除故障，报警红灯接着按间隔 0.3s 的时间进行闪烁，蜂鸣器继续鸣叫，直到有工作人员来排除故障，停止 PLC 的运行。

6. 用 PLC 实现按钮式人行道交通信号灯的控制。控制要求：

1）马路途中有一人行过道，东西方向是车道，南北方向是人行道。正常情况下，车道上有车辆行驶，如果有行人要通过交通路口，先要按下按钮，等到绿灯亮时方可通过，此时东西方向车道上红灯亮。延时一段时间后，南北方向的红灯亮，东西方向的绿灯亮。

2）按钮式人行道交通信号灯控制系统要求见表 3-5 所示。

表 3-5 按钮式人行道交通信号灯控制系统要求

按下 I0.0 或 I0.1	一个周期				
马路	绿灯亮 Q0.0	绿灯亮 10s	绿灯闪烁 OFF 1s, ON 1s 2次	黄灯亮 Q0.1 4s	红灯亮 Q0.2
人行道	红灯亮 Q0.3	红灯亮 Q0.3		绿灯亮 Q0.4 10s	绿灯闪烁 OFF 1s, ON 1s 2次
	I0.1				

3）图 3-90 为按钮式人行道交通信号灯示意图。按下按钮 I0.0 或 I0.1，交通信号灯将按表 3-5 所示顺序变化。在按下按钮 I0.0 或 I0.1 至系统返回初始状态这段时间内，再按按钮 I0.0 或 I0.1 将对程序运行不起作用。

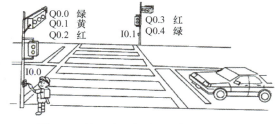

图 3-90 按钮式人行道交通信号灯示意图

项目 4 | 数据指令及程序编写

任务 1　使用移动指令编程

 任务引入

　　在编程时，有时要对一些数据进行传送，或要对一些数据进行转换，此时就要用到移动指令和数据转换指令，这些指令在 PLC 编程中使用广泛，是必须要掌握的知识。

 任务分析

　　要完成本任务，必须具备以下知识：

1. 掌握移动指令的使用方法。
2. 掌握数据转换指令的使用方法。
3. 学会使用移动指令编写程序。

 相关知识

1. 移动操作指令

　　S7-1200 PLC 支持的移动操作指令有移动值 MOVE、序列化 Serialize 和反序列化 Deserialize、存储区移动 MOVE_BLK 和交换 SWAP 等，还有专门针对数组 DB 和 Variant 变量的移动操作指令，移动操作指令及功能见表 4-1，下面介绍几种常用的移动操作指令。

表 4-1　移动操作指令及功能

指令	名称	说明
MOVE	移动值	相同数据类型的变量间的移动
Serialize	序列化	将 UDT、Struct 和 Array 等数据类型在不打乱数据顺序的情况下转换为 Byte 数组
Deserialize	反序列化	将 Byte 数组在不打乱数据顺序的情况下转换为 UDT、Struct 和 Array 等数据类型

（续）

指令	名称	说明
MOVE_BLK	存储区移动	将输入数组元素开始的变量，依据指定长度，连续移动到输出数组开始的变量，要求输入的数组元素和输出的数组元素数据类型相同，并且只能是基本数据类型
UMOVE_BLK	不可中断的存储区移动	除在移动过程中不可被中断程序打断以外，其他与 MOVE_BLK 指令相同
SWAP	交换	将 Word/DWord 数据类型的变量字节反序后输出

（1）移动值指令 MOVE

移动值指令 MOVE 是最常用的传送指令，它将 IN 输入操作数中的内容传送给 OUT1 输出的操作数中；初始状态时，指令框中只包含 1 个输出 OUT1，如果传送给多个输出，可单击指令框中的输入输出符号 ，扩展输出数目。

使用 MOVE 指令可将数据元素复制到新的存储器地址，并从一种数据类型转换为另一种数据类型，移动过程不会更改源数据。输入 IN 和输出 OUT1 可以是 8 位、16 位和 32 位的基本数据类型，也可以是字符、数组和时间等数据类型。输入 IN 与输出 OUT1 的数据类型可以相同也可以不同，如果输入 IN 数据类型的位长度低于输出 OUT1 数据类型的位长度，则传送后高位会自动填充 0；如果输入 IN 数据类型的位长度超出输出 OUT1 数据类型的位长度，则高位会丢失。MOVE 指令的应用如图 4-1 所示。

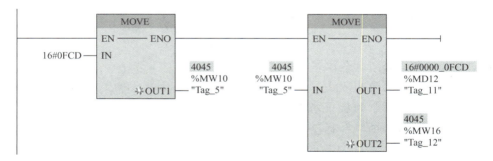

图 4-1 MOVE 指令的应用

（2）存储区移动指令 MOVE_BLK

可以使用存储区移动指令 MOVE_BLK 或不可中断的存储区移动指令 UMOVE_BLK，将一个存储区（源区域）的数据移动到另一个存储区（目标区域）中，指令的应用如图 4-2 所示，使用输入 COUNT 可以指定移动到目标区域中的元素个数。仅当源区域和目标区域的数据类型相同时，才能执行该指令。两者间的主要不同在于处理中断事件时，UMOVE_BLK 指令的移动操作不会被操作系统的其他任务打断。

在图 4-2 中，在程序中添加一个全局数据块，命名为"数组_1"；在其中添加两个数组，数组 AA 包含 5 个 Word，数组 BB 包含 5 个 Word，两个数组数据类型相同；使用 MOVE_BLK 指令将数组 AA 中从 AA[0] 开始的连续 2 个数据，移动到数组 BB 从 BB[0] 开始的连续 2 个地址中，再使用 UMOVE_BLK 指令将从 BB[3] 开始的连续 2 个数据，移动到从 AA[3] 开始的连续两个地址中。

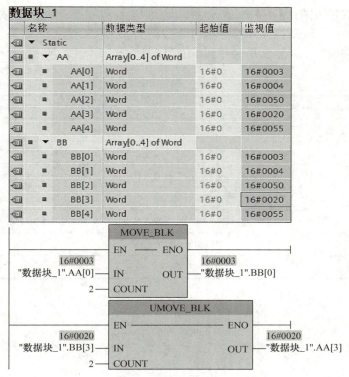

图 4-2　存储区移动指令的应用

（3）交换指令 SWAP

交换指令 SWAP 可用于对二字节（如 Word）或四字节（如 DWord）的数据按照字节顺序进行交换。使用交换指令，可以将 IN 输入的数据，按字节交换后在 OUT 中输出。交换指令的应用如图 4-3 所示，当 I0.0 接通，Word 型"数据 1"16#ABCD 经交换指令处理后，高低字节交换，输出为 16#CDAB；DWord 型"数据 2"16#ABCD_1234 经交换指令处理后，高低字节交换，输出为 16#3412_CDAB。

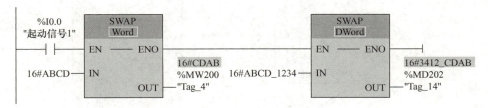

图 4-3　交换指令的应用

2. 数据转换操作指令

数据转换操作指令主要用于基本数据类型的转换，根据转换源和目的变量来确定转换双方的数据类型。常用的数据转换操作指令见表 4-2。

（1）转换值指令

转换值指令 CONVERT 用于将数据元素从一种数据类型转换为另一种数据类型，

CONVERT 指令的应用如图 4-4 所示，可以通过单击功能框上的"？？？"（在助记符"CONV"的下方）并从下拉菜单中选择 IN 数据类型和 OUT 数据类型。图中 IN 侧为将一实数 MD4 的值转换为双整数并保存到 MD210 中。

表 4-2　常用的数据转换操作指令

指令	名称	说明
CONVERT	转换值	用于基本类型的转换
ROUND	取整	将浮点数数据类型的变量或常数根据四舍六入的规则转换为整数或者浮点数
CEIL	浮点数向上取整	将浮点数数据类型的变量或常数根据向上取整的规则转换为整数或者浮点数
FLOOR	浮点数向下取整	将浮点数数据类型的变量或常数根据向下取整的规则转换为整数或者浮点数
TRUNC	截尾取整	将浮点数数据类型的变量或常数根据截去小数点的规则转换为整数或者浮点数
SCALE_X	标定	将浮点数映射到指定的取值范围
NORM_X	标准化	将输入变量的值标准化

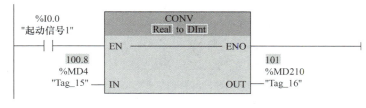

图 4-4　CONVERT 指令的应用

（2）取整指令

取整指令 ROUND 用于将实数转换为整数，正实数的小数部分四舍六入到整数，负实数的小数部分四舍五入到整数，图 4-5 为取整指令的应用。指令中 IN 数据类型是浮点数，OUT 数据类型可以是整数、浮点数等。

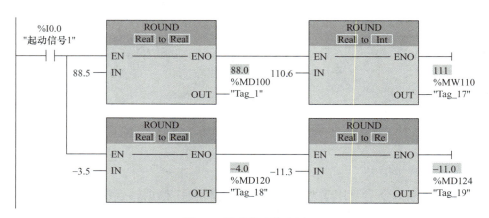

图 4-5　取整指令的应用

（3）浮点数向上/向下取整指令

浮点数向上取整指令 CEIL 用于将输入 IN 的值向上取整为相邻整数，即为大于或等于所选实数的最小整数。CEIL 指令的应用如图 4-6 所示，指令中将输入 IN 的值向上取整为相邻的整数，指令结果从输出端 OUT 输出，输出值大于或等于输入值，指令中 IN 数据类型是浮点数，OUT 数据类型可以是整数、浮点数。

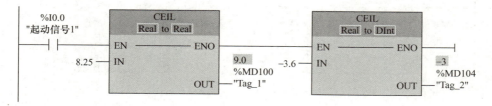

图 4-6　CEIL 指令的应用

　　浮点数向下取整指令 FLOOR 用于将输入 IN 的值向下取整为相邻整数，即取整为小于或等于所选实数的最大整数。FLOOR 指令的应用如图 4-7 所示，指令中将输入 IN 的值向下取整为相邻的整数，指令结果从输出端 OUT 输出，输出值小于或等于输入值，指令中 IN 数据类型是浮点数，OUT 数据类型可以是整数、浮点数。

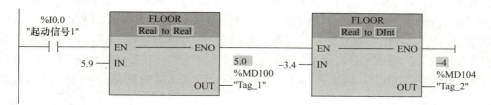

图 4-7　FLOOR 指令的应用

（4）截尾取整指令

　　截尾取整指令 TRUNC 将浮点数的小数部分舍去，只保留整数部分以实现取整，TRUNC 指令的应用如图 4-8 所示，TRUNC 指令输入 IN 的值都是浮点数，且只保留浮点数的整数部分，并将其发送到输出 OUT 中，即输出 OUT 的值不带小数位，OUT 数据类型可以是整数、浮点数。

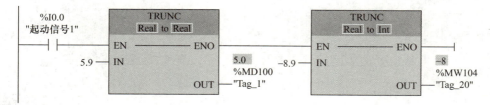

图 4-8　TRUNC 指令的应用

（5）标定指令

　　标定指令 SCALE_X 也称为缩放指令，通过将输入 VALUE 的值映射到指定的取值范围对其进行缩放。SCALE_X 指令的应用如图 4-9 所示，VALUE 数据类型是浮点数，OUT 数据类型可以是整数、浮点数，当执行 SCALE_X 指令时，输入值 VALUE 的浮点值会缩放到由参数 MIN 和 MAX 定义的取值范围，缩放结果由 OUT 输出，OUT=[VALUE ×

（MAX-MIN）]+MIN。

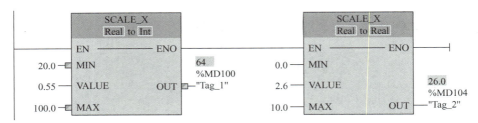

图 4-9　SCALE_X 指令的应用

图 4-9 中，根据 OUT 输出公式，第一个 SCALE_X 指令的输出值 OUT=[0.55×（100-20)]+20=64，其将一个实数型输入值（0.0 ≤ VALUE ≤ 1.0），按比例映射到指定的取值范围（20 ≤ VALUE ≤ 100）之间。同理第二个 SCALE_X 指令的输出值 OUT=[2.6×（10-0)]+0=26.0，相当于将输入值放大 10 倍后输出。

（6）标准化指令

标准化指令 NORM_X 是将输入 VALUE 中变量的值映射到线性标尺对其进行标准化，VALUE 是要标准化的值，其数据类型可以是整数，也可以是浮点数；OUT 是 VALUE 被标准化的结果，其数据类型只能是浮点数；其计算公式为 OUT=(VALUE-MIN)(MAX-MIN)，输出范围为 0 ～ 1，根据 OUT 计算公式，如果要标准化的值等于输入 MIN 中的值，则输出 OUT 将返回值“0.0”；如果要标准化的值等于输入 MAX 的值，则输出 OUT 将返回值“1.0”。

NORM_X 指令常用于模拟量输入数组的处理，其应用如图 4-10 所示，假定电动机转速范围为 0 ～ 3000r/min，对应变频器的频率是 0 ～ 50Hz；如果 MW100 中电动机当前转速值为 1500r/min，则转化后标准化值 OUT=（1500-0）/（3000-0）=0.5，对应的电动机频率是 MD104=0.5×（50-0）=0.5×50=25（单位为 Hz）。

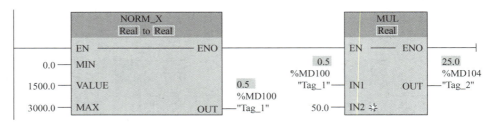

图 4-10　NORM_X 指令的应用

标准化指令动画

使用 PLC 移动指令实现对数码管的控制。

1. 控制要求

用十个按钮控制一个数码管显示数字的变化：按钮 SB0 控制数字 0 的显示，按钮 SB1 控制数字 1 的显示，……，按钮 SB9 控制数字 9 的显示。

七段数码管可以显示数字 0 ～ 9，十六进制数字 A ～ F。图 4-11 为 LED 组成的七段数码管外形和内部结构，一个数码管由七个 LED 组成，分别用 a ～ g 表示每段 LED。七段数码管分为共阳极结构和共阴极结构。以共阴极数码管为例，当 a ～ f 段接高电平发光，g 段接低电平不发光时，显示数字 "0"。当七段均接高电平发光时，则显示数字 "8"。以此类推，只要控制相应的码段发光，就能使数码管显示不同的数字。

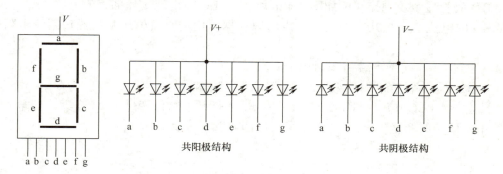

图 4-11　七段数码管

表 4-3 为十六进制数与七段数码管显示的对应关系。

表 4-3　十六进制数与七段数码管显示的对应关系

十六进制数	数码管显示的数字	七段显示电平						
		g	f	e	d	c	b	a
16#3F	0	0	1	1	1	1	1	1
16#06	1	0	0	0	0	1	1	0
16#5B	2	1	0	1	1	0	1	1
16#4F	3	1	0	0	1	1	1	1
16#66	4	1	1	0	0	1	1	0
16#6D	5	1	1	0	1	1	0	1
16#7D	6	1	1	1	1	1	0	1
16#07	7	0	0	0	0	1	1	1
16#7F	8	1	1	1	1	1	1	1
16#6F	9	1	1	0	1	1	1	1

2. 任务目标

1）熟练掌握数码管同 PLC 的接线。

2）熟练使用置位、复位指令。

3）掌握程序设计的方法。

4）通过本任务的学习，多学习、多模仿成熟的程序，将经典的程序用在自己的程序中，并具备创新的能力。

3. 实训设备

CPU1214C AC/DC/RLY 一台，数码管模型一块。

4. 程序设计

1）数码管显示控制接线图如图 4-12a 所示。PLC 输出端接外部直流电源（5～24V），每段 LED 的电流通常是几十毫安，所以可以根据使用的直流电压数值确定限流电阻的阻值大小。

2）建立项目"数码管数字显示控制"。

3）添加新设备"CPU1214C AC/DC/RLY"，版本号为 4.4。

4）选中"PLC_1"项目下的"PLC 变量"，打开"默认变量表"，在默认变量表中分配程序中要使用的变量，分配 PLC 变量表如图 4-12b 所示。

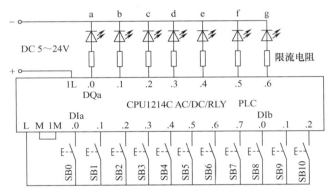

a) 接线图

		名称	数据类型	地址
1		SB0	Bool	%I0.0
2		SB1	Bool	%I0.1
3		SB2	Bool	%I0.2
4		SB3	Bool	%I0.3
5		SB4	Bool	%I0.4
6		SB5	Bool	%I0.5
7		SB6	Bool	%I0.6
8		SB7	Bool	%I0.7
9		SB8	Bool	%I1.0
10		SB9	Bool	%I1.1
11		SB10	Bool	%I1.2
12		a段	Bool	%Q0.0
13		b段	Bool	%Q0.1
14		c段	Bool	%Q0.2
15		d段	Bool	%Q0.3
16		e段	Bool	%Q0.4
17		f段	Bool	%Q0.5
18		g段	Bool	%Q0.6

默认变量表

b) 变量表

图 4-12　数码管显示控制接线图和 PLC 变量表

使用移动指令设计程序，每次传送不同的十六进制数，数码管就能显示不同的数字，如传送 16#3F，数码管就显示数字 0，传送 16#6F，数码管就显示数字 9，从表 4-3 中可以查询到显示数字 0～9 的十六进制数。

CPU1214C AC/DC/RLY 的 I/O 点有 14/10，程序设计时需要使用 11 个输入点、7 个输出点。数码管显示数字的梯形图如图 4-13 所示。

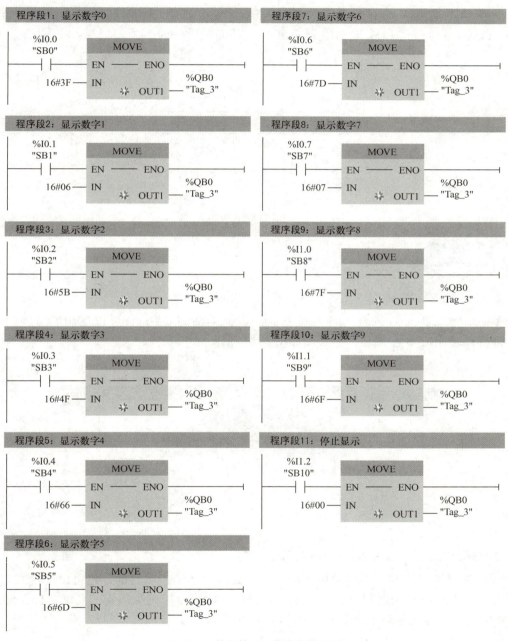

图 4-13　数码管显示数字的梯形图

5. 程序讲解

使用数据移动指令驱动数码管，要事先按表 4-3 将所要显示的数字与对应的十六进制数换算出来，然后将对应的十六进制数传给输出继电器。其驱动原理如图 4-14 所示。

图 4-14 为数字 0 的显示原理，0 对应的十六进制数 16#3F 转换成 BCD 码，就是0011 1111，对应传送给输出继电器 QB0，则使 Q0.0 ～ Q0.5 置位，驱动数码管显示数字 0。

图 4-14　数字 0 的显示原理

1. 将整数 16#22 转换成实数，并保存在 MD20 中

整数 16#22 为十六进制无符号短整数，数据类型为 USInt，可以使用 CONVERT 指令直接将其转换成实数 Real，梯形图如图 4-15 所示。

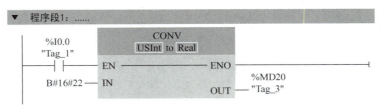

图 4-15　短整数转换成实数梯形图

2. 使用 PLC 置位指令实现对数码管的控制

对于数码管的控制，可以采用不同的编程方法来达到控制目的，也可以使用置位/复位指令来编写数码管控制程序。控制要求与使用移动指令控制数码管的要求一样，使用置位/复位指令编写的控制数码管梯形图如图 4-16 所示。

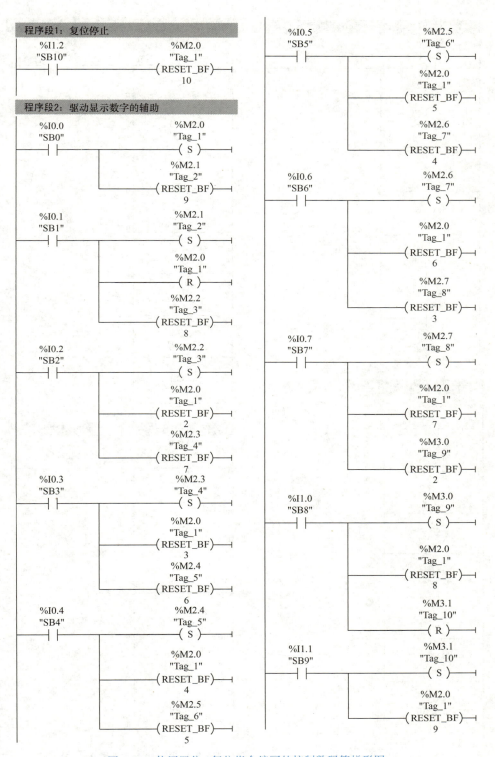

图 4-16　使用置位 / 复位指令编写的控制数码管梯形图

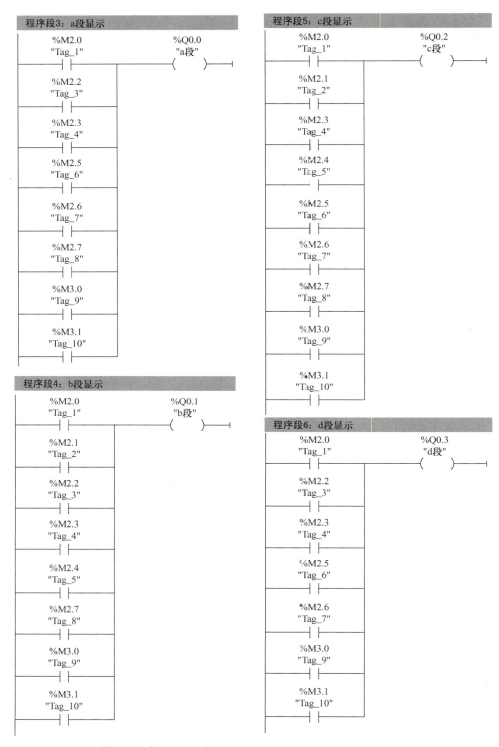

图 4-16   使用置位 / 复位指令编写的控制数码管梯形图（续）

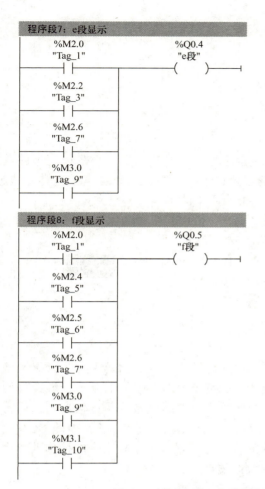

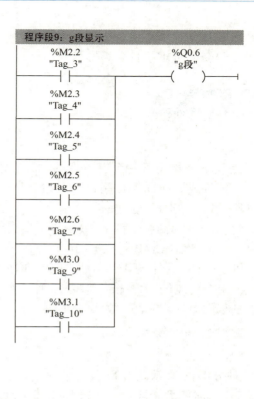

图 4-16　使用置位 / 复位指令编写的控制数码管梯形图（续）

任务 2　使用比较指令编程

在模拟量、计数和时序等控制中经常会遇到上下限、计数次数判断和时限判断等问题，此时就要使用比较指令来进行编程。比较指令在 PLC 编程中使用广泛，学好比较指令对编程水平的提高会有很大帮助。

要完成本任务，必须具备以下知识：

1. 掌握各种比较指令的使用方法。

2. 学会使用比较指令编写程序。

 相关知识

1. 比较指令

比较指令相当于一个有条件的常开触点，是将两个数据 IN1 和 IN2 按指定条件进行比较，条件成立时，触点闭合，去控制相应的对象；不成立时，比较触点维持常开状态。所以比较指令实际上也是一种位指令。比较指令的梯形图如图 4-17 所示。

比较指令的比较符有 CMP==（等于）、CMP <（小于）、CMP >（大于）、CMP <=（小于或等于）、CMP >=（大于或等于）和 CMP <>（不等于）六种。其操作数据类型有 Int、DInt、Real、USInt、Char 和 Time 等共 16 种，比较指令中数据类型的类别根据 IN1、IN2 的数据类型选择。

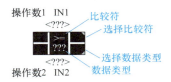

图 4-17　比较指令的梯形图

2. 比较指令应用

（1）计数比较

如图 4-18 所示的梯形图中，程序段 1 中，I0.0 每闭合一次，计数器 C2 当前值便加 1。当其当前值大于或等于 10 时 C2 常开触点闭合，使 C2 的 R 端得电复位，继续开始从 0 计数。程序段 2 中，有两个比较指令，前一个比较指令的闭合条件是计数器当前值大于或等于 5，而后一个比较指令的闭合条件是计数器当前值小于或等于 8，因此 Q0.0 只用在计数器当前值大于或等于 5 且小于或等于 8 的区间才能得电。比较指令的操作数使用计数器作变量时，比较指令的数据类型使用整数数据类型 Int。

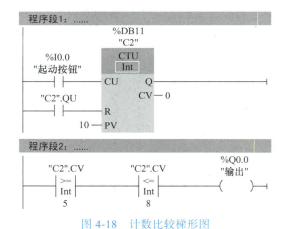

图 4-18　计数比较梯形图

（2）定时比较

使用定时器延时，应用比较指令产生断电 6s、通电 4s 的脉冲输出信号。其梯形图和时序图如图 4-19 所示。

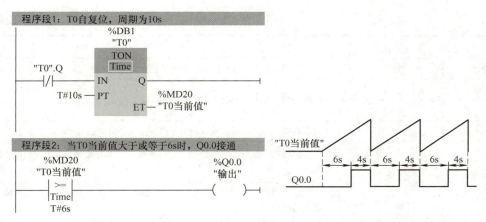

图 4-19 脉冲输出梯形图和时序图

比较指令的操作数使用定时器当前值作变量时，比较指令的数据类型使用 Time 数据类型。

3. 数学运算指令

数学运算指令可完成整数、长整数及实数的加、减、乘、除、求余和求绝对值等基本运算，以及浮点数的二次方、二次方根、自然对数、基于 e 的指数运算及三角函数等扩展运算，数学运算指令及功能见表 4-4。

表 4-4 数学运算指令及功能

指令	名称	说明
CALCULATE	计算	用于自定义数学表达式（也可使用字逻辑运算符），表达式中不能有常数，输入输出数据类型保持一致
ADD	加	计算两个整数、浮点数数据类型的变量或者常数的加、减、乘、除
SUB	减	
MUL	乘	
DIV	除	
SIN	计算正弦值	计算浮点数数据类型的变量或者常数的（该变量或常数为弧度制）正弦值、余弦值和正切值
COS	计算余弦值	
TAN	计算正切值	
ASIN	计算反正弦值	计算浮点数数据类型的变量或者常数的反正弦值、反余弦值和反正切值，输出角度为弧度制
ACOS	计算反余弦值	
ATAN	计算反正切值	
FRAC	返回小数	计算浮点数数据类型的变量或者常数的小数部分的值
EXPT	取幂	计算以浮点数数据类型的变量或者常数为底，以整数、浮点数数据类型的变量或者常数为指数的值
MOD	返回除数的余数	计算两个整数数据类型的变量或者常数做除法后的余数

（续）

指令	名称	说明
NEG	取反	更改有符号整数、浮点数数据类型的输入数据的正负号
INC	加 1	计算整数数据类型的变量的自加 1、自减 1
DEC	减 1	
ABS	计算绝对值	计算有符号整数、浮点数数据类型的变量或者常数的绝对值
MIN	获取最小值	计算相同数据类型（包括整数、浮点数和 DTL）的变量或者常数的最小值、最大值
MAX	获取最大值	
LIMIT	设置限值	将整数、浮点数和 DTL 数据类型的变量或者常数，限定输出在设定的最小值和最大值之间
SQR	计算二次方	计算浮点数数据类型的变量或者常数的二次方、二次方根
SQRT	计算二次方根	
LN	计算自然对数	计算浮点数数据类型的变量或者常数的自然对数和以自然常数 e 为底的指数值
EXP	计算指数值	

4. 数学运算指令应用

（1）CALCULATE 计算指令的应用

使用 CALCULATE 计算指令编写函数 $Y=AX^2+BX+C$ 的程序。

计算指令 CALCULATE 可用于自行定义计算式并执行表达式，根据所选数据类型计算数学运算或复杂逻辑运算，可在指令框的"？？？"下拉列表中选择该指令的数据类型，根据所选数据类型，可以组合某些指令的函数以执行复杂计算。

编辑表达式 $Y=AX^2+BX+C$ 函数的梯形图如图 4-20 所示，单击指令框上方的"计数器"图标①，可打开编辑"Calculate"指令对话框②，编辑输出 OUT 的表达式，表达式可以包含输入参数的名称和指令的语法；在初始状态下，指令框至少包括两个输入 IN1 和 IN2，可单击图标"❄"扩展输入数目，在功能框中直接按升序对插入的输入值进行自动编号，如图 4-20 中的 IN1～IN4，使用时注意：所有输入和输出的数据类型必须相同。

按照图 4-20 所示，编辑表达式 OUT=IN1*IN2*IN2+IN3*IN2+IN4，其中 A=IN1=10，X=IN2= MW100，B=IN3=10，C=IN4=100，当计数器"C0"计算 1 次时，$Y=10 \times 1^2+10 \times 1+100=120$，当计数器"C0"计算 2 次时，Y=160。

（2）加 / 减 / 乘 / 除指令的应用

使用加 / 减 / 乘 / 除指令，将输入 IN1 的值与输入 IN2 的值进行加 / 减 / 乘 / 除运算，结果存放到 OUT 中，加 / 减 / 乘 / 除指令格式如图 4-21 所示。操作数的数据类型可以选择，如图 4-21 中的除法（DIV）指令模块；在初始状态下，指令框中至少包含两个输入数（IN1 和 IN2）。加法指令和乘法指令可以通过单击图标"❄"扩展输入数目，减法指令和除法指令只有两个输入数 IN1 和 IN2。

加 / 减 / 乘 / 除指令应用示例如图 4-22 所示，加法指令 ADD 有三个整数相加（15+10+8），结果存放到 MW100 中；除法指令 DIV 有两个实数相除（893.5÷4.5），结果存放到 MD110 中。

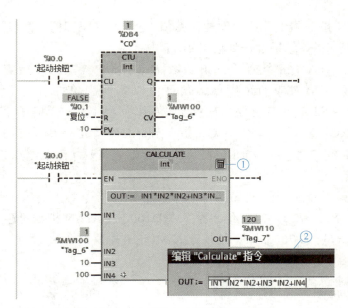

图 4-20　CALCULATE 计算指令的应用

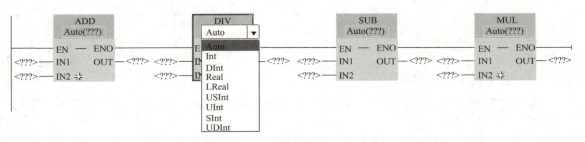

图 4-21　加 / 减 / 乘 / 除指令格式

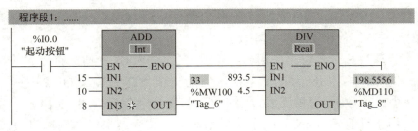

图 4-22　加 / 减 / 乘 / 除指令应用示例

（3）三角函数运算指令的应用

三角函数运算指令格式如图 4-23 所示，操作数据类型为实数。

图 4-23　三角函数运算指令格式

SIN/COS/TAN 指令用于计算角度的正弦值 / 余弦值 / 正切值，角度大小在 IN 输入处以弧度的形式指定，指令结果发送到输出 OUT 中。

ASIN/ACOS/ATAN 指令为反三角函数指令，根据输入 IN 指定的正弦值 / 余弦值 / 正切值，计算该值对应的角度值，角度值以弧度为单位，指令结果发送到输出 OUT 中。其中，ASIN 指令输入 IN 指定范围为 [−1，+1] 的有效浮点数，输出 OUT 范围为 [−π/2，+π/2]；ACOS 指令输入 IN 指定范围为 [−1，+1] 的有效浮点数，输出 OUT 范围为 [0，+π]；ATAN 指令输入 IN 为有效浮点数，输出 OUT 范围为 [−π/2，+π/2]。

三角函数运算指令应用示例如图 4-24 所示，SIN 指令对浮点数（弧度）求正弦值，π/2=1.570796，SIN（π/2）=1.0，结果存入 MD100 中；ATAN 指令对浮点数求反正切值，ATAN（−1.0）=−π/4=−0.7853981，结果存入 MD110 中。

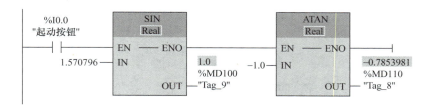

图 4-24　三角函数运算指令应用示例

（4）部分数学运算指令的应用

数学运算指令包括 MOD/NEG/ABS/INC/DEC/MIN/MAX/LIMIT，下面举例说明它们的应用。

1）MOD/NEG/ABS 指令的应用。MOD 指令可以用来求整数除法的余数。在 MOD 指令模块中，参数 IN1、IN2 和 OUT 的数据类型应为整数且必须相同；除法指令只能得到商，余数被丢掉，而 MOD 指令则将余数返回到 OUT；图 4-25 中 IN1 除以 IN2（123÷21）的商是 5，余数（OUT）是 18。

NEG 指令为取反指令，可以使用 NEG 指令更改输入 IN 中值的符号，并在输出 OUT 中查询结果。例如，输入 IN 为正值，则该值的负值发送到输出 OUT 中；在图 4-25 中 NEG 指令模块中，整数 86 的相反数为 −86，浮点数 3.14 取反后为 −3.14。

ABS 指令用于计算输入 IN 处指定值的绝对值，指令结果发送到输出 OUT 中；在如图 4-25 所示 ABS 指令模块中，浮点数 −6.28 取绝对值为 6.28。

2）INC/DEC/MIN/MAX/LIMIT 指令的应用。加 1（递增）指令 INC 在指令接通的每个扫描周期内令参数 IN/OUT 的值自行加 1，如图 4-26 中 MW40=MW40+1 所示；减 1（递减）指令 DEC 在指令接通的每个扫描周期内令参数 IN/OUT 的值自行减 1，如图 4-26 中 MW42=MW42−1 所示。使用时应注意使用方法，INC/DEC 指令尽量选择沿信号驱动，避免每个扫描周期都执行。

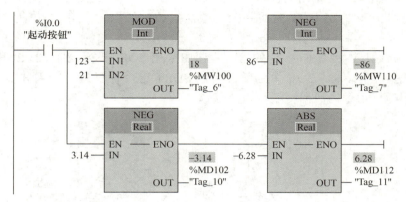

图 4-25 MOD/NEG/ABS 指令的应用

获取最小值指令 MIN 用于比较几个输入值，并将最小的值输出到 OUT 中，要执行该指令，最少需要指定 2 个输入，最多可以指定 100 个输入。在图 4-26 的 MIN 指令模块中，10、24、78 三个数中，最小值为 10，所以 OUT=10。

获取最大值指令 MAX 用于比较几个输入值，并将最大的值输出到 OUT 中，同 MIN 指令，可扩展指令的输入数量，在功能框中按升序对输入进行编号。在图 4-26 的 MAX 指令模块中，78、457、2198 三个数中，最大值为 2198，所以 OUT=2198。

设置限值指令 LIMIT 将输入 IN 的值限制在输入值 [MN，MX] 之间输出；如果 IN 输入的值满足条件 MN ≤ IN ≤ MX，则将其值复制到 OUT 中输出；如果不满足该条件且输入值 IN 低于下限 MN，则将输出设置为输入 MN 的值；如果超出上限 MX，则将输出 OUT 设置为输入 MX 的值，在如图 4-26 所示 LIMIT 指令模块中，要求输入 IN 限制在 [10.0，99.0] 之间，由于输入为 100.0，超出上限，故输出 OUT=99.0，取上限值。

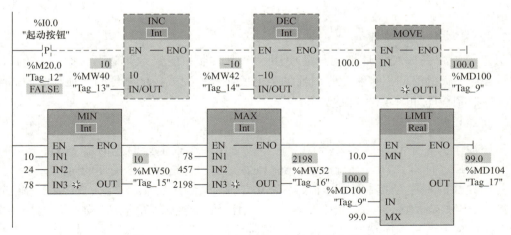

图 4-26 INC/DEC/MIN/MAX/LIMIT 指令的应用

3）SQR/SQRT 指令的应用。计算二次方指令 SQR 可以计算输入 IN 的浮点值的二次方，并将结果写入输出 OUT 中；计算二次方根指令 SQRT 可以计算输入 IN 的浮点值的二次方根，并将结果写入输出 OUT 中。如果输入值大于零，则该指令的结果为正值，如果输入值小于零，则输出 OUT 返回一个无效浮点数；如果输入 IN 的值为"0"，则结果也为"0"。

图 4-27 为计算 $Y=(2^2+5^2)^{0.5}$ 的值。程序中采用 SQR 指令分别计算 2^2 和 5^2 的数值，采用 ADD 加法指令计算（2^2+5^2）的值，采用 SQRT 指令计算最终结果并传送到 MD100 中。计算所用运算指令的数据类型均为浮点数。

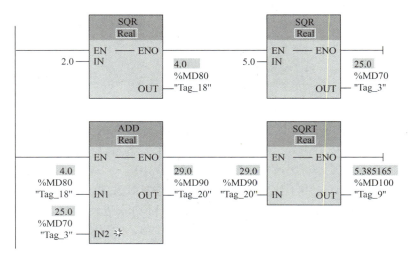

图 4-27　SQR/SQRT 指令的应用

任务实施

用 PLC 比较指令实现对交通灯的控制，所有要求与项目 3 任务 5 中 PLC 对交通灯的控制相同。

1. 程序设计

用比较指令完成交通灯控制只需使用一个定时器设定交通灯运行一个周期的时间，然后用各灯亮灭的时间点来和此定时器的当前值比较，完成各信号灯的开通与关断。编写的交通灯控制程序如图 4-28 所示。

2. 程序讲解

程序段 1 为整个程序的启停控制。程序段 2 用一个通电延时定时器"T0"延时 66s 后，自动断开定时器"T0"进行清零，66s 刚好是交通灯运行一个周期的时间。

程序段 3 的程序是控制东西向绿灯亮 30s，然后灭 1s 亮 1s，2 次；使用 2 个比较指令控制一个绿灯亮的区间。灯的闪烁次数少，用比较指令控制好理解，如果灯闪烁的次数多，用比较指令编写程序就显得累赘。

用定时器的当前值进行比较时，比较的是定时器扫描的时间。

其他灯的亮灭与程序段 3 类似，读者可以自己分析。

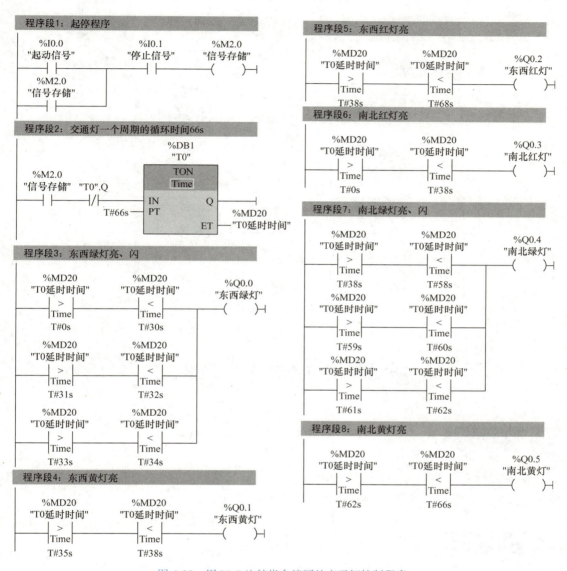

图 4-28 用 PLC 比较指令编写的交通灯控制程序

📺 知识拓展

四则运算举例：利用 PLC 算术运算指令做四则混合运算 $\dfrac{(1+2)\times 2}{3-1}$，其程序如图 4-29 所示。将常数 1、2、3 赋值给 MW100、MW102、MW104 的好处是使用同一个程序，将其中的常数改变时，仍然可以使用这个梯形图进行计算。

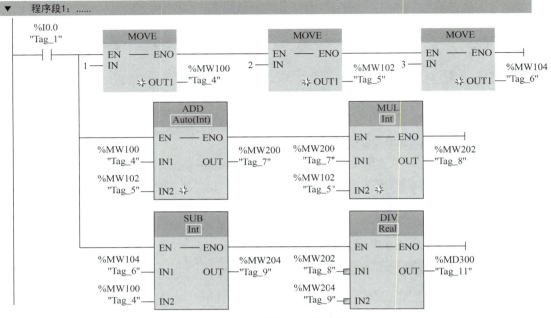

图 4-29 四则混合运算程序

任务 3　使用移位指令编程

在编写灯光控制程序的时候，往往会涉及灯的依次点亮或轮流点亮，这些都涉及数据的移动问题，移位指令正好为解决这些问题提供了捷径。

要完成本任务，必须掌握以下知识：

1. 掌握程序控制指令的使用方法。
2. 掌握各种移位指令的使用方法。
3. 学会使用移位指令编写程序。

相关知识

1. 程序控制指令

程序控制指令用于编写结构化程序、优化控制程序结构，以便减少程序执行时间，程序控制指令见表 4-5。

表 4-5　程序控制指令

指令	名称	说明
JMP	若 RLO=1 则跳转	当能流为"1"时，程序立即跳转到指定标签的网络段执行
JMPN	若 RLO=0 则跳转	当能流为"0"时，程序立即跳转到指定标签的网络段执行
LABEL	跳转标签	用于定义跳转指令指向的网络段
JMP-LIST	定义跳转列表	根据输入变量的值，决定跳转到的标签
SWITCH	跳转分支指令	根据输入变量的值及比较条件，决定跳转到的标签
RET	返回	当能流为"1"时，结束当前执行的 OB、FC 和 FB 程序，并且可以设置该块的 ENO

（1）JMP/JMPN 指令

跳转标签 LABEL 用于标志某一个目标程序段，当跳转条件满足时，程序将中断正常的执行顺序，跳转到指定标签标志的程序段继续执行。注意跳转标签与指定跳转标签的指令必须位于同一数据块中，跳转标签的名称在块中只能分配一次。

跳转指令 JMP 是当该指令输入的逻辑运算结果为 1，即 RLO=1 时，立即中断程序的执行顺序，程序跳转到指定标签后的第一条指令继续执行，目标程序段必须由跳转标签 LABEL 进行标志，在指令上方的占位符指定该跳转标签的名称。

跳转指令 JMPN 是当该指令输入的逻辑运算结果为 0，即 RLO=0 时，立即中断程序的执行顺序，程序跳转到指定标签后的第一条指令继续执行，与 JMP 相同，目标程序段必须由跳转标签 LABEL 进行标志，在指令上方的占位符指定该跳转标签的名称。

（2）JMP/JMPN 指令应用

JMP 指令应用如图 4-30 所示，当 I0.0=0 时，跳转指令不执行，程序按正常顺序执行，此时，当 I0.1=1 时，Q0.0 得电亮；同时，Q0.1 间隔 0.5s 闪烁。

当 I0.0=1 时，跳转指令执行，程序直接从程序段 1 跳转到标号为 a1 的程序段 3，执行程序段 3 的逻辑指令，即循环扫描周期不再扫描程序段 2，这时即使 I0.1=1，程序段 2 也不执行，输出 Q0.0 保持跳转前的状态，如果在线监控程序，可观察到程序段 2 虽然为跳转前的导通状态，但没有呈现高亮的绿色状态。

JMPN 指令应用如图 4-31 所示，当 I0.0=0 时，跳转指令执行，程序直接从程序段 1 跳转到标号为 a1 的程序段 3，执行程序段 3 的逻辑指令，Q0.1 间隔 0.5s 闪烁。这时如果 I0.1=1，程序段 2 也不执行，输出 Q0.0 保持跳转前的状态，如果在线监控程序，可观察到程序段 2 虽然为跳转前的导通状态，但没有呈现高亮的绿色状态。

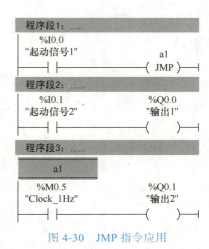

图 4-30　JMP 指令应用

程序执行过程如下：当 I0.0=1 时，跳转指令不执行，程序按正常顺序执行，此时，当 I0.1=1 时，Q0.0 得电亮，Q0.1 间隔 0.5s 闪烁。此时如果 I0.0=0、I0.1=0，则 Q0.0 继续得电亮，Q0.1 间隔 0.5s 闪烁；但当 I0.0 再等于 1 时，I0.1 继续等于 0，则 Q0.0 灭，Q0.1 间隔 0.5s 闪烁。

（3）JMP-LIST 指令

JMP-LIST 指令为定义跳转列表指令，JMP-LIST 指令的应用如图 4-32 所示，该指令可定义多个有条件跳转，其跳转的位置由参数 K 的值决定；可在指令框中增加输出的数量，S7-1200 PLC 中最多可以声明 32 个输出。

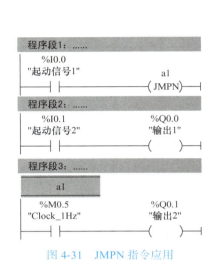

图 4-31　JMPN 指令应用　　　　图 4-32　JMP-LIST 指令的应用

在图 4-32 中，K 为指定输出的编号及要执行的跳转，输出编号从 0 开始，每增加一个新输出，都会按升序连续递增，当 K=0 时程序跳转到由跳转标签 a1 标志的程序段，K=1 时程序跳转到由跳转标签 a2 标志的程序段，K=2 时程序跳转到由跳转标签 a3 标志的程序段，以此类推。

在图 4-32 中，K=MW200=1，所以程序段跳转到跳转标签 a2 标志的程序段 3 继续执行程序；如果在线监控，从 JMP-LIST 指令的输出端也可看出，a2 引脚为绿色实线，有别于其他引脚；程序段 2 为程序跳过的部分，无论 I0.0 状态为 "0" 还是为 "1"，Q0.0 保持跳转前的状态。

（4）SWITCH 指令

跳转分支指令 SWITCH 根据一个或多个比较指令的结果，定义要执行的多个程序跳转，SWITCH 指令的应用如图 4-33 所示，该指令实质为一个程序跳转分频器，控制程序段的执行。根据 K 输入的值与分配给各指定输入的值进行对应比较，然后跳转到与第一个结果为 "真" 的比较测试相对应的程序标签。如果比较结果都不是 "TRUE"，则跳转到分配给 ELSE 的标签。

SWITCH 指令中，参数 K 指定要比较的值，将该值与各个输入提供的值进行比较。可以为每个输入选择比较方法，如图 4-33 中的 "≤" ">" "=" 等比较，各比较指令的可用性取决于指令的数据类型。可在指令框中增加输入和比较的数量，最多可选跳转标签99 个。如果输入端有 n 个比较，则有 $n+1$ 个输出，即有 $n+1$ 个跳转分支，n 为比较结果的程序跳转，另外一个分支为 ELSE 的输出，即不满足任何比较条件时执行程序跳转。

在图 4-33 中，如果 K=MW10>MW12 时，则程序跳转到第一条输出分支 a1；如果 K=MW10 ≤ MW14 时，则程序跳转到第二条输出分支 a2；如果 K= MW10 不满足上述两个判断条件，则程序跳转到第三条输出分支 a3。由于 K= MW10=3 ≤ MW14=6，故程序跳转到第二条输出分支 a2；如果在线监控，从 SWITCH 指令的输出端可以看出，a2 引脚为绿色实线，有别于其他两个引脚。

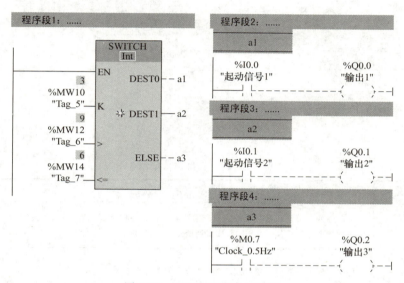

图 4-33   SWITCH 指令的应用

（5）RET 指令

返回指令 RET 用于终止当前块的执行，RET 指令格式如图 4-34 的程序段 4 所示，当 RET 指令线圈通电时，不再执行该指令后面的指令，返回调用它的"块"后，执行调用之后的指令；如果 RET 指令线圈断电，则继续执行下面的指令。一般地，"块"指令结束时可以不用 RET 指令，RET 指令用来有条件地结束"块"，一个"块"可以多次使用RET 指令。

图 4-34 中由于 K=MW10=3<MW14=6，程序跳转到第二条输出分支 a2 执行；从程序段 3 开始执行，执行到程序段 4 时，由于 I0.2=1，RET 指令线圈通电，因此程序返回到程序段 1，程序段 5 不再扫描，即无论 I0.3 的状态为"1"还是为"0"，Q0.2 都保持 I0.2改变为"1"之前的状态；如果 I0.2=0，程序则执行程序段 5。

另外，RET 线圈上面的参数（如图 4-34 中的变量 M4.0）是"块"的返回值，数据类型为 Bool，如果当前的"块"是 OB（如本例），返回值被忽略；如果当前的"块"是FC 块或 FB，则返回值作为 FC 或 FB 的 ENO 的值传送给调用它的"块"。

2. 移位和循环移位指令

移位和循环移位指令主要用于实现位序列的左右移动或者循环移动等功能，见表 4-6。

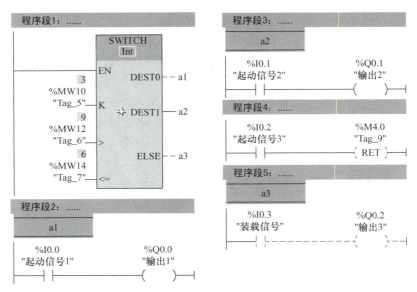

图 4-34　RET 指令的应用

表 4-6　移位和循环移位指令

指令	名称	说明
SHR	右移	将位序列、整数数据类型的变量或常数向右移、左移指定位数，移除的位丢失。对于空出的位：位序列数据类型变量补 0，整数数据类型变量补符号位
SHL	左移	
ROR	循环右移	将位序列数据类型的变量或常数向右移、左移指定位数
ROL	循环左移	

　　移位指令包括右移（SHR）指令和左移（SHL）指令，移位指令格式如图 4-35 所示，循环移位指令格式如图 4-36 所示。

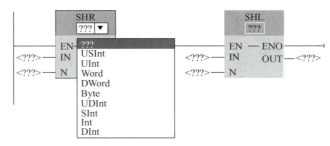

图 4-35　移位指令格式

图 4-36　循环移位指令格式

（1）右移指令 SHR

右移指令 SHR 用于将输入 IN 中操作数的内容按位向右移动，并在输出 OUT 中查询移位结果；参数 N 用于指定 IN 值向右移动的位数，使用 SHR 指令需要遵循以下原则。

1）如果参数 N 的值等于 0 时，输入 IN 的值将复制到输出 OUT 中；如果参数 N 的值大于可用位数，则输入 IN 中的操作数将向右移动可用位数的个数。SHR 指令应用如图 4-37 所示。

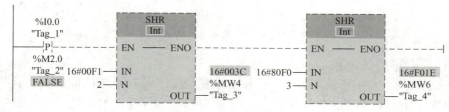

图 4-37　SHR 指令应用

2）如果输入 IN 为无符号数，移位操作时操作数左边区域中空出的位将用 0 填充，如果输入 IN 为有符号数，则用符号位的信号状态（即正数为 0，负数为 1）填充空出的位。

图 4-37 中的第一个 SHR 指令，其要移位的数为 16#00F1，是正数，右移两位一次后，最高位填 0，变为 16#003C；第二个 SHR 指令，其要移位的数为 16#80F0，是负数，右移三位一次后，最高位填 1，变为 16#F01E；移位过程如图 4-38 所示。

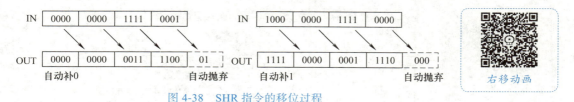

图 4-38　SHR 指令的移位过程

（2）左移指令 SHL

左移指令 SHL 用于将输入 IN 中操作数的内容按位向左移位，并在输出 OUT 中查询移位结果；参数 N 用于指定 IN 值向左移动的位数，使用 SHL 指令需要遵循以下原则。

1）如果参数 N 的值等于 0 时，输入 IN 的值将复制到输出 OUT 中；如果参数 N 的值大于可用位数，则输入 IN 中的操作数将向左移动可用位数的个数。

2）用 0 填充操作数移动后右侧空出的位，SHL 指令应用如图 4-39 所示。

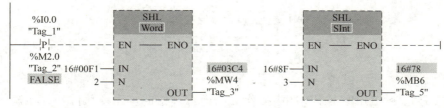

图 4-39　SHL 指令应用

图 4-39 中的第一个 SHL 指令，其指令的数据类型为字数据类型，其要移位的数为

16#00F1，左移两位一次后，最低位填 0，变为 16#03C4；第二个 SHL 指令，其指令的数据类型为有符号的短整数数据类型，其要移位的数为 16#8F，左移三位一次后，最高位丢失，最低位填 0，变为 16#78；移位过程如图 4-40 所示。

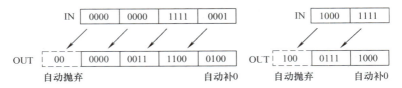

图 4-40　SHL 指令的移位过程

（3）循环右移指令 ROR

左移动画

循环右移指令 ROR 将输入 IN 中操作数的内容按位向右循环移位，并在输出 OUT 中查询结果；参数 N 用于指定循环移位中待移动的位数，当参数 N 的值为 0 时，输入 IN 的值将复制到输出 OUT 中的操作数中。ROR 指令应用如图 4-41 所示。

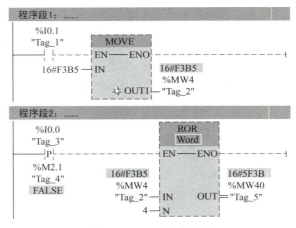

图 4-41　ROR 指令应用

在图 4-41 中，程序段 1 中，闭合 I0.1，先将 MW4 置位一个 16 进制数据 16#F3B5。程序段 2 中，当 I0.0 闭合一次，MW4 中的数据向右移位一次，一次移动 4 位数据，低位移出的 4 位数据自动填补到高位空出的位置上，移位过程如图 4-42 所示。

图 4-42　ROR 指令的移位过程

（4）循环左移指令 ROL

循环左移指令 ROL 将输入 IN 中操作数的内容按位向左循环移位，并在输出 OUT 中查询结果；参数 N 用于指定循环移位中待移动的位数，当参数 N 的值为 0 时，输入 IN 的值将复制到输出 OUT 中的操作数中。ROL 指令应用如图 4-43 所示。

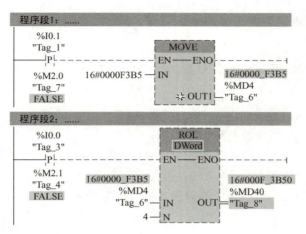

图 4-43　ROL 指令应用

在图 4-43 程序段 1 中，闭合 I0.1，先将 MD4 置位一个 16 进制数据 16#0000 F3B5。程序段 2 中，当 I0.0 闭合一次，MD4 中的数据向左移位一次，一次移动 4 位数据，高位移出的 4 位数据自动填补到低位空出的位置上，移位过程如图 4-44 所示。

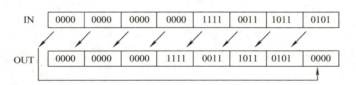

图 4-44　ROL 指令的移位过程

任务实施

用 PLC 程序控制指令和循环移位指令实现 8 盏灯的控制。

1. 控制要求

用 Q0.0 ～ Q0.7 控制 8 盏灯 L1 ～ L8。

当按钮 SB1 断开时，按下 SB2 按钮，8 盏灯 Q0.0 ～ Q0.7 的奇数灯和偶数灯间隔 1s 交替闪烁，按 SB3 按钮停止闪烁。

当按钮 SB1 闭合时，按下 SB4 按钮，8 盏灯 Q0.0 ～ Q0.7 从 Q0.7 开始，间隔 1s 逐盏点亮，当 8 盏灯都点亮后，亮 5s，程序再开始循环上述过程，当按下停止按钮 SB5 时，程序停止。

2. 任务目标

1）学会在编程中使用程序控制指令。

2）掌握循环移位指令的应用。

3）在编程中能灵活应用所学指令编写程序。

4）通过学习的不断深入，学习的指令越来越多，要在 TIA 博途编程软件中多训练，并仿真程序，具备发现问题、解决问题的能力。

3. 实训设备

CPU1214C AC/DC/RLY 一台，灯板一块。

4. 程序设计

1）PLC 控制 8 盏灯的外部接线图如图 4-45a 所示。

2）建立项目"8 盏灯的控制"。

3）添加新设备"CPU1214C AC/DC/RLY"，版本号为 4.4。

4）选中"PLC_1"项目下的"PLC 变量"，打开"默认变量表"，在默认变量表中分配程序中要使用的变量，分配 PLC 变量表如图 4-45b 所示。

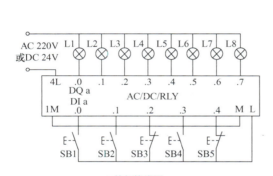

a) 外部接线图　　　　　　　　　　　　b) 变量表

图 4-45　PLC 控制 8 盏灯的外部接线图及 PLC 变量表

5）梯形图设计。编写的程序实际上是两部分，可以使用 JMP-LIST 指令将程序分成两部分，当 JMP-LIST 指令中的 K=0 时，执行程序的第一个控制要求；当 JMP-LIST 指令中的 K=1 时，执行程序的第二个控制要求。

在第一个控制要求中，可以使用循环移位指令将数据 0101 0101 间隔 1s 循环移位即可；在第二个控制要求中，可以使用右移指令 SHR 对一个负数进行移位，间隔 1s 移位 1 次即可实现间隔 1s 点亮一盏灯。

在"PLC_1"项目下，打开"设备组态"，在"设备视图"中选中"PLC_1"，在下面巡视窗口中，选中"属性"→"常规"→"系统与时钟存储器"，勾选"启用系统存储器字节"和"启用时钟存储器字节"。在系统存储器字节 MB1 中，M1.2 的常开触点始终为 1，在时钟存储器字节 MB0 中，M0.7 为 0.5Hz 时钟脉冲，其常开触点为闭合 1s、断开 1s。其梯形图如图 4-46 所示。

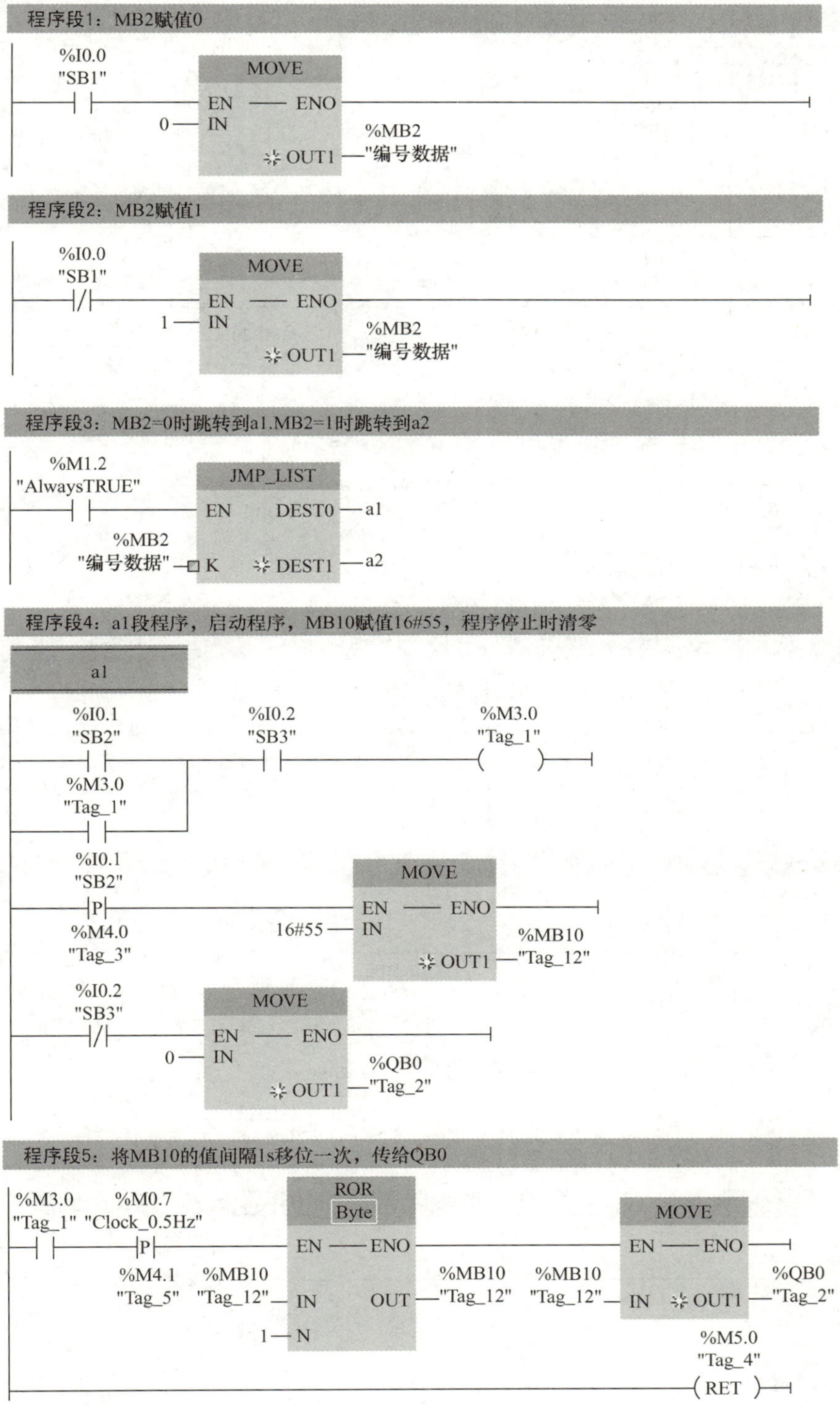

程序段1：MB2赋值0

```
  %I0.0                    MOVE
  "SB1"          ┌─────────────────────┐
───┤ ├──────────┤ EN          ENO ├────────────────────
              0 ─┤ IN                  │
                 │                     │         %MB2
                 │          OUT1 ├──────"编号数据"
                 └─────────────────────┘
```

程序段2：MB2赋值1

```
  %I0.0                    MOVE
  "SB1"          ┌─────────────────────┐
───┤/├──────────┤ EN          ENO ├────────────────────
              1 ─┤ IN                  │
                 │                     │         %MB2
                 │          OUT1 ├──────"编号数据"
                 └─────────────────────┘
```

程序段3：MB2=0时跳转到a1.MB2=1时跳转到a2

```
  %M1.2                  JMP_LIST
"AlwaysTRUE"    ┌─────────────────────┐
───┤ ├──────────┤ EN        DEST0 ├──── a1
                │                     │
     %MB2       │                     │
  "编号数据"────┤K         DEST1 ├──── a2
                └─────────────────────┘
```

程序段4：a1段程序，启动程序，MB10赋值16#55，程序停止时清零

```
┌──────────────┐
│      a1      │
└──────────────┘
  %I0.1           %I0.2                    %M3.0
  "SB2"           "SB3"                    "Tag_1"
───┤ ├──────┬──────┤ ├────────────────────( )──────┤
  %M3.0     │
  "Tag_1"   │
───┤ ├──────┘

  %I0.1                         MOVE
  "SB2"               ┌─────────────────────┐
───┤P├────────────────┤ EN          ENO ├──────────
  %M4.0         16#55 ─┤ IN                  │
  "Tag_3"             │                     │      %MB10
                      │          OUT1 ├──────"Tag_12"
                      └─────────────────────┘

  %I0.2                  MOVE
  "SB3"          ┌─────────────────────┐
───┤/├──────────┤ EN          ENO ├──────────
              0 ─┤ IN                  │
                 │                     │      %QB0
                 │          OUT1 ├──────"Tag_2"
                 └─────────────────────┘
```

程序段5：将MB10的值间隔1s移位一次，传给QB0

```
 %M3.0    %M0.7              ROR                              MOVE
"Tag_1" "Clock_0.5Hz"   ┌──────────┐                   ┌──────────────────┐
──┤P├────┤ ├───────────┤ Byte      │                  │ EN        ENO ├────────
 %M4.1   %MB10         │ EN    ENO ├──────             │                  │
 "Tag_5" "Tag_12"      │           │   %MB10   %MB10   │                  │ %QB0
                       │ IN    OUT ├───"Tag_12" "Tag_12"─┤ IN    OUT1 ├──"Tag_2"
                    1 ─┤ N         │                   └──────────────────┘
                       └──────────┘                          %M5.0
                                                             "Tag_4"
                                                           ──( RET )──┤
```

图 4-46　PLC 控制 8 盏灯的梯形图

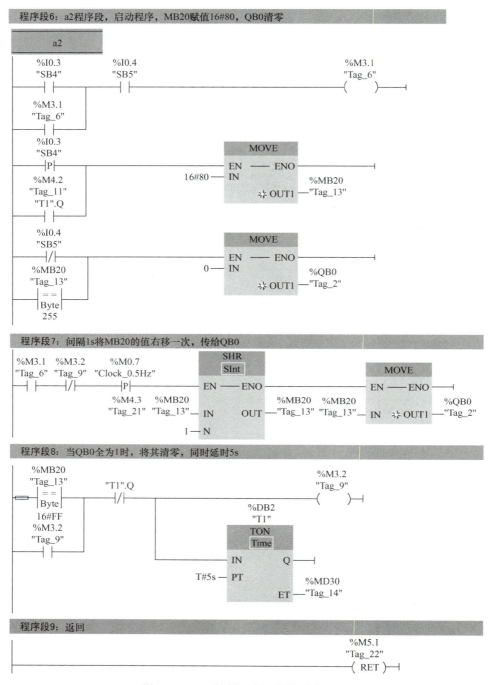

图 4-46　PLC 控制 8 盏灯的梯形图（续）

5. 程序讲解

程序分为两部分，使用 JMP-LIST 指令控制两部分程序运行，当 MB2=0 时，程序跳转到 a1 部分运行，当 MB2=1 时，程序跳转到 a2 部分运行。

a1 部分程序，当 SB2 闭合，程序运行，同时将 16#55=2#0101 0101 赋值给 MB10。

在"启用时钟存储器字节"中，M0.7 的时钟频率为 0.5Hz，即周期为 2s，断开 1s 闭合 1s，程序中 M0.7 一定要用上升沿脉冲，此时，MB10 的数据间隔 1s 向右移位一位，变成 1010 1010，传给 QB0，看到的现象就是奇偶数灯间隔 1s 点亮。

当 SB3 闭合时，程序停止运行，同时将 QB0 清零，所有灯灭。

a2 部分程序，当 SB4 闭合，程序运行，同时将 16#80=2#1000 0000 赋值给 MB20，使用右移指令 SHR，选中数据类型为 8 位有符号整数 SInt，此时程序会将数据 16#80 当成负数来执行，程序间隔 1s 向右移位一次，高位空出的位自动填 1，移位一次数据变成 2#1100 0000，2 次变成 2#1110 0000，依次类推。MB20 同步将数据传给 QB0，看到的现象是 Q0.7 最先亮，间隔 1s 亮 Q0.6，最后亮 Q0.0。

当所有的灯都亮时，MB20 的数据为 2#1111 1111=16#FF=255，使用比较指令比较 MB20 的数据，当 MB20 的数据等于 16#FF=255 时，将 QB0 清零，同时启动 M3.2，定时器 T1 延时，5s 后，T1 的常闭触点断开 M3.2，程序又开始循环运行。

如果使用左移指令，就不能使用上述方式编程，因为左移指令的低位只能填 0。

 知识拓展

设置 PLC 的程序块的访问保护功能：S7-1200 PLC 的程序块包含 OB、FC、FB 及 DB 均支持块保护功能，通过设置"专有技术保护""写保护"以及"防拷贝保护"实现程序块的访问保护。在程序块的快捷菜单中，选择"属性"，在打开的界面中选择"保护"，就可以设置需要的访问保护功能，程序块的保护功能如图 4-47 所示。

图 4-47　程序块的保护功能

1. 专有技术保护

专有技术保护可以有效保护知识产权，从而实现程序块的访问保护，如果有密码，则程序块内容不可见，只有输入了正确的密码，才能查看及修改该块的程序代码。

单击"保护"按钮，定义程序块的专有技术保护密码。程序块设置专有技术保护功

能后，块的左下角有个带锁的图标，表明该程序块受专有技术保护。

DB 仅支持专有技术保护，程序块设置"专有技术保护"功能后，不能再设置"写保护"和"防拷贝保护"，所以要在其他保护功能设置完成后再设置"专有技术保护"功能。

2. 写保护

可以防止误修改程序块。程序块写保护加密后，如果没有访问密码，则该程序块可以查看程序代码但不能修改，只有输入了正确的密码，才能修改该块的程序代码，单击"定义密码"按钮定义程序块的写保护密码，定义程序块的写保护密码后需要激活"写保护"，程序块的写保护功能才能生效。

3. 防拷贝保护

将程序块与存储卡或者 CPU 的序列号绑定，通过此方法，可以有效地防止程序块的复制，保护知识产权。

单击"防拷贝保护"的下拉菜单选择程序块的绑定方式，可以选择"绑定存储卡的序列号"或者"绑定 CPU 的序列号"，选择绑定关系后，具体绑定序列号的实现分为"在下载到设备或存储卡时，插入序列号"和"请输入序列号"两种方式。

1）选择"在下载到设备或存储卡时，插入序列号"，在程序块下载时会自动读取存储卡或 CPU 的序列号，并进行绑定；需要单击下方的"定义密码"按钮，设置防复制保护密码，在程序块下载时，需要输入密码进行验证，如果错误，则该程序块不能下载到目标 CPU 中。

2）选择"请输入序列号"，则需要手动输入存储卡或 CPU 的序列号实现绑定，如果将受防复制保护的程序块下载到与绑定的序列号不匹配的设备，下载会报错。

防复制保护密码和专有技术保护密码是两个不同的密码。

4. 取消密码

设置好密码后，要取消密码，可打开"编辑"菜单，在下拉菜单中选择"撤销（U）修改数据"，在弹出的界面中输入密码，按"确定"按钮即可。

思考与练习

1. 使用比较和传送指令编写彩灯控制程序。控制要求：有彩灯 L1 ～ L8，当程序启动后，彩灯间隔 0.5s 闪烁，闪烁要求如下。

1）5 次内（不包括 5 次），奇数灯闪烁。

2）5 次内到 15 次，奇数灯和偶数灯间隔 0.5s 交替闪烁。

3）大于 15 次，偶数灯闪烁。

4）25 次时，程序从头开始循环，1 遍后停止。

2. 用 PLC 控制数码管显示数字 0 ～ 9。控制要求：按起动按钮，数码管从 0 开始，间隔 1s 显示数字到 9。然后再从 9 间隔 1s 递减到 0，如此循环。按停止按钮，数码管不显示。

3. 计算 $c=(a^2+b^2)^{1/2}$，其中 a、b 为整数，c 为实数。

项目 5 模拟量模块及程序编写

任务 1 模拟量输入模块应用

 任务引入

模拟量的概念与数字量相对应，模拟量是指在时间和数值上都连续的物理量，其表示的信号称为模拟信号。模拟量在连续变化过程中的任何一个取值都是一个具体有意义的物理量，如电压、电流、温度、压力、流量和液位等，在工业控制系统中，经常会遇到模拟量，并需要按照一定的控制要求实现对模拟量的采集和控制。

 任务分析

要完成本任务，需要具备以下知识：
1. 熟悉信号板模拟量输入。
2. 熟悉模拟量输入模块。
3. 学会编写模拟量输入程序。

 相关知识

模拟量信号如何
接入 PLC

1. S7-1200 PLC 本体集成的模拟量输入

模拟量输入是将标准的模拟量信号转换为数字量信号以用于 CPU 的计算，模拟量一般需用传感器、变送器等器件，把工业现场的模拟量转换成标准的电信号，如标准电流信号为 0 ~ 20mA、4 ~ 20mA，标准电压信号为 0 ~ 10V、0 ~ 5V 或 –10 ~ +10V 等。

S7-1200 PLC 可以通过本体集成的模拟量输入点或模拟量输入信号板、模拟量输入信号模块将外部模拟量标准信号传送至 PLC 中。

在 S7-1200 PLC 各型号中，本体均内置了模拟量输入点，PLC 本体内置模拟量输入点参数见表 5-1。

表 5-1　PLC 本体内置模拟量输入点参数

PLC 型号	输入点数	类型	满量程规范	满量程数字量范围
CPU1211C、CPU1212C	1	电压	0～10V	0～27648
CPU1214C、CPU1215C、CPU1217C	2	电压	0～10V	0～27648

2. S7-1200 PLC 的信号板模拟量输入

模拟量输入信号板可直接插接到 S7-1200 PLC CPU 中，CPU 的安装尺寸保持不变，所以更换使用方便。主要包括 SB1231AI 1×12 位 1 路模拟量输入板和 SB1231AI×16 位 1 路热电偶模拟量输入板，模拟量输入信号板参数见表 5-2。

表 5-2　模拟量输入信号板参数

型号	SB1231AI 1×12 位	SB1231AI×16 位
输入路数	1	
类型	电压或电流	
范围	±10V、±5V、±2.5V 或 0～20mA	配套热电偶
分辨率	11 位 + 符号位	温度：0.1℃/0.1℉[①] 电压：15 位 + 符号位
满量程范围（数据字）	−27648～27648	−27648～27648

① 1℉ = $\frac{5}{9}$ K。

3. S7-1200 PLC 的模拟量信号模块

模拟量输入信号模块安装在 CPU 右侧的相应插槽中，可提供多路模拟量输入/输出点数，模拟量输入可通过 SM1231 模拟量输入模块或 SM1234 模拟量输入/输出模块提供。模拟量输入模块参数见表 5-3。

表 5-3　模拟量输入模块参数

型号	SM1231AI 4×13 位	SM1231AI 8×13 位	SM1231AI 4×16 位	SM1234AI 4×13 位/AQ 2×14 位
输入/输出路数	4	8	4	4/2
类型	电压或电流（差动）			
范围	±10V、±5V、±2.5V 或 0～20mA、4～20mA		±10V、±5V、±2.5V、±1.5V 或 0～20mA、4～20mA	±10V、±5V、±2.5V 或 0～20mA、4～20mA
满量程范围（数据字）	电压：−27648～27648 电流：0～27648			

模拟量经过 A/D（模/数）转换后的数字量，在 S7-1200 PLC CPU 中以 16 位二进制补码表示，其中高位（第 15 位）为符号位，如果一个模拟量模块精度小于 16 位，则模拟转换的数值将左移到最高位后，再保存到模块中。例如，某一模块分辨率为 13 位（符号

位 +12 位），则低三位被置零，即所有数值都是 8 的倍数。

西门子 PLC 模拟量转换的二进制数值：单极性输入信号时（如 0 ～ 10V 或 4 ～ 20mA），对应的正常数值范围为 0 ～ 27648（16#0000 ～ 16#6C00）；双极性输入信号时（如 ±10V），对应的正常数值范围为 –27648 ～ 27648。在正常量程区以外，设置过冲区和溢出区，当检测值溢出时，可启动诊断中断。模拟量输入的电压测量范围见表 5-4，给出 0 ～ 10V 模拟量输入模块的转换值与模拟量之间的对应关系。

表 5-4　模拟量输入的电压测量范围

系统		电压测量范围	
十进制	十六进制	0 ～ 10V	
32767	7FFF	11.852V	上溢
32512	7F00	>11.759V	
32511	7EFF	（10 ～ 11.759）V	过冲范围
27649	6C01		
27648	6C00	10V	额定范围
20736	5100	7.5V	
34	22	12mV	
0	0	0V	

 任务实施

用 S7–1200 PLC 内置的模拟量输入点采集输入电压。

1. 控制要求

采用 S7–1200 PLC CPU1212C 内置的模拟量输入点，对外部 0 ～ 10V 模拟量进行监控，并实现以下功能。

通过电位器 RP1，调节模拟量输入值，并通过 5 盏指示灯组合状态显示输入值的范围：当模拟量输入值 ≥ 1V 时，HL1（Q0.1）点亮；当模拟量输入值 ≥ 3V 时，HL1、HL2（Q0.1、Q0.2）点亮；当模拟量输入值 ≥ 5V 时，HL1 ～ HL3（Q0.1 ～ Q0.3）点亮；当模拟量输入值 ≥ 7V 时，HL1 ～ HL4（Q0.1 ～ Q0.4）点亮；当模拟量输入值 ≥ 9V 时，HL1 ～ HL5（Q0.1 ～ Q0.5）全部点亮。

2. 任务目标

1）掌握模拟量输入信号采集的接线。

2）学会模拟量输入的程序编写。

3）学会模拟量标准化的程序编写。

4）模拟量的控制编程也是 PLC 常见的编程形式，通过多学多练，掌握模拟量的控制编程及接线。

3. 实训设备

CPU1212C AC/DC/RLY 一台，直流电源一块，灯板一块。

4. 程序设计

1）5 盏灯控制的 PLC 外部接线图如图 5-1a 所示。

2）建立项目"模拟量输入"。

3）添加新设备"CPU1212C AC/DC/RLY"，版本号为 4.4。

4）选中"PLC_1"项目下的"PLC 变量"，打开"默认变量表"，在默认变量表中分配程序中要使用的变量，分配 PLC 变量表如图 5-1b 所示。

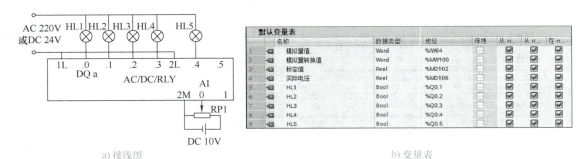

a) 接线图   b) 变量表

图 5-1   5 盏灯控制的 PLC 外部接线图及变量表

5）梯形图设计。模拟量输入控制程序如图 5-2 所示，图中的模拟量取的是通道 1 的模拟量，模拟量地址为 IW64，程序设计时一定注意，取的哪个通道的模拟量，就要使用哪个模拟量的地址，不能出错。

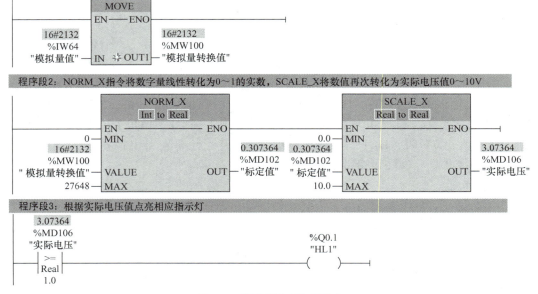

图 5-2   模拟量输入控制程序

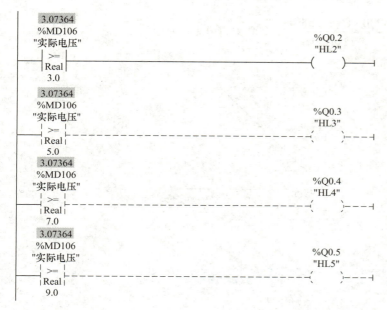

图 5-2　模拟量输入控制程序（续）

5. 程序讲解

程序中，NORM–X 是标准化指令，通过将输入（%MW100）的值（0～27648）映射到线性标尺（0～1）对其进行标准化处理，计算公式为 OUT = [VALUE（MAX–MIN）]+MIN；SCALE–X 是缩放指令，通过将输入（%MD102）的值映射到指定的（0～10V）范围对其进行电压转换与显示，计算公式为 OUT =（VALUE–MIN）/（MAX–MIN）。

从在线监控数据可见，当前模拟量输入电压为 3.07364V，该值大于 1V 但小于 5V，根据比较结果，Q0.1、Q0.2 灯亮，其他灯不亮，如果继续增大输入值，则会根据比较值，点亮其他灯。

知识拓展

模拟量输入值的转换：某温度变送器的量程为 –100～500℃，输出信号为 4～20mA，某模拟量输入模块将 0～20mA 的电流信号转换为数字 0～27648，设转换后得到的数字为 N，求以 0.1℃为单位的温度值。

解：因为模拟量与转换值之间是线性变化的，20 mA 的对应值是 27648，4mA 的对应值则是 5530。将单位为 1℃的温度值 –100～500℃转换为单位为 0.1℃的温度值则为 –1000～5000℃，其对应的数字量为 5530～27648，模拟量与转换值的对应关系如图 5-3 所示。根据图 5-3 中的比例关系，得出温度 T 的计算公式为

$$\frac{T-(-1000)}{N-5530}=\frac{5000-(-1000)}{27648-5530}$$

$$T = \frac{6000 \times (N - 5530)}{22118} - 1000 \quad （以 0.1℃ 为单位）$$

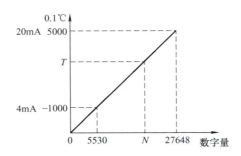

图 5-3　模拟量与转换值的对应关系

任务 2　模拟量输出模块应用

 任务引入

生产过程中有许多物理量要采用模拟量去进行控制，这些物理量在一定范围内连续变化，如 0～10V 电压或 0～20mA 电流。而 PLC 的 CPU 单元只能处理数字量，如果要对外输出模拟量信号，必须使用模拟量输出模块，实现 D/A（数/模）转换将 PLC 的数字量转换成模拟量对外输出。

 任务分析

要完成本任务，需要具备以下知识：

1. 熟悉信号板模拟量输出。
2. 熟悉模拟量输出模块。
3. 学会编写模拟量输出程序。

 相关知识

模拟量输出模块是把数字量转换成模拟量输出的 PLC 工作单元，简称 D/A 单元或 D/A 模块。

S7-1200 PLC 将 16 位的数字量线性转换为标准的电压或电流信号，可以通过本体集成的模拟量输出点或模拟量输出信号板、模拟量输出模块将 PLC 内部数字量转换为模拟量输出以驱动各执行机构。

在 S7-1200 各型号 PLC 中，CPU1211C、CPU1212C 和 CPU1214C 本体没有内置模

拟量输出；CPU1215C、CPU1217C 内置了 2 路模拟量输出，PLC 本体内置模拟量输出参数见表 5-5。

表 5-5　PLC 本体内置模拟量输出参数

PLC 型号	输出点数	类型	满量程规范	满量程数字量范围
CPU1215C、CPU1217C	2	电流	0 ～ 20mA	0 ～ 27648

模拟量输出信号板可直接插接到 S7–1200 PLC CPU 中，CPU 的安装尺寸保持不变，所以更换方便。模拟量输出信号板型号为 SB1232AQ 1×12 位，模拟量输出信号板参数见表 5-6。

表 5-6　模拟量输出信号板参数

型号	SB1232AQ 1×12 位
输出路数	1
类型	电压或电流
范围	±10V 或 0 ～ 20mA
分辨率	电压：12 位；电流：11 位
满量程范围（数据字）	电压：–27648 ～ 27648；电流：0 ～ 27648

模拟量输出模块安装在 CPU 右侧的相应插槽中，可提供多路模拟量输出。模拟量输出可通过 SM1232 模拟量输出模块或 SM1234 模拟量输入 / 输出模块提供。模拟量输出模块参数见表 5-7。

表 5-7　模拟量输出模块参数

型号	SM1232AQ 2×14 位	SM1232AQ 4×14 位	SM1234AI 4×13 位 /AQ 2×14 位
输入 / 输出路数	2	4	4/2
类型	电压或电流		
范围	±10V、0 ～ 20mA 或 4 ～ 20mA		±10V 或 0 ～ 20mA
满量程范围（数据字）	电压：–27648 ～ 27648 电流：0 ～ 27648		

任务实施

用 S7–1200 PLC 内置的模拟量输出点输出三角波电压。

1. 控制要求

采用 S7–1200 PLC CPU1215C 内置的模拟量输出功能，通过模拟量输出端子输出周期为 10s、幅值为 10V 的三角波，三角波波形如图 5-4 所示。

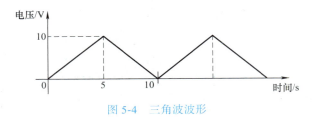

图 5-4　三角波波形

2. 任务目标

1）掌握模拟量输出信号的接线方式。

2）学会编写模拟量输出的程序。

3）学会模拟量标准化的程序编写。

4）模拟量的控制编程也是 PLC 常见的编程形式，通过多学多练，掌握模拟量的控制编程及接线。

3. 实训设备

CPU1215C AC/DC/RLY 一台，SM1234AI 4×13 位/AQ 2×14 位一块，500Ω 电阻一个，直流电压表一块。

4. 程序设计

1）模拟量输出的 PLC 外部接线图如图 5-5a 所示。

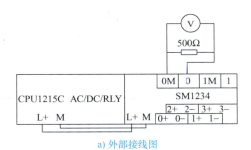

a) 外部接线图

默认变量表

		名称	数据类型	地址	保持	从 H...	从 H...	在 H...
1		T0当前值	DWord	%MD100	☐	☑	☑	☑
2		T0当前时间转换值	DInt	%MD104	☐	☑	☑	☑
3		5s时间转换值	DInt	%MD120	☐	☑	☑	☑
4		<5s_中间值	DInt	%MD110	☐	☑	☑	☑
5		AQ输出值	DInt	%MD130	☐	☑	☑	☑
6		>5s_中间值1	DInt	%MD140	☐	☑	☑	☑
7		>5s_中间值2	DInt	%MD150	☐	☑	☑	☑
8		>5s_中间值3	DInt	%MD160	☐	☑	☑	☑
9		AQ_0	Int	%QW96	☐	☑	☑	☑
10		输出值转换成整数	Int	%MW170	☐	☑	☑	☑
11		输出值标准化	Real	%MD172	☐	☑	☑	☑

b) 变量表

图 5-5　模拟量输出的 PLC 外部接线图及 PLC 变量表

2）建立项目"模拟量输出"。

3）添加新设备"CPU1215C AC/DC/RLY"，版本号为 4.2，添加模拟量模块 SM1234AI

4 × 13 位 /AQ 2 × 14 位，设备硬件组态如图 5-6 所示。

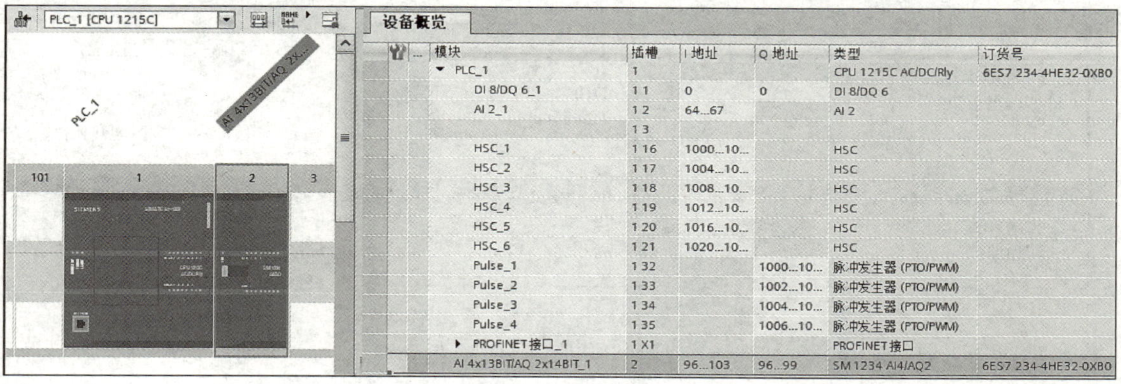

图 5-6　设备硬件组态

4）选中"PLC_1"项目下的"设备视图"，并单击右侧"设备视图"箭头，展开"设备概览"界面，可以看到自动分配的模拟量输出通道地址，两路模拟量输出地址分别为 QW96（通道 0）和 QW98（通道 1）。

5）选中"PLC_1"项目下的"PLC 变量"，打开"默认变量表"，在默认变量表中分配程序中要使用的变量，分配 PLC 变量表如图 5-5b 所示。

6）程序设计。根据控制要求，需要输出电压信号，而 CPU1215C 内置的 2 路模拟量输出均为 0 ~ 20mA 电流输出，所以输出时需要外接一个 500Ω 的电阻，转换为 0 ~ 10V 的电压信号，在 500Ω 的电阻两端并联接入一块电压表，输出时可以看到表针在 0 ~ 10V 量程间左右匀速摆动。

要输出 0 ~ 10V 的电压，对应的数字范围为 0 ~ 27648，则输出电压值 Vi 和数字量 Di 的对应关系：$Vi = (Di/27648) \times 10$。

要连续产生周期为 10s 的三角波信号，一是需要设计一个 10s 的周期脉冲信号，可通过定时器实现；二是计算各个时间点对应的输出电压，0 ~ 5s 时，信号从 0V 匀速上升到 10V，对应 PLC 内部数值 Di 为 0 ~ 27648，计算公式：$Di = Ti \times 27648/5$。

5 ~ 10s 时，信号从 10V 匀速下降到 0V，对应 PLC 内部数值 Di 为 27648 ~ 0，计算公式：$Di = 27648 - (Ti - 5) \times 27648/5$。

程序编写时，需要注意变量数据类型的转换和匹配。

程序编写完成后，下载到 PLC 中，PLC 的模拟量输出程序如图 5-7 所示。

程序段1：10s周期脉冲信号

图 5-7　PLC 的模拟量输出程序

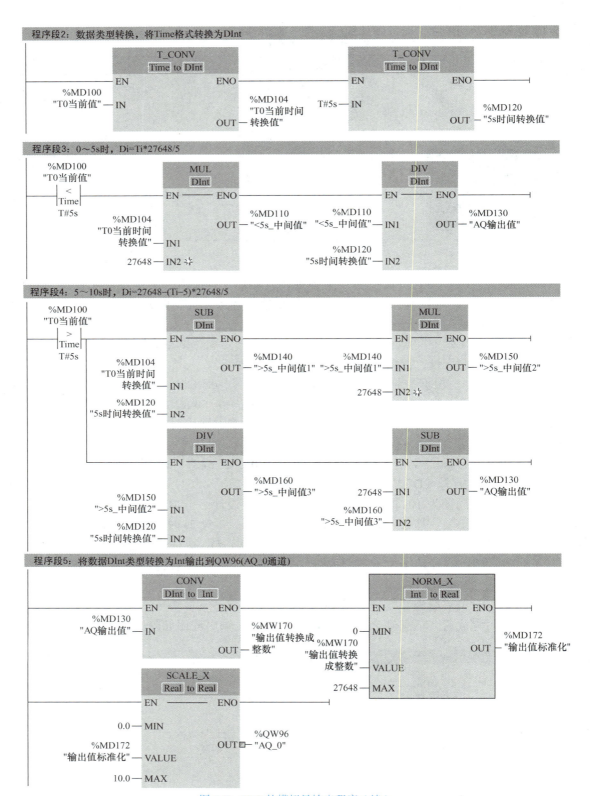

图 5-7　PLC 的模拟量输出程序（续）

5. 程序讲解

程序段 1 是设计一个 10s 的时钟脉冲；程序段 2 是将时间的数据类型转换为双整数；程序段 3 是时间在 0 ～ 5s 之间，按公式 $Di = Ti \times 27648/5$ 的计算值，最后输出到模拟量的输出值"AQ 输出值"中；程序段 4 是时间在 5 ～ 10s 之间，按公式 $Di = 27648 - (Ti - 5) \times 27648/5$ 的计算值，最后输出到模拟量的输出值"AQ 输出值"中；程序段 5 是将模拟量输出值进行标准化处理，最后以电压的形式输出到 QW96 中。

程序设计时，一定要将数据类型处理好。

知识拓展

交叉引用：交叉引用可以快速查询一个对象在用户程序中不同的使用位置等信息，并且可用于推断上一级的逻辑关系，方便用户对程序阅读和调试。在 TIA 博途软件中，交叉引用的查询范围基于对象：

1）如果选择一个站点，那么这个站点中所有的对象，例如程序块、变量和工艺对象等都将被查询。

2）如果选择其中一个程序块，那么查询范围缩小到该程序块。

3）如果选择某个变量，即可显示该变量的使用信息。

以查询某个变量的交叉引用为例：在程序段中选中 Q0.1，右击菜单"交叉引用信息"或者在巡视窗口中选择"信息"→"交叉引用"选项卡，Q0.1 在 OB1 主程序和其他程序段中被使用的情况都可以查询到，如图 5-8 所示。

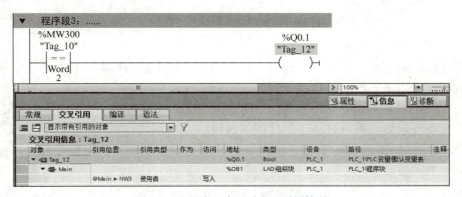

图 5-8　巡视窗口中显示交叉引用情况

任务 3　PID 指令及工艺对象组态应用

任务引入

PID 是比例、积分、微分的英文缩写，PID 控制器是应用最广的闭环控制器，有人估计现在有 90% 以上的闭环控制采用 PID 控制器。PID 控制器的结构典型，程序设计简单，计算工作量较小，各参数有明确的物理意义，参数调整方便，使用起来非常简单方便，形象直观。

任务分析

要完成本任务，需具备以下知识：
1. 熟悉 PID 工艺对象组态的使用方法。
2. 熟悉 PID 指令的使用方法。
3. 学会编写简单 PID 控制程序。

相关知识

在工程应用中，PID 控制系统是应用最为广泛的闭环控制系统。PID 控制的原理是给被控对象一个设定值，然后通过测量元件将过程值测量出来，并与设定值比较，将其差值送入 PID 控制器，PID 控制器通过运算，计算出输出值，送到执行器进行调节，其中的 P、I、D 指的是比例、积分、微分运算，通过这些运算．可以使被控对象追随设定值变化并使系统达到稳定，自动消除各种干扰对控制过程的影响，其控制回路如图 5-9 所示。

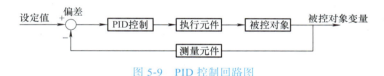

图 5-9　PID 控制回路图

比例（P）：偏差乘以的一个系数。纯比例调节会产生稳态误差，比例越大，调节速度越快，但也容易让系统产生振荡；比例越小，调节速度越慢。

积分（I）：对偏差进行积分控制，用以消除纯比例调节产生的稳态误差，积分过大，有可能导致系统超调，积分过小，系统调节缓慢。

微分（D）：根据偏差的变化速度调节，与偏差的大小无关，用于有较大滞后的控制系统，不能消除稳态误差。

S7-1200 PLC 所支持的 PID 控制器回路数仅受程序量大小及程序执行时间的影响，没有具体数量的限制，可同时进行多个回路的控制。S7-1200 PLC 所支持的 PID 控制器仅有一个指令集：Compact PID，里面包含以下 3 个指令块，"PID-Compact""PID-3Step"和"PID-Temp"。用户可以手动调节 PID 参数，也可以使用 PID 指令自带的自整定功能，即用 PID 控制器根据被控对象自动计算参数。同时，TIA 博途软件还提供了调试面板，用户可以查看被控对象状态，也可直接进行参数调试。

1. PID-Compact 指令

PID-Compact 指令的参数主要分为两部分：输入参数与输出参数。其指令的视图分为基本视图和扩展视图，在不同的视图下所能看见的参数是不一样的，在基本视图中可看到的参数为常用参数，如设定值、过程值和输出值等，定义这些参数可实现控制器最基本的控制功能。而在扩展视图中，可看到更多的高级参数，如模式切换、手动输出值等，使用这些参数可使控制器具有更丰富的控制功能。

（1）PID–Compact 输入参数

PID–Compact 的输入参数见表 5-8。

表 5-8　PID–Compact 的输入参数

参数名称	数据类型	说明
Setpoint	Real	PID 控制器在自动模式下的设定值
Input	Real	用户程序的变量作为反馈值（实数类型）
Input_PER	Int	模拟量输入作为反馈值（整数类型）
Disturbance	Real	扰动变量或预控制值
ManualEnable	Bool	为 TRUE 时，切换到手动模式 由 TRUE 变为 FALSE 时，PID–Compact 将激活 Mode 指定的工作模式
ManualValue	Real	手动模式下的 PID 输出值
ErrorAck	Bool	由 FALSE 变为 TRUE 时，错误确认，清除已经离开的错误信息
Reset	Bool	重新启动控制器，PID 输出、积分作用清零，错误清除
ModeActivate	Bool	由 FALSE 变为 TRUE 时，PID–Compact 将切换到保存在 Mode 参数中的工作模式
Mode	Int	指定 PID–Compact 将转换到的工作模式： Mode = 0：未激活 Mode = 1：预调节 Mode = 2：精确调节 Mode = 3：自动模式 Mode = 4：手动模式

（2）PID–Compact 输出参数

PID–Compact 的输出参数见表 5-9。

表 5-9　PID–Compact 的输出参数

参数名称	数据类型	说明
ScaledInput	Real	标定后的过程值
Output	Real	PID 控制器的输出值（工程量）
Output_PER	Int	PID 控制器的输出值（模拟量）
Output_PWM	Bool	PID 控制器的输出值（脉宽调制）
SetpointLimit_H	Bool	为 TRUE 时设定值达到上限，Setpoint ≥ Config.SetpointLowerLimit
SetpointLimit_L	Bool	为 TRUE 时设定值达到下限，Setpoint ≤ Config.SetpointLowerLimit
InputWarning_H	Bool	为 TRUE 时，过程值已达到或超出警告上限
InputWarning_L	Bool	为 TRUE 时，过程值已达到或低于警告下限

（续）

参数名称	数据类型	说明
State	Int	PID 控制器的当前工作模式： State = 0：未激活 State = 1：预调节 State = 2：精确调节 State = 3：自动模式 State = 4：手动模式 State = 5：带错误监视的输出替代值
Error	Bool	为 TRUE 时，表示此周期内至少有一条错误消息处于未决状态
ErrorBits	DWord	输出错误代码

2. PID–Compact 组态

使用 PID 控制器前，需要在其工艺对象中进行组态设置，单击新增对象，选中弹出界面中的"PID"，然后选中"PID–Compact"选项，组态分为基本设置、过程值设置和高级设置 3 部分，界面如图 5-10 所示。

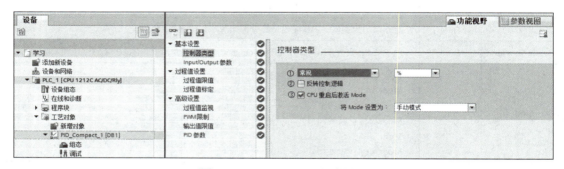

图 5-10　PID–Compact 组态界面

（1）基本设置

1）控制器类型。图 5-10 中，"①"对应的选项为"常规"，单击向下的箭头，可从弹出的下拉菜单中选择变量和变量单位。

"②"对应的选项为"反转控制逻辑"，勾选为反作用。

正作用：随着 PID 输出的增加（或减少），控制过程值使偏差变小（或变大）。

反作用：随着 PID 输出的增加（或减少），控制过程值使偏差变大（或变小）。

"③"对应的选项为"CPU 重启后激活 Mode"，勾选后可选择所需工作模式，不勾选为"非活动"模式。

2）Input/Output 参数。在 Input/Output 选项卡内可以选择过程值及 PID 输出的类型，如图 5-11 所示。

图 5-11 中，"①"为过程值类型选择，"Input"为标定后的过程值，例如 0 ～ 100% 或实际值为 0 ～ 16kPa 等物理量；"Input_PER"为模拟量通道值，范围为 0 ～ 27648。

图 5-11 中，"②"为 PID 输出类型选择，"Output_PER"为直接输出模拟量通道值，范围 0 ～ 27648；"Output"取值范围 0 ～ 100%；"Output_PWM"为脉宽调制输出。

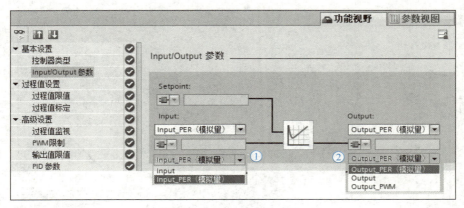

图 5-11　Input/Output 参数

（2）过程值设置

当选择 Input 作为过程值时，设置过程值的上下限，如图 5-12 所示。在图中可在①处设置过程值的上限，在②处设置过程值的下限。

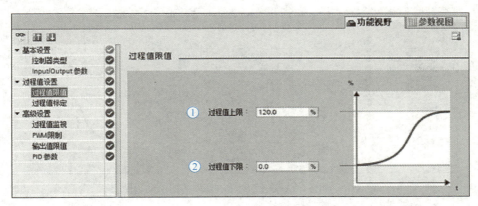

图 5-12　PID–Compact 过程值设置

当选择 Input_PER 作为过程值时，可对该值进行标定，如图 5-13 所示。在图中①处设置过程值对应的模拟量输入上、下限值，默认为 0 ~ 27648。在②处设置过程值 0 ~ 27648 所对应的工程量上、下限值。

（3）高级设置

1）过程值监视。可以设置过程值警告上、下限值，当过程值超过上、下限时，PID–Compact 输出错误代码 0001h；当警告的上、下限范围大于过程值上、下限范围时，过程值上、下限值同时作为警告的上、下限，如图 5-14 所示。图中"①"表示过程值上限，图中"②"表示警告值上限，图中"③"表示警告值下限，图中"④"表示过程值下限。

2）PWM 限制。在 PWM 限制内设置 PID 输出的最短接通时间及最短关闭时间以防止输出频繁振荡对设备造成损坏，对工艺造成冲击。

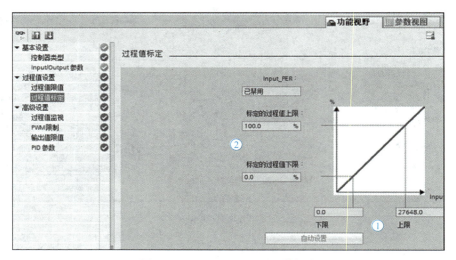

图 5-13　PID–Compact 过程值标定

图 5-14　PID–Compact 过程值和警告值上、下限设置

最短接通时间：一个 PWM 周期内允许 PID 脉冲输出的最短时间，当 PID 计算得到的脉冲输出时间小于该值时，该周期内脉冲不输出。

最短关闭时间：一个 PWM 周期内允许 PID 脉冲关闭的最短时间，当 PID 计算得到的脉冲关闭时间小于该值时，该周期内脉冲不关闭。

3）输出值限值。可以设置 PID 输出值的上、下限，同时也可以设置当 PID 发生错误时，PID–Compact 对错误的响应，如图 5-15 所示。

图中"①"设置输出值的上、下限，PID 输出的最大值为 100%，最小值为 –100%。

图中"②"表示发生错误时，PID 的响应与此错误响应模式及错误类型有关，其错误响应类型见表 5-10。

4）PID 参数。可在 PID 参数选项卡内选择是否手动设置 PID 参数及 PID 的调节规划，如图 5-16 所示。

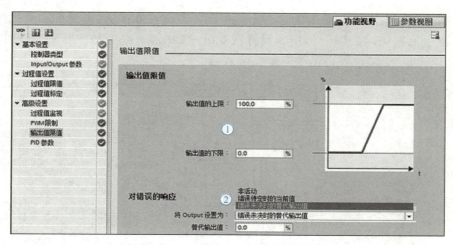

图 5-15　PID-Compact 输出值限值设置

表 5-10　PID-Compact 错误响应类型

ErrorBits	错误类型	错误响应		
		非活动	错误待定时的当前值	错误未决时的替代输出值
16#0001	参数 Input 超出了过程值限值的范围	自动切换到"未激活"模式，输出清零。只能在错误离开后，通过 Reset 的下降沿或 ModeActivate 的上升沿激活控制器在 Mode 参数设置的模式	自动模式	自动模式
16#0800	采样时间错误：PID-Compact 的循环时间设置与调用的循环中断 OB 的时间不一致			
16#40000	Disturbance 参数的值无效。值的数字格式无效			
16#0002	参数 Input_PER 的值无效。检查模拟量输入是否有处于未决状态的错误		输出保持为错误出现前最后一个有效值；当错误离开后，PID-Compact 切换回自动模式	输出组态的"替换输出值"；当错误离开后，PID-Compact 切换回自动模式
16#0200	参数 Input 的值无效：值的数字格式无效			
16#1000	参数 Setpoint 的值无效：值的数字格式无效			
16#20000	变量 SubstituteOutput 的值无效。值的数字格式无效			

图 5-16 中参数说明：① 比例增益：比例参数；②积分作用时间：积分时间参数，积分时间越大，积分作用越小；③微分作用时间：微分时间参数，微分时间越大，微分作用越小；④微分延迟系数：用于延迟微分作用，系数越大，微分作用的生效时间延迟越久；

⑤比例作用权重：限制设定值变化时的比例作用，设置在 0.0 ~ 1.0 之间；⑥微分作用权重：限制设定值变化时的微分作用，设置在 0.0 ~ 1.0 之间；⑦ PID 算法采样时间：PID 计算输出值时间，必须设置为循环中断的整数倍。

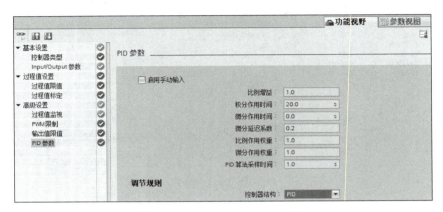

图 5-16　PID-Compact PID 参数

选择 PID 调节规则：① "PI"：PI 调节引入了积分，消除了系统的稳态误差；② "PID"：PID 调节引入了微分，适用于大滞后系统。

当选择手动输入 PID 参数时，所修改的参数为初始值而不是当前值。

3. PID-Compact 指令调试

为了保证 PID 控制器能正常运行，需要设置符合实际运行系统的控制参数，但由于每套系统都不完全相同，所以每一套系统的控制参数也不尽相同。PID 控制参数可以由用户自己手动设置，也可以通过 TIA 博途软件提供的自整定功能实现。PID 自整定是按照一定的数学算法，通过外部输入信号激励系统，并根据系统的反应来确定 PID 参数。

S7-1200 PLC 提供了两种自整定方式：预调节和精确调节。可通过调试面板进行整定，调试面板通过以下路径打开："项目"→"工艺对象"→"PID-Compact"→"调试"，界面如图 5-17 所示。

图 5-17 中：①为趋势图采样时间；②为"调节模式"，预调节、精确调节；③为"趋势图"，显示过程值、设定值和 PID 输出值；④为"调节状态"，显示当前调节的进度及状态；⑤为错误确认；⑥为"上传 PID 参数"，将实际的 PID 控制参数上传至项目并转到 PID 参数组态界面；⑦为"控制器的在线状态"，显示过程值、设定值、PID 输出值及控制启动"PID-Compact"。

（1）预调节

预调节功能可确定对输出值阶跃的过程响应，并搜索拐点。根据受控系统的最大上升率与延迟时间计算 PID 参数。过程值越稳定，PID 参数就越容易计算，其结果的精度也会越高。只要过程值的上升速率明显高于噪声，就可以容忍过程值的噪声。启动预调节的必要条件如下：

1）在循环中断 OB 中调用"PID-Compact"。

2）ManualEnable = FALSE 且 Reset = FALSE。

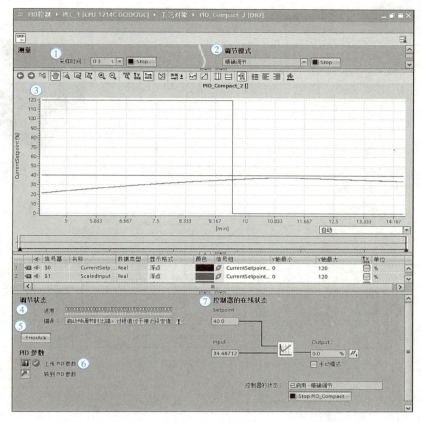

图 5-17　PID–Compact 指令调试界面

3）"PID–Compact"处于以下模式之一，即"未激活""手动模式"和"自动模式"。

4）设定值和过程值均处于组图的限值范围内。

5）设定值与过程值的差值大于过程值上限与过程值下限之差的 30%。

6）设定值与过程值的差值大于设定值的 50%。

（2）精确调节

精确调节将使过程值出现恒定受限的振荡，根据此振荡的幅度和频率为操作点调节 PID 参数，所有 PID 参数都重新计算。精确调节得出的 PID 参数通常比预调节得出的 PID 参数具有更好的主控和扰动特性。启动精确调节的必要条件如下：

1）已在循环中断 OB 中调用"PID–Compact"。

2）ManualEnable = FALSE 且 Reset = FALSE。

3）"PID–Compact"处于以下模式之一，即"未激活""手动模式"和"自动模式"。

4）设定值和过程值均处于组图的限值范围内。

5）在操作点处，控制回路已稳定。过程值与设定值一致时，表明达到了操作点。

6）不能被干扰。

任务实施

使用 PID 指令控制加热炉保持恒温。

1. 控制要求

加热炉使用交流 220V 供电，加热炉的控制采用单相调压模块控制，单相调压模块的外形如图 5-18 所示，结构原理如图 5-19 所示。单相调压模块的①、②端接交流 220V，控制加热炉；③、④端接模拟量模块的输出，通过改变模拟量输出值的大小控制加热炉的电压大小，从而控制加热炉的加热。要求控制加热炉的温度为 30℃。

图 5-18　单相调压模块的外形

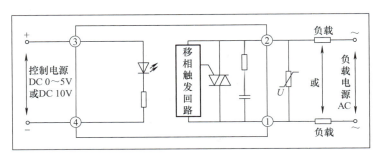

图 5-19　单相调压模块的结构原理

2. 任务目标

1）掌握 PID 控制的原理。

2）学会 PID 参数的组态和调试。

3）学会使用 PID-Compact 指令编写控制程序。

4）通过多模仿、多练习，掌握 PID 控制编程。

3. 实训设备

CPU1212C AC/DC/RLY 一台，SM1234AI 4×13 位 /AQ 2×14 位一块，单相调压模块一块，加热炉一台，Pt100 一个，智能显示调节仪一台。

4. 程序设计

1）PID 控制系统的 PLC 外部接线图如图 5-20 所示。

2）建立项目"PID 控制"。

3）添加新设备"CPU1212C AC/DC/RLY"，版本号为 4.2，添加模拟量模块 SM1234AI 4×13 位 /AQ 2×14 位，设备硬件组态如图 5-21 所示。

4）选中"PLC_1"项目下的"设备视图"，并单击右侧"设备视图"箭头，展开"设备概览"界面，可以看到自动分配的模拟量输入 / 输出通道地址，输入地址为 IW96、IW98、IW100 和 IW102，输出地址为 QW96（通道 0）和 QW98（通道 1）。

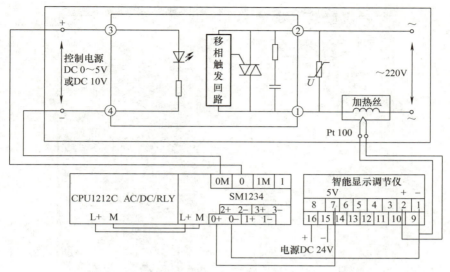

图 5-20　PID 控制系统的 PLC 外部接线图

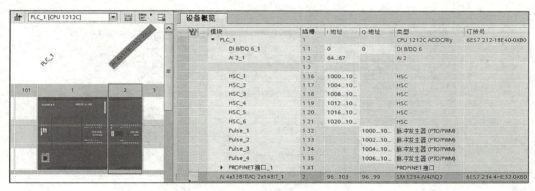

图 5-21　设备硬件组态

5）程序设计。控制要求为恒温控制，可以使用 PID 指令达到控制要求，模拟量输入模块接收来自加热炉热电阻的温度值，热电阻的温度值经过智能显示调节仪转变成电压量送给模拟量输入模块，这个值作为 PID 控制的反馈量（模拟量过程量）；PID 控制的输出量接到单相调压模块的③、④端，去控制加热炉的加热电压。通过 PID 控制达到恒温控制的目的。

在"PLC_1"项目下打开"程序块"，双击"添加新块"，在弹窗中选中组织块 OB，在右边出现的一列选项中选中"Cyclic interrupt"，单击"确定"按钮，添加 PID 中断程序，如图 5-22 所示。

打开 Cyclic interrupt[OB30]，打开"工艺"选项，打开"PID 控制"，将 PID-Compact 指令拖到 OB30 中断程序中，就可以对 PID-Compact 进行组态了，添加 PID-Compact 指令如图 5-23 所示。

在 PID-Compact 指令中单击 图标，打开组态窗口，对 PID-Compact 指令进行参数组态，图 5-24 为选择控制器类型，选择温度作为控制类型。

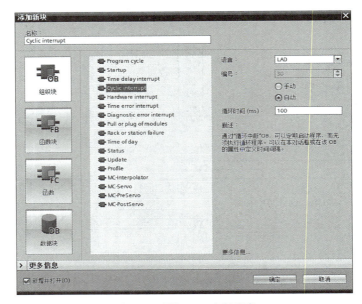

图 5-22　添加 PID 中断程序

图 5-23　添加 PID-Compact 指令

图 5-24　选择温度作为控制类型

图 5-25 为选择 Input/Output 参数，输入选择 Input_PER（模拟量），输出选择 Output_PER（模拟量）。

图 5-26 为选择过程值限值，过程值上限选择 50.0℃，下限选择 0.0℃。

图 5-27 为选择过程值标定，标定的过程值上限选择 50.0℃，对应的数字为 13824.0，下限选择 0.0℃，对应的数字为 0.0。因为模拟量的输出电压选择为 0 ～ 5V，所以 50.0℃对应的数值为 27648 的一半。

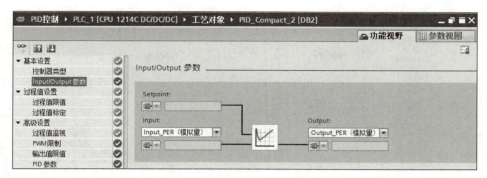

图 5-25　选择 Input/Output 参数

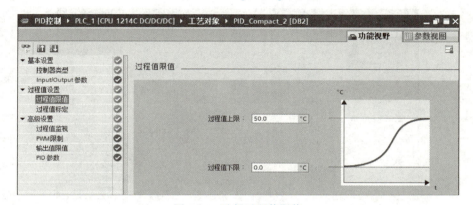

图 5-26　选择过程值限值

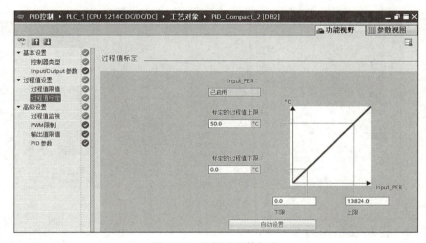

图 5-27　选择过程值标定

图 5-28 为过程值监视选择，警告上限为 50.0℃，下限为 0.0℃。

图 5-29 为输出值限值选择，输出值的上限选择 100.0%，下限选择 0.0%。

图 5-30 为 PID 参数设置，一般选择默认即可，也可以在调试中修改。

组态完 PID-Compact 指令后，就可以设置 PID-Compact 指令的参数编写程序，设置 Setpoint（给定）为 30.0，Input_PER（反馈）为 MW220，Reset（复位 PID 指令）为 I0.5，Mode（PID 运行模式）为 3，Output_PER（输出）为 QW96。

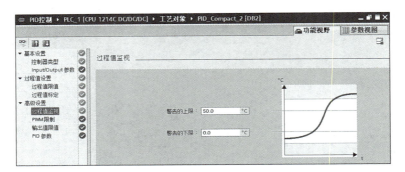

图 5-28　过程值监视选择

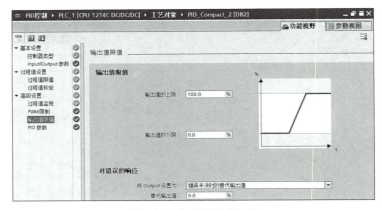

图 5-29　输出值限值选择

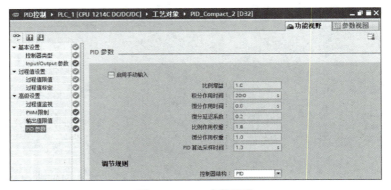

图 5-30　PID 参数设置

编写的 PID 控制程序如图 5-31 所示。

5. 程序讲解

在 PID 控制程序中，不能将模拟量输入模块的反馈值直接加到 PID–Compact 指令的 Input_PER 端口，因为 Setpoint 端口给定的是温度值，要将模拟量输入模块的反馈值进行转换，转换成温度值。

模拟量输出的电压值如果是 0 ~ 10V，其对应的数字量为 0 ~ 27648，而使用的模拟量电压值是 0 ~ 5V，那么其对应的数字量为 0 ~ 13824，也就是 50℃对应的数值为 13824。

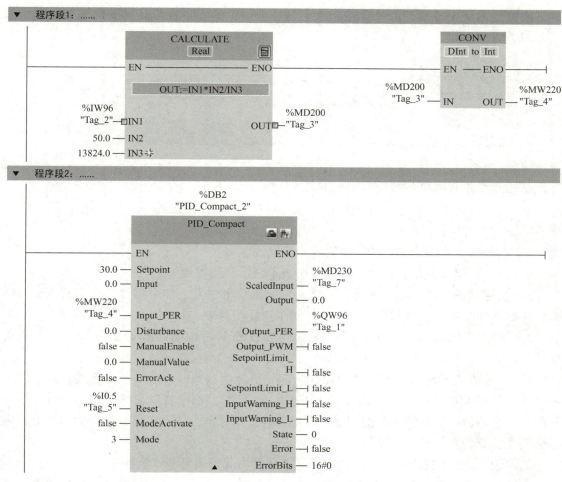

图 5-31　PID 控制程序

图 5-31 中，程序段 1 就是进行模拟量输入值的转换，转换函数为 OUT = IN1 × IN2/IN3 = IW96 × 50/13824，将这个值转换成 Int 整数后传给 Input_PER 就可以了。

程序运行中，会看到随着加热炉温度的上升，反馈值 MW220 的值也会不断增大，当 MW220 的值接近 Setpoint 端口的给定值 30.0 时，MW220 的值不会再增大，一直维持在接近 30.0。加热炉的温度也会稳定在 30℃。

PID 控制实际上是一个单闭环负反馈控制系统，给定与反馈的差值 ΔU 不能为 0，只能接近 0，所以实际调试中，如果要维持加热炉的温度为 30℃，则 Setpoint 端口的给定值要比 30.0 稍微大些。

单击 PID–Compact 指令的调试窗口 ，可以查看调试的 PID 界面。

 知识拓展

调试数据块：全局数据块和背景数据块中的数据可以通过在线直接监控，单击"全部监视"按钮，数值当前值分别以各自的数据类型显示在"监视值"栏中，其格式不能修

改。通过数据块中工具栏的操作按钮，可对数据块中的变量进行监视和快照等操作，如图 5-32 所示。

图 5-32　调试数据块

数据块中工具栏操作按钮说明如下：

1）复位启动值：图中①处的按钮表示可将所有变量的起始值复位为其默认值，但不会覆盖设置为写保护的起始值。

2）全部监视：图中②处的按钮表示全部监视。

3）激活存储器预留：图中③处的按钮表示激活存储器预留。

4）实际值的快照：图中④处的按钮表示实际值的快照，如果需要保存当前值，将单击按钮瞬间的监视值加载到快照列，并存储于离线项目中。

5）将快照加载为实际值：图中⑤处的按钮表示将快照加载为实际值（如果需要的话）。

6）图中⑥表示将所有变量的快照作为起始值复制到离线程序中：在离线程序中，可将快照复制到起始值中。下次从 STOP 切换为 RUN 时，程序将以新的起始值运行。可以复制所有起始值、保持性变量的起始值，也可仅复制选择为"设定值"变量的起始值，但不会覆盖设置为写保护的起始值。

7）图中⑦表示将定义为设定值的变量快照作为起始值复制到离线程序中。

8）图中⑧表示所有变量的起始值加载为实际值：可以将离线程序中的起始值作为实际值加载到 CPU 的工作存储器中。在线块中这些变量将进行重新初始化。可以复制所有实际值，也可仅复制选择为"设定值"变量的实际值，之后 CPU 将使用这些新值作为在线程序中的实际值，而不再区分保留值和非保留值。

9）图中⑨表示将定义为设定值的变量起始值加载为实际值。

思考与练习

1. 假设模拟量输出模块量程设定为 ±10V，编写程序将数字量 1000、-3000、9000、-27000 转换为对应的模拟电压值。

2. 量程为 0 ～ 10MPa 的压力变送器的输出信号为 DC 4 ～ 20mA，模拟量输入模块将 0 ～ 20mA 转换为 0 ～ 27648 的数字量。假设某时刻的模拟量输入为 10 mA，试计算转换后的数字值。

项目 6　S7-1200 PLC 以太网通信编程

任务 1　PROFINET I/O 通信

 任务引入

在 PROFINET I/O 通信系统中，根据组件功能可划分为 I/O 控制器和 I/O 设备。I/O 控制器用于对连接的 I/O 设备进行寻址，需要与现场设备交换输入和输出信号。I/O 设备是分配给其中一个 I/O 控制器的分布式现场设备，ET200SP、变频器和调节阀等都可以作为 I/O 设备。S7-1200 PLC CPU 从固件 V4.3 开始支持智能设备，在工业现场中，PLC 作为智能设备与控制单元进行通信，大大丰富了现场的应用。

 任务分析

要完成本任务，需要具备以下知识：

1. 掌握硬件组态设置。
2. 掌握通信连接的组态设置。
3. 掌握 I/O 控制器、智能 I/O 设备的程序编写。
4. 能够应用仿真实现智能 I/O 通信控制。

 相关知识

1. ET200SP 分布式 I/O 系统

S7-1200 PLC 集成的以太网接口作为 PROFINET 接口，可以用作 I/O 控制器和 I/O 设备；作为控制器最多连接 16 个 I/O 设备，最多 256 个子模块；作为 I/O 设备，常用于代替 ET200SP 分布式 I/O 设备。

SIMATIC ET200SP 是一个高度灵活的可扩展的分布式 I/O 系统。由于 SIMATIC ET200SP 分布式 I/O 系统的功能全面，因此适用于各种应用领域。其可扩展设计允许用户根据当地的需求调整具体的组态，可使用多种 CPU/ 接口模块连接到 PROFINET I/O、PROFIBUS DP、EtherNet/IP 或 Modbus TCP 供使用。

SIMATIC ET200SP 配有 CPU，可进行智能预处理，以减轻上一级控制器的负载压力，而且其 CPU 也可用作单独的设备；使用故障安全 CPU，可以实现安全工程应用，安全程序的组态和编程方式与标准 CPU 相同；提供种类丰富的 I/O 模块，进一步完善了该产品。SIMATIC ET200SP 的防护等级为 IP20，可安装在控制机中。

2. ET200SP 分布式 I/O 组成、结构及安装要求

（1）ET200SP 分布式 I/O 组成

SIMATIC ET200SP 分布式 I/O 系统可安装在安装导轨上。它包括：

1）CPU 接口模块。

2）最多 64 个 I/O 模块，可按任意组合方式插入到 BaseUnit（基座单元）中。

3）最多 31 个电动机起动器。

4）一个服务模块，负责完成 ET200SP 的组态。

（2）ET200SP 分布式 I/O 结构

如图 6-1 所示，ET200SP 的组态示例，基本结构如下：①接口模块；②浅色 BaseUnit BU..D，用于提供电源电压；③深色 BaseUnit BU..B，用于进一步传导电位组；④ I/O 模块；⑤服务模块（与接口模块一同提供）；⑥故障安全 I/O 模块；⑦ BusAdapter（总线适配器）；⑧安装导轨；⑨参考标识标签。

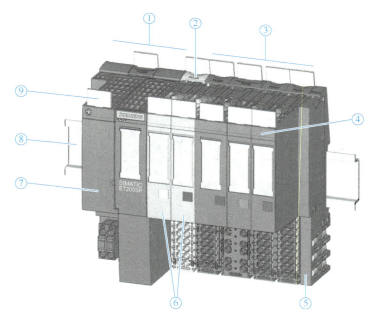

图 6-1　ET200SP 组态示例

ET200SP 接口模块硬件和软件包括 IM155-6PN ST（固件版本 V1.1.1 及以上版本）、IM155-6PN HF（固件版本 V2.0 及以上版本）、IM155-6PN HS（固件版本 V4.0 及以上版本）和 IM155-6DP HF（固件版本 V1.0 及以上版本），支持故障安全模块。

（3）ET200SP 安装要求

ET200SP 分布式 I/O 系统中的所有模块都属于开放式设备。这意味着 ET200SP 分布式 I/O 系统只能安装在机柜、控制柜或电气操作室以及干燥室内环境中（防护等级 IP20）。在外壳、控制柜和电气操作室处，需提供安全防护，防止触电和火灾蔓延。此外，还需满足相关的机械强度要求。未使用钥匙或工具时，无法访问外壳、控制柜和电气操作室。有使用权限的人员必须经过培训或授权。

ET200SP 分布式 I/O 系统可安装在符合 EN 60715 标准（35mm×7.5mm 或 35mm×15mm）的安装导轨上。在控制柜中，需要将安装导轨单独接地。例外情况：如果将导轨安装在接地的镀锌安装板上，则无须单独将导轨接地。

 任务实施

使用 CPU1214C 作为 I/O 控制器连接两个 I/O 设备 ET200SP。

1. 控制要求

使用一块 CPU1214C 作为 I/O 控制器连接两个 I/O 设备 ET200SP：一个 ET200SP 通过其 I/O 控制电动机，另一个 ET200SP 通过其 I/O 控制 8 盏灯的流水作业。当控制器 I0.0 "电动机起动" 闭合后电动机起动，控制器 I0.1 "电动机停止" 闭合后电动机停止，电动机起动运行状态在控制器 Q0.0 显示。当控制器 I0.2 "灯循环起动" 闭合后，8 盏灯流水作业，I0.3 "灯循环停止" 闭合后，灯停止全灭。

2. 任务目标

1）学会分布式 I/O ET200SP 使用方法。

2）掌握分布式 I/O 的硬件接线和传输区。

3）学会 PLC 与 ET200SP 之间的以太网通信编程。

3. 实训设备

CPU1214C DC/DC/DC 1 台，按钮 4 个，信号灯 9 个，交换机 1 台，ET200SP "IM155-6PN BA" 2 台，交流接触器 1 个。

4. 外部接线

使用 CPU1214C 作为 I/O 控制器的外部接线如图 6-2 所示，连接两个 I/O 设备 ET200SP。PLC_1 作为控制器电源接 24V 直流电，输出端输出电压为 24V，指示灯另一端接 0V，按钮 SB0～SB3 分别接到输入端 I0.0 用于控制电动机起动、I0.1 控制电动机停止、I0.2 灯开始循环、I0.3 灯循环停止。分布式 I/O 设备 1 电源接直流 24V，输入模块接交流接触器常开触点，用于反馈电动机起动信号，输出模块为继电器型输出，接交流接触器线圈用于电动机的控制。分布式 I/O 设备 2 只组态了输出模块，分别接 HL1～HL8。

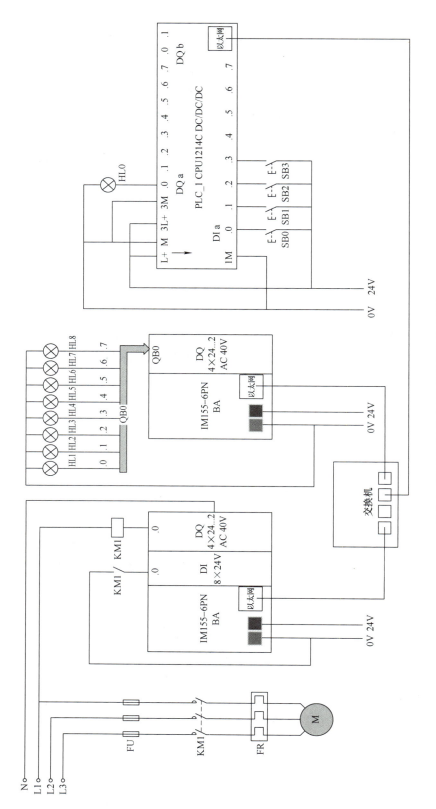

图 6-2　CPU1214C 作为 I/O 控制器的外部接线

5. 软件组态及编程

新建项目"IO 控制器"，添加新设备 CPU1214C DC/DC/DC，版本号为 V4.4，系统默认名为"PLC_1"。打开网络视图，在硬件目录下展开"分布式 I/O"→"ET200SP"→"接口模块"→"PROFINET"→"IM155-6PN BA"，拖曳到网络视图中，自动生成名为"IO device_1"的 I/O 设备。按照同样的方法，再拖曳一个，生成名为"IO device_2"的 I/O 设备，网络视图如图 6-3 所示。

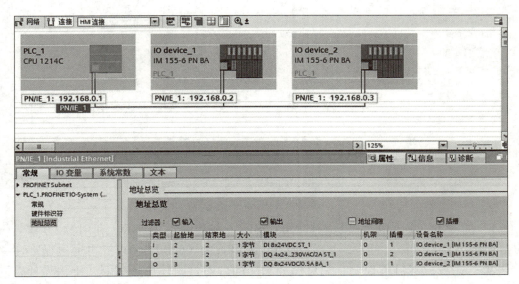

图 6-3　网络视图

双击"IO device_1"进入设备视图，在"IO device_1"的 1 号槽添加数字量输入模块 DI 8×24V DC，2 号槽添加数字量输出模块 DQ 4×24…230V AC 2A。双击"IO device_2"进入设备视图，在 1 号槽添加数字量输出模块 DQ 8×24V DC。

在网络视图中，将"PLC_1"的 PN 口拖曳到"IO device_1"和"IO device_2"的 PN 口上，自动生成一个名为"PLC_1.PROFINET IO-System"的 I/O 系统，"IO device_1"和"IO device_2"上由"未分配"变为分配到"PLC_1"。如图 6-3 所示，双击"PLC_1.PROFINET IO-System"，在巡视窗口"常规"→"地址总览"可以查看分布式 I/O 的地址，此时将 I/O 设备地址直接映射到"PLC_1"的 I 区和 Q 区，"IO device_1"输入为 I2.0～I2.7、输出为 Q2.0～Q2.7，"IO device_2"的输出为 Q3.0～Q3.7，"PLC_1"可以自由调用。

双击"PLC_1"的 CPU，在巡视窗口"常规"→"系统和时钟存储器"勾选系统时钟"MB0""MB1"。在项目树下双击"PLC_1"→"PLC 变量"→"默认变量表"，新建变量"电动机起动""电动机停止""灯循环起动""灯循环停止""电动机运行状态"和"循环灯"等变量，如图 6-4 所示。

在程序块中输入如图 6-5 所示程序，电动机控制采用"起保停"程序控制，如程序段 1 所示，I0.0 起动，I0.1 停止，控制分布式"IO device_1"上的输出，映射到"PLC_1"的 Q2.0 完成。当交流接触器通电时，辅助触点接通"IO device_1"上的输入，映射到

		名称	数据类型	地址	保持	可从 ...	从 H...	在 H...	注释
4		AlwaysTRUE	Bool	%M1.2		☑	☑	☑	
5		AlwaysFALSE	Bool	%M1.3		☑	☑	☑	
6		Clock_Byte	Byte	%MB0		☑	☑	☑	
7		Clock_10Hz	Bool	%M0.0		☑	☑	☑	
8		Clock_5Hz	Bool	%M0.1		☑	☑	☑	
9		Clock_2.5Hz	Bool	%M0.2		☑	☑	☑	
10		Clock_2Hz	Bool	%M0.3		☑	☑	☑	
11		Clock_1.25Hz	Bool	%M0.4		☑	☑	☑	
12		Clock_1Hz	Bool	%M0.5		☑	☑	☑	
13		Clock_0.625Hz	Bool	%M0.6		☑	☑	☑	
14		Clock_0.5Hz	Bool	%M0.7		☑	☑	☑	
15		电动机起动	Bool	%I0.0		☑	☑	☑	
16		电动机停止	Bool	%I0.1		☑	☑	☑	
17		灯循环起动	Bool	%I0.2		☑	☑	☑	
18		灯循环停止	Bool	%I0.3		☑	☑	☑	
19		电动机状态	Bool	%Q0.0		☑	☑	☑	
20		电动机控制	Bool	%Q2.0		☑	☑	☑	
21		电动机运行状态反馈	Bool	%I2.0		☑	☑	☑	
22		循环灯	Byte	%QB2		☑	☑	☑	
23		<添加>				☑	☑	☑	

图 6-4　新建变量

"PLC_1"的 I2.0，实现电动机状态灯 Q0.0 显示，如程序段 2 所示。利用 M2.0 作为灯循环的循环状态，当灯循环起动后，先将 QB2 的值置为"0000 0001"，再通过循环左移程序"ROL"实现流水灯的控制，当灯循环关闭闭合时，断掉循环状态，不再循环，同时 QB2 值为"0000 0000"使得 8 盏灯熄灭，程序如图 6-5 程序段 3 ～ 5 所示。其中灯的输出 QB2 映射到分布式 I/O 设备"IO device_2"的输出上。

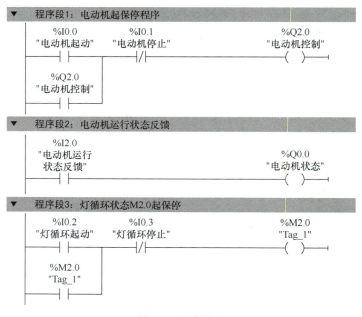

图 6-5　程序编写

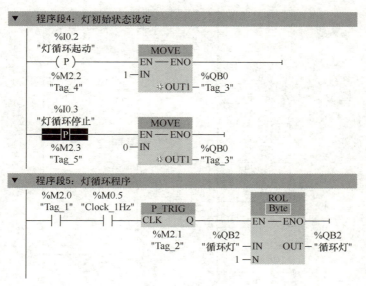

图 6-5   程序编写（续）

使用智能 I/O 通信实现两台 PLC 的通信。

1. 控制要求

使用智能 I/O 通信实现两台 PLC 的通信。PLC_1 作为控制端、PLC_2 作为 I/O 设备端进行输出，相当于控制端的 I/O 拓展。I/O 设备上有 8 个输出，用控制端的 8 个输入进行控制，I/O 设备上的 1 个输入控制控制端的 1 个输出。

"控制端" PLC 的 I0.0 ～ I0.7 接 8 个开关按钮 SB0 ～ SB7，输出 Q0.0 接灯 HL0，"I/O 设备端" PLC 的输出 Q0.0 ～ Q0.7 分别接灯 HL1 ～ HL8，输入 I0.0 接按钮 SB8，设置 "I/O 设备端" PLC 作为智能 I/O 设备，其控制选择 "控制端" PLC，设置传输区，选择 1 个字节进行组网。

2. 实训设备

CPU1214C DC/DC/DC PLC 1 台，CPU1212C DC/DC/DC PLC 1 台，按钮 9 个，信号灯 9 个，交换机 1 台。

3. 外部接线

首先进行电源接线，PLC 电源为 DC 24V，SB0 ～ SB7 公共端接外部电源 DC 24V（+），另一端分别接主控端 PLC_1 输入端 I0.0 ～ I0.7，同样，SB8 接 I/O 设备端 PLC_2 的 I0.0，PLC 输入端公共 1M 接 DC 24V（-），当按钮闭合时，PLC 相应端有输入信号；PLC_1 和 PLC_2 的输出端电源 3L+ 和 3M 接电源 24V，输出的电压为 24V，负载灯一端接 0V；将两台 PLC、计算机网线插入到交换机上。硬件接线图如图 6-6 所示。

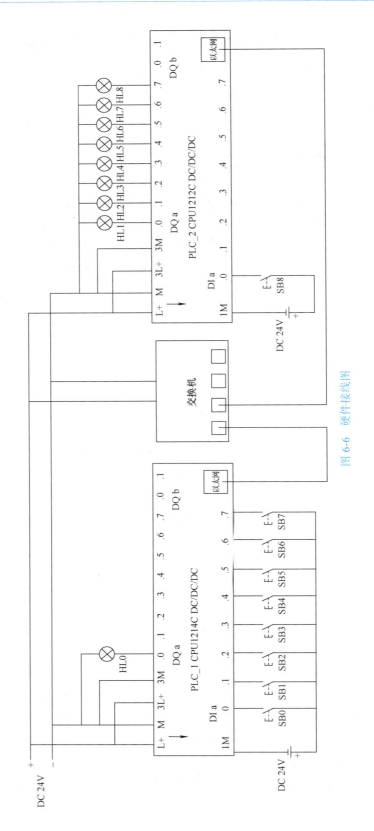

图 6-6　硬件接线图

4. 组态设置

首先新建一个项目"TCP–IO 通信",添加 PLC_1,类型 CPU1214C DC/DC/DC 的 PLC,版本号为 V4.4,修改设备名为"控制器"。添加 PLC_2,类型 CPU1212C DC/DC/DC 的 PLC,版本号为 V4.4,修改设备名为"智能 IO 设备"。双击"智能 IO 设备"进入设备组态,单击"智能 IO 设备"的 PN 口,在巡视窗口中单击"操作模式",在右边选中"IO 设备"。在网络视图中,将"控制器"的 PN 接口拖曳到"智能 IO 设备"的 PN 接口上,自动生成一个名为"IO_Ctrl.PROFINET IO–System(100)"的 I/O 系统,"智能 IO 设备"上的"未分配"变为了"控制器",I/O 设备的通信连接组态如图 6-7 所示。

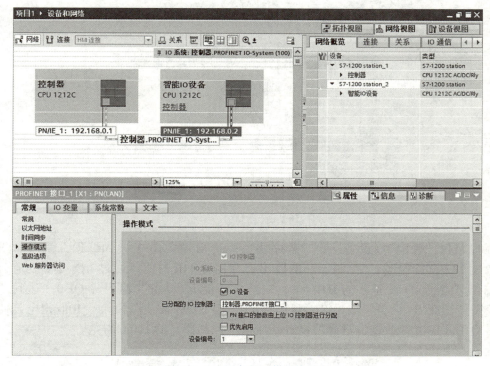

图 6-7 I/O 设备的通信连接组态

选中"智能 IO 设备"的 PN 口,单击巡视窗口中的"操作模式",在"传输区域"设置界面中,双击新增,添加一个传输区。单击➡可以改变传输方向,在"长度"下可以修改通信数据长度,在"IO 控制器中的地址"和"智能设备中的地址"下可以修改通信地址区域。根据任务要求,建立两个传输区域,"控制器"传输数据 QB10 到"智能 IO 设备"的 IB10 中,从"智能 IO 设备"传输数据 QB10 到"控制器"的 IB10 中,字节长度为 1 个字节。I/O 设备的传输区设置如图 6-8 所示。

5. 程序编写及调试

在项目树"控制器"→"程序块"→"Main"双击进入编程,输入如图 6-9 所示 I/O 控制器程序,输入端 IB0 的输入,保存到输出继电器 QB10,通过 I/O 设备设定的传输区传输给"智能 IO 设备"的 IB10 中,当"智能 IO 设备"Q10.0 得电后,通过传输区的设置,使得"控制器"的 I10.0 得电,控制输出 Q0.0 得电。

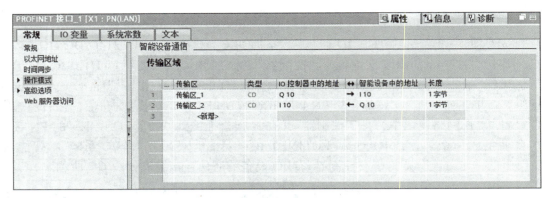

图 6-8　I/O 设备的传输区设置

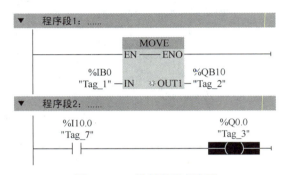

图 6-9　I/O 控制器程序编写

　　在项目树"智能 IO 设备"→"程序块"→"Main"双击进入编程，输入如图 6-10 所示智能 I/O 设备程序，"控制器"的输出寄存器 QB10 的值，通过 I/O 设备设定的传输区传输给"智能 IO 设备"的 IB10 中，对应"智能 IO 设备"输出端 QB0，达到"控制器"控制"智能 IO 设备"输出 8 盏灯的目的。"智能 IO 设备"输入端 I0.0 得电，使输出寄存器 Q10.0 得电，通过传输区的设置，使得"控制器"的 I10.0 得电。

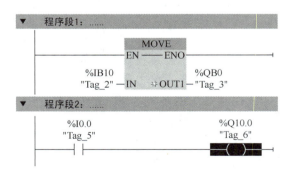

图 6-10　智能 I/O 设备程序编写

6. 程序分析

　　PLC 的 I/O 通信中，无论作为 I/O 控制器还是 I/O 设备，都必须在 I/O 设备中建立传输区域，将 I/O 设备中的输出区域映射到 I/O 控制器的输入区，I/O 控制器的输出区映射到 I/O 设备输入区。I/O 控制器直接调用和使用输入/输出区。数据的传输建立在 "PROFINET IO–System" 的 I/O 系统连接中。

任务 2   S7 通信

 任务引入

S7 协议是西门子自动化产品的专有协议，它是面向连接的协议，在进行数据交换之前，必须与通信伙伴建立连接。面向连接的协议具有较高的安全性。S7 协议通常应用于西门子自动化产品之间的通信，两台 PLC 之间的通信亦可使用 S7 协议通信。

 任务分析

要完成本任务，需要具备以下知识：
1. 掌握 S7 通信的组态设定。
2. 掌握同一项目内的 S7 通信控制。
3. 掌握不同项目中的 S7 通信控制。

 相关知识

发送和接收指令 PUT/GET。

1. 发送指令 PUT

连接是指两个通信伙伴之间为了执行通信服务建立的逻辑链路，S7 连接需要组态的静态连接，占用 CPU 的连接资源，S7–1200 PLC 仅支持单向连接。客户机 "Client" 是向服务器 "Server" 请求服务的设备，客户端需要调用 PUT/GET 指令。PUT 指令用于将数据写入服务器 CPU，如图 6-11 所示。参数 "REQ" 在上升沿时激活数据交换功能；"ID" 用于指定与伙伴 CPU 连接的寻址参数；"ADDR_1" 指向伙伴 CPU 上用于写入数据的区域的指针，访问某个数据块时，必须始终指定该数据块，示例为 P#DB10.DBX5.0 BYTE 10 或 P#I10.0 BYTE 10；"SD_1" 指向本地 CPU 上包含要发送数据的区域的指针，仅支持 Bool、Byte、Char、Word、Int、DWord、DInt 和 Real 数据类型。PUT 指令参数说明见表 6-1，错误参数说明见表 6-2。

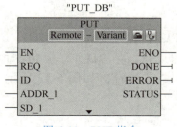

图 6-11   PUT 指令

表 6-1　PUT 指令参数说明

参数	声明	数据类型	说明
REQ	Input	Bool	控制参数 request，在上升沿时激活数据交换功能
ID	Input	Word	用于指定与伙伴 CPU 连接的寻址参数
DONE	Output	Bool	状态参数，可具有以下值："0"，未完成或正在执行；"1"，作业已执行并无错误
ERROR	Output	Bool	状态参数 ERROR 和 STATUS，错误代码：ERROR=0，无错误；ERROR=1，出错；错误类型见表 6-2
STATUS	Output	Word	
ADDR_1	InOut	Remote	指向伙伴 CPU 上用于写入数据的区域的指针。指针 Remote 访问某个数据块时，必须始终指定该数据块。示例：P#DB10.DBX5.0 字节 10。传送数据结构（例如 Struct）时，参数 ADDR_1 处必须使用数据类型 Char
SD_1	InOut	Variant	指向本地 CPU 上包含要发送数据的区域的指针。仅支持 Bool、Byte、Char、Word、Int、DWord、DInt 和 Real 数据类型。传送数据结构（例如 Struct）时，参数 SD_1 处必须使用数据类型 Char

表 6-2　PUT 指令错误参数说明

ERROR	STATUS	说明
0	11	警告：由于前一作业仍处于忙碌状态，因此未激活新作业
0	25	已开始通信。作业正在处理
1	1	通信故障，例如连接描述信息未加载（本地或远程）；连接中断（如电缆故障、CPU 关闭或者 CPU 处于 STOP 模式）；尚未与伙伴建立连接
1	2	伙伴 CPU 的否定应答；该功能无法执行；未授予对伙伴 CPU 的访问权限；在 CPU 设置中激活访问
1	4	指向数据存储的指针出错：参数 SD_1 和 ADDR_1 的数据类型彼此不兼容；SD_1 区域的长度大于待写入的 ADDR_1 参数的数据长度；不能访问 SD_1；已经超过了最大用户数据大小；参数 SD_1 和 ADDR_1 的数量不一致
1	8	访问伙伴 CPU 时出错
1	10	无法访问本地用户存储器
1	20	已超出并行作业的最大数量。该作业当前正在执行，但优先级较低（首次调用）
1	W#16#80C3	（仅 S7-1500 PLC）已超出并行作业的最大数量。该作业当前正在执行，但优先级较低（首次调用）

2. 接收指令 GET

GET 指令用于从服务器 CPU 中读取数据，"ADDR_1"指向伙伴 CPU 上待读取区域的指针；"RD_1"指向本地 CPU 上用于输入已读数据的区域的指针，如图 6-12 所示。其参数说明见表 6-3。

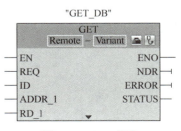

图 6-12　GET 指令

表 6-3　GET 指令参数说明

参数	声明	数据类型	说明
REQ	Input	Bool	控制参数 request，在上升沿时激活数据交换功能
ID	Input	Word	用于指定与伙伴 CPU 连接的寻址参数
NDR	Output	Bool	状态参数 NDR："0"，作业尚未开始或仍在运行；"1"，作业已成功完成
ERROR	Output	Bool	状态参数 ERROR 和 STATUS，错误代码：ERROR=0，无错误；ERROR=1，
STATUS	Output	Word	出错；错误类型见表 6-2，与 PUT 指令一致
ADDR_1	InOut	Remote	指向伙伴 CPU 上待读取区域的指针。指针 Remote 访问某个数据块时，必须始终指定该数据块
RD_1	InOut	Variant	指向本地 CPU 上用于输入已读数据的区域的指针

　　服务器是通信的被动方，不用编写 S7 通信程序。两个 S7-1200 PLC CPU 的 S7 组态分为两种，一种是在不同项目中的，另一种是在同一项目中的。

 任务实施

　　使用 S7 通信，用一台 S7-1200 PLC 控制另一台 S7-1200 PLC。

1. 控制要求

　　用一台 CPU1214C PLC 作为客户端，一台 CPU1212C PLC 作为服务器。客户端控制电动机的起动、停止和调速，服务器执行任务，且将电动机的运行状态和测量压力送到 I/O 控制器。

　　现有液体搅拌设备控制系统，搅拌机是用电动机驱动的，控制端装有一台 CPU1214C PLC（作为客户端），上端接有电动机起动 / 停止按钮，以及对电动机速度控制的数字量输入，装置压力数字量输出显示。电动机接在变频器上，用一台 CPU1212C PLC 作为服务器，用于电动机在变频器的起动信号输出、电动机控制速度输出和压力值的测量。

2. 任务目标

　　1）掌握 S7 通信的连接组态设置。
　　2）掌握 GET/PUT 指令的使用及数据地址调用。
　　3）熟悉服务器端的组态设置。
　　4）掌握 S7 通信程序编写及调试。
　　5）学会两台 PLC 之间的 S7 通信编程，举一反三，能对两台以上 PLC 之间的 S7 通信进行编程。

3. 实训设备

　　CPU1214C DC/DC/DC 1 台，CPU1212C DC/DC/DC 1 台，按钮 2 个，信号灯 1 个，交换机 1 台。

4. 外部接线

　　图 6-13 为 S7 通信外部接线图，两台 PLC 均接 DC 24V 电源，电动机起动按钮和停

止按钮分别接 CPU1214C PLC 输入端 I0.0 和 I0.1 上，电动机运行状态指示灯接在输出端 Q0.0 上；变频器的起动信号由 CPU1212C PLC 输出端 Q0.0 控制，速度由模拟量输出 SB1232 给出，压力传感器测出的压力值由模拟量输入通道 0 输入到 CPU1212C PLC 进行存储。

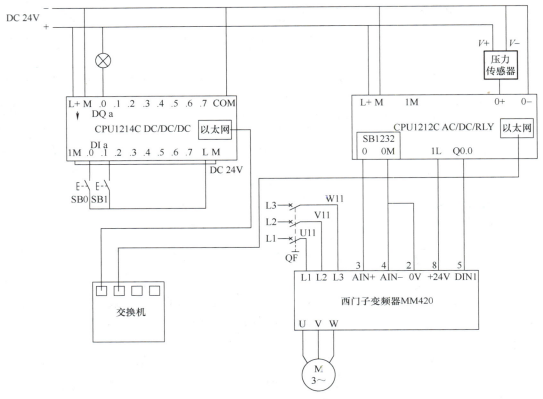

图 6-13　S7 通信外部接线图

5. 组态设置及程序编写

（1）不同项目中的 S7 通信

1）客户端组态与编程。创建 S7 连接：首先新建一个项目"S7-Client"，单击项目树中的"添加新设备"，添加 CPU1214C DC/DC/DC，版本号为 V4.4，生成站点的默认名称 PLC_1。双击站点下的"设备组态"，打开设备视图。在巡视窗口的"属性"→"常规"→"PROFINET 接口"，单击"添加新子网"按钮，添加一个"PN/IE_1"的子网，并设置 IP 地址为 192.168.0.1、子网掩码为 255.255.255.0，单击"系统和时钟存储器"，启用 MB0 为时钟存储器字节。

单击网络视图，单击连接按钮 ，从右边下拉菜单中选择"S7 连接"。单击 CPU 图标，在右击菜单中选择"添加新连接"。在弹出的"创建新连接"对话框中，选择"未指定"，单击"添加"，创建一条"S7_ 连接 _1"的连接，S7 连接属性的创建如图 6-14 所示。

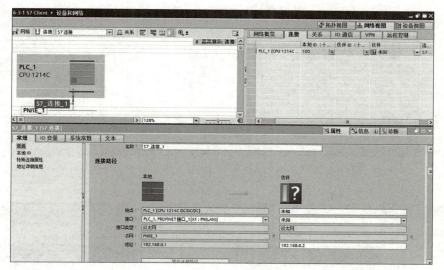

图 6-14　S7 连接属性的创建

在巡视窗口中设置伙伴的 IP 地址为 192.168.0.2，本地 ID 为 16#100，该 ID 用于标识网络连接，GET/PUT 指令中 ID 参数需要与其保持一致。单击"地址详细信息"，配置伙伴方 TSAP，TSAP 的值与伙伴 CPU 类型有关，03.00 或 03.01 为 S7–1200/1500 系列 PLC CPU；03.02 为 S7–300 系列 PLC CPU、03.XY 为 S7–400 系列 PLC CPU，X 和 Y 取决于 CPU 的机架和插槽号。本例中选择 03.00 或 03.01，设置连接 TSAP 如图 6-15 所示。

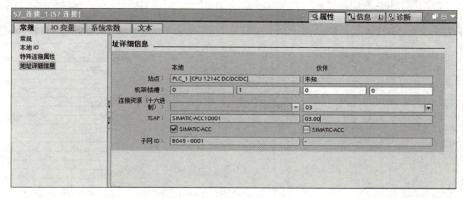

图 6-15　设置连接 TSAP

编写 S7 通信控制程序：添加用于 S7 通信的 DB "ClientData"，在项目树下，右击数据块"属性"取消"优化块访问"，在数据块中定义两个数据类型 Struct 变量——结构体"SENT"和"RCV"，单击编译。定义 S7 通信 DB 如图 6-16 所示。

在 OB1 中编写如图 6-17 所示不同项目中的客户端 S7 通信程序，GET/PUT 指令"REQ"上升沿触发 M0.1 实现 5Hz 的触发频率，"ID"保持与新建 S7 连接一致——16#100，发送的地址为 "ClientData".SENT 到伙伴的 P#DB1.DBX4.0 BYTE 4。接收的数据从伙伴的 P#DB1.DBX0.0 BYTE 4 到本地 "ClientData".RCV，如图 6-17 程序段 1 所示，起动 / 停止控制如图 6-17 程序段 2 所示。

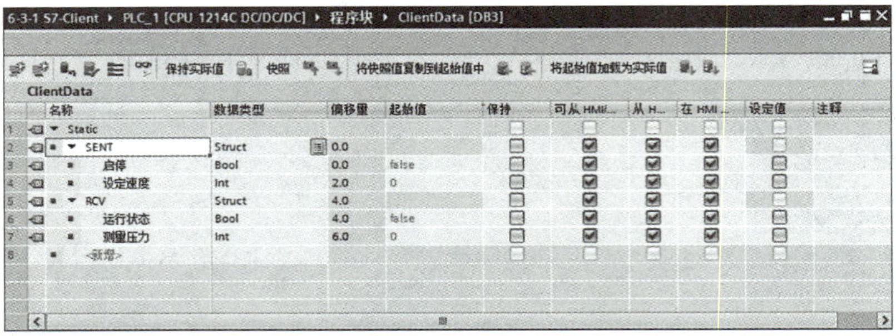

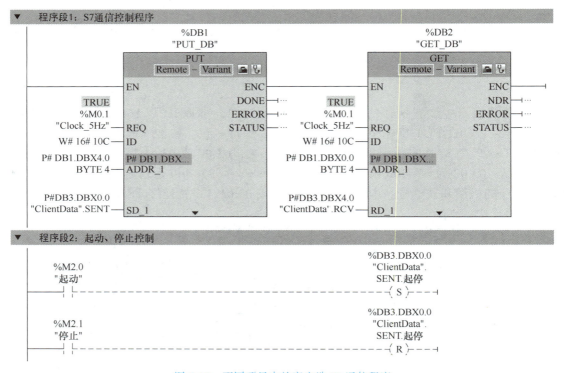

图 6-16　定义 S7 通信 DB

图 6-17　不同项目中的客户端 S7 通信程序

2）服务器端组态与编程。在另一台计算机上打开 TIA 博途软件，新建一个项目"S7-Server"，单击项目树中的"添加新设备"，添加 CPU1212C DC/DC/DC，版本号为 V4.4，生成站点的默认名称 PLC_1。展开硬件目录下的"信号板"→"AQ"→"AQ 1×12BIT"，将"6ES7 232-4HA30-0XB0"添加到 PLC CPU 中间的方框中，从巡视窗口可以查看模拟量输出地址 QW80，设置模拟量输出类型为"电压"。双击站点"PLC_1"下的"设备组态"，打开设备视图。选中巡视窗口的"属性"→"常规"→"PROFINET 接口"，单击"添加新子网"按钮，添加一个"PN/IE_1"的子网，并设置 IP 地址为 192.168.0.2、子网掩码为 255.255.255.0。单击"防护与安全"下的"连接机制"，激活"允许来自远程对象的 PUT/GET 通信访问"。

在程序块中，添加"ServerData"DB，在项目树下，右击数据块"属性"取消

"优化块访问"，在数据块中定义两个数据类型 Struct 变量，结构体"SENTodata"和"RCVdata"，单击编译。定义服务器端 DB 如图 6-18 所示。

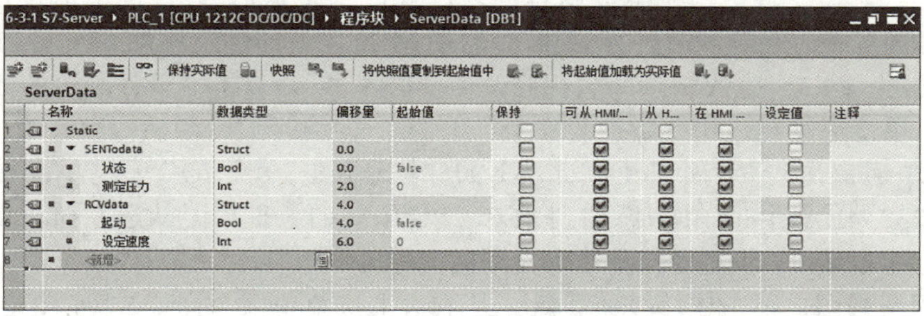

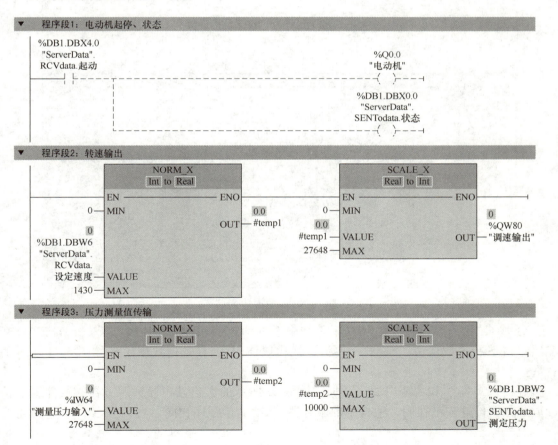

图 6-18　定义服务器端 DB

在程序块"Main"中编写如图 6-19 所示不同项目中的服务器端 S7 通信程序，接收到起动信号，并发送运行状态。接收到的客户端的"设定速度"（0 ～ 1430）标准化为0.0 ～ 1.0，然后缩放为 0 ～ 27648，送入 QW80，通过变频器可以对电动机进行调速；将"测量的压力值"IW64（0 ～ 27648）标准化为 0.0 ～ 1.0，然后再将其缩放为测量压力0 ～ 10000Pa，发送给客户端。

图 6-19　不同项目中的服务器端 S7 通信程序

（2）同一项目中的 S7 通信

创建一个新项目"S7 通信"，单击项目树中的"添加新设备"，添加 CPU1214C DC/DC/DC，版本号为 V4.4，生成站点的名称修改为"客户端"，选中巡视窗口的"属性"→"常规"→"系统和时钟存储器"，启用 MB0 系统时钟。添加 CPU1212C DC/DC/DC，版本号为 V4.4，生成站点的名称修改为"服务器"，双击"服务器"的 CPU，进入设备视图，单击巡视窗口中"防护与安全"下的"连接机制"，激活"允许来自远程对象的 PUT/GET 通信访问"。展开硬件目录下的"信号板"→"AQ"→"AQ 1×12BIT"，将"6ES7 232-4HA30-0XB0"添加到 PLC CPU 中间的方框中，从巡视窗口可以查看模拟量输出地址 QW80，设置模拟量输出类型为"电压"。

打开网络视图，单击连接按钮 连接，从右边下拉菜单中选择"S7 连接"。单击"客户端"PN 口拖曳到"服务器"PN 口，即添加了一个名为"S7_连接_1"的 S7 连接，如图 6-20 所示。

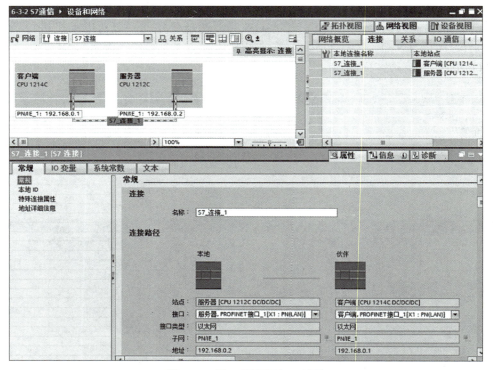

图 6-20　同一项目中的 S7 连接

分别在"服务器"和"客户端"程序块中添加"服务器 Data"DB 和"客户端 Data"DB，在项目树下右击数据块"属性"，取消"优化块访问"，在数据块中定义如图 6-21 所示的变量。

在"服务器"和"客户端"添加如图 6-22 所示的客户端程序和服务器端程序，通信参数及数据传输与不在同一项目中的服务器端 S7 通信程序相同。

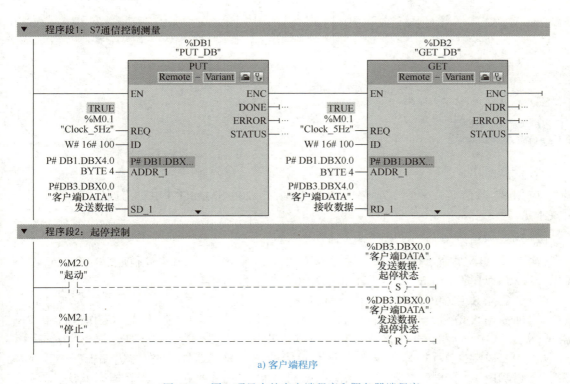

服务器DATA										
	名称	数据类型	偏移量	起始值	保持	可从 HMI/...	从 H...	在 HMI...	设定值	注释
1	▼ Static				☐	☐	☐	☐	☐	
2	▼ 服务器SENT	Struct	0.0		☐	☑	☑	☑	☐	
3	■ 状态	Bool	0.0	false	☐	☑	☑	☑	☐	
4	■ 测量压力	Int	2.0	0	☐	☑	☑	☑	☐	
5	■ ▼ 服务器接收	Struct	4.0		☐	☑	☑	☑	☐	
6	■ 起停	Bool	4.0	false	☐	☑	☑	☑	☐	
7	■ 控制速度	Int	6.0	0	☐	☑	☑	☑	☐	
8	■ <新增>				☐	☐	☐	☐	☐	

客户端DATA										
	名称	数据类型	偏移量	起始值	保持	可从 HMI/...	从 H...	在 HMI...	设定值	注释
1	▼ Static				☐	☐	☐	☐	☐	
2	▼ 发送数据	Struct	0.0		☐	☑	☑	☑	☐	
3	■ 起停状态	Bool	0.0	false	☐	☑	☑	☑	☐	
4	■ 控制速度	Int	2.0	0	☐	☑	☑	☑	☐	
5	■ ▼ 接收数据	Struct	4.0		☐	☑	☑	☑	☐	
6	■ 运行状态	Bool	4.0	false	☐	☑	☑	☑	☐	
7	■ 测量压力	Int	6.0	0	☐	☑	☑	☑	☐	
8	■ <新增>				☐	☐	☐	☐	☐	

图 6-21   同一项目中的变量定义

a) 客户端程序

图 6-22   同一项目中的客户端程序和服务器端程序

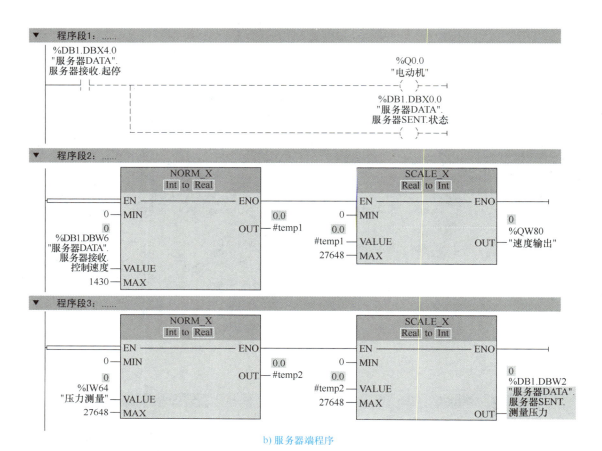

b) 服务器端程序

图 6-22　同一项目中的客户端程序和服务器端程序（续）

1. 控制要求

应用 S7 通信实现一台 S7–1200 PLC 控制 S7–200 SMART PLC，实现西门子不同产品之间的通信。

2. 建立通信网络

西门子 TIA 博途编程软件中建立新的项目"组网通信"，在新项目中添加新设备 CPU1212C，订货号 6ES7 212–1BE40–0XB0，版本号为 4.4。

（1）建立 S7–1200 PLC 以太网地址

添加完新设备后，在项目树中打开"设备和网络"选项，在该选项工作区选中"网络视图"，选中设备的 CPU 模块，在下方的巡视区中选中"属性"，在"属性"选项中，选中"PROFINET 接口 [X1]"，打开该菜单中的"以太网地址"，在右边编辑区中，添加新子网 PN/IE–1，同时选中系统默认的以太网地址"192.168.0.1"，子网掩码默认。

选中"系统和时钟存储器"，在右边工作区中勾选"启用系统存储器字节"MB1 和"启用时钟存储器字节"MB0；同时再选中"防护与安全"中的"连接机制"，在右边工作区勾选"允许来自远程对象的 PUT/GET 通信访问"。

（2）建立网络连接

在网络视图中，单击"连接"，然后在旁边的选项中单击向下的箭头，选中下拉菜单中的"S7 连接"，如图 6-23 所示。

然后选中图 6-23 中左边的 CPU 模块右击，在出现的下拉菜单中选中"添加新连接"，在弹出的"创建新连接"对话框中选择"未指定"，记住本地 ID 为 100，然后单击"添加"按钮，添加新连接，新连接为"S7_ 连接 _1"。

图 6-23　建立网络连接

单击"网络视图"下面的"连接"，选中" S7_ 连接 _1"，创建连接伙伴的 TSAP、子网 ID 和网络地址 IP，因为要连接的伙伴为 S7–200 SMART PLC，而 S7–200 SMART PLC 的 TSAP 只能设置为 03.00 或者 03.01，所以选择这两个数字中的任意一个即可，如图 6-24 所示，单击"常规"，在右边的编辑区输入 S7–200 SMART PLC 的以太网地址 192.168.0.10，然后单击"地址详细信息"，确认伙伴的 TSAP 为"03.00"，这样第一台伙伴 S7–200 SMART PLC 的 S7 连接建立就完成了。

图 6-24　创建伙伴 IP 地址和 TSAP

3. 编写通信程序

进行 S7 通信时，本地 PLC 与伙伴 PLC 进行数据交换，要使用 PUT 和 GET 两条指令进行数据交换，其中 PUT 指令为向伙伴 PLC 写入数据，GET 指令为从伙伴 PLC 读取数据。图 6-25 为 S7–1200 PLC 通信的 PUT、GET 指令程序。

本地 PLC 要将数据传给伙伴 1 PLC，要使用 PUT 指令，并且要将交换的数据写入数据交换区 SD_1 中，数据交换区采用指针寻址，数据交换区的地址为从 Q10.0 开始的 10 个字节 QB10～QB19，然后传给伙伴 1 PLC；伙伴 1 PLC 从数据交换区 ADDR_1 中读取数据，数据交换区的地址为从 I10.0 开始的 10 个字节 IB10～IB19，交换区之间的数据是一一对应的。

同样本地 PLC 要读取伙伴 1 PLC 的数据，要使用 GET 指令，伙伴 1 PLC 要将数据写入数据交换区 ADDR_1 中，数据交换区的地址为从 Q20.0 开始的 10 个字节（即 QB20～QB29），本地 PLC 从数据交换区 RD_1 读取数据，读取数据的地址为从 I20.0 开始的 10 个字节（即 IB20～IB29），同样这些交换区之间的数据也是一一对应的。

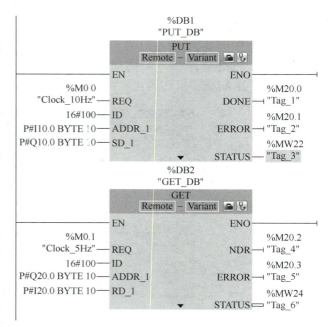

图 6-25　S7–1200 PLC 通信的 PUT、GET 指令程序

4. 编写控制程序

控制程序的编写，是根据控制要求在各自的 PLC 里编写控制程序，其中 S7–1200 PLC 的程序在 TIA 博途软件里编写，通信程序和通信设置也是在 TIA 博途编程软件里完成。伙伴 1 S7–200 SMART PLC 的程序在 STEP7-MicroWIN SMART 编程软件中编写，在伙伴 1 PLC 中不进行任何通信设置，编程时如果要进行数据交换，直接使用 S7–1200 PLC 在 PUT、GET 设定的交换区的元件就可以，其中伙伴 1 PLC 要用 IB10～IB19 接收 S7–1200 PLC 的数据；伙伴 1 PLC 要将数据传给 S7–1200 PLC，则要将数据写入 QB20～QB29。

思考与练习

1. 使用 PROFINET I/O 通信，编写三台 S7–1200 PLC 之间的通信程序。

2. 使用 PROFINET I/O 通信，编写一台 S7–1200 PLC 与一台 S7–200 SMART PLC 之间的通信程序。

3. 使用 S7 通信，编写一台 S7–1200 PLC 控制一台 S7–200 SMART PLC 的程序，使用 S7–1200 PLC 的输入信号 I0.0 和 I0.1 控制 S7–200 SMART PLC 的 QB0 奇数输出与偶数输出间隔 1s 交替闪烁的起动和停止。

项目 7　精简系列面板的组态与应用

项目 7

任务　精简系列触摸屏的画面组态

任务引入

可视化已经成为自动化系统的标准配置，西门子的人机界面（HMI）产品包括各种面板和 WinCC 软件两大部件。所有 SIMATIC HMI 精简系列面板具备完整的相关功能。人机界面触摸屏的使用，重点为触摸屏画面的组态。在简单应用或小型设备中，成本是关键因素，使用具备基本功能的操作面板可完全满足使用需求。

任务分析

要完成本任务，需要具备以下知识：
1. 掌握精简系列触摸屏基本画面组态。
2. 掌握触摸屏画面的组态。
3. 学会精简屏的运行与仿真。

相关知识

1. SIMATIC HMI 精简系列面板

每个 SIMATIC HMI 精简系列面板都具有一个集成的 PROFINET 接口。通过它可以与控制器进行通信，并传输参数设置数据和组态数据。

全新的 SIMATIC HMI 精简系列面板配有触摸屏，部分型号带有编程按键，操作直观方便。西门子公司的 5 款精简系列面板见表 7-1。

2. HMI 设备的组态变量

触摸屏项目数据的传输使用两种类型的变量：外部变量和内部变量。外部变量是控制器提供的过程值的变量，也称过程变量；由 HMI 设备内存自己提供的且只有这台 HMI 设备能够进行读写访问、不连接到控制器的变量称为内部变量。

表 7-1　SIMATIC HMI 精简系列面板

型号	尺寸 /in[①]	色彩	分辨率 / 像素	功能键 / 个	支持 PLC 变量数 / 个
SIMATIC KTP400 Basic mono PN	3.8	单色	320×240	4	128
SIMATIC KTP600 Basic mono PN	5.7	单色	320×240	6	128
SIMATIC KTP600 Basic color PN	5.7	256 色	320×240	6	128
SIMATIC KTP1000 Basic color PN	10.4	256 色	640×480	8	256
SIMATIC KTP1500 Basic color PN	15	256 色	1024×768	不带	256

① 1in=0.0254m。

内部变量支持的数据类型：SByte 有符号 8 位数、UByte 无符号 8 位数、Short 有符号 16 位数、UShort 无符号 16 位数、Long 有符号 32 位数、ULong 无符号 32 位数、Float 32 位浮点数、Double 64 位浮点数、Bool 开关量、WString 16 位字符集、DataTime 日期和时间的格式"DD.MM.YYYY hh：mm：ss"。

外部变量是 PLC 中所定义的存储单元映射，采用的数据类型取决于与 HMI 设备相连的 PLC，并且 HMI 设备和 PLC 都可对该存储位置进行读写访问。对于外部变量，需要创建连接。

3. HMI 设备和 PLC 组态步骤

（1）创建项目

创建项目，添加硬件设备 CPU1212C AC/DC/RLY，版本号为 V4.4，作为控制单元。在项目树下，"添加新设备"→"HMI"→"SIMATIC 精简系列面板"→"6" 显示屏"→"KTP600Basic"→"订货号 6AV6 647-0AD11-3AX0"。在网络视图下，单击选中 PLC 的 PN 口，并将其拖曳到 HMI 的 PN 口上，系统将显示一条名为"HMI_ 连接 _1"连接线，这样就建成了 HMI 到 PLC 的连接。创建连接如图 7-1 所示。

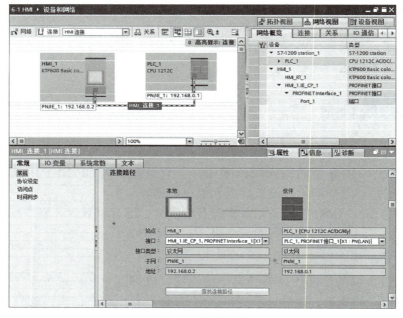

图 7-1　创建连接

双击项目树下 HMI 设备下的"连接"项，可以查看存在的连接。**注意**：一个 KTP 面板最多能连接 4 个 S7–1200 PLC，一个 S7–1200 PLC 最多能连接 3 个 KTP 面板。

在项目树下双击 HMI 设备下的"HMI 变量"，打开 HMI 变量编辑器，双击"添加"来添加一个新的变量，可以修改变量的名称，根据要求选择数据类型，"连接"下方可以选择内部变量还是外部变量，若为外部变量则进行变量的地址选择。创建变量如图 7-2 所示。

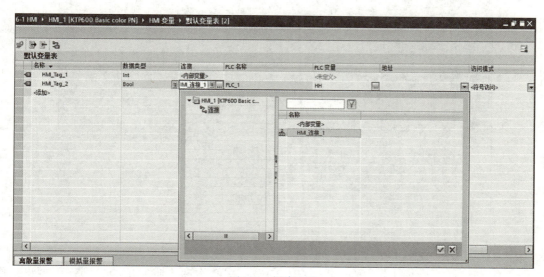

图 7-2　创建变量

（2）组态画面

在项目树中，双击 HMI 设备的"画面"→"添加新画面"，可以添加新的画面，双击项目树中画面名称就可以打开画面编辑器，进行画面编辑。在画面中可以放置一些元件或设置其他的相关组态。

在设计画面时，有时需要在多幅画面中显示同一部分内容，例如公司标识、背景图等，可以用模板简化组态过程。在项目树中，双击"画面管理"下的"添加新模板"，双击模板的名称可以打开相应的模板画面。在模板中，可组态将在基于此模板的所有显示的对象。**注意**：一个画面只能基于一个模板，一个 HMI 设备可以创建多个模板。模板中组态的元素若出现编译无效，则在其他画面中将不显示，如背景图片尺寸超过显示画面。在画面编辑窗口，双击画面弹出巡视窗口，在"属性"→"常规"的右边窗口选择要基于的模板。画面组态如图 7-3 所示。

（3）组态画面对象

画面对象是用于设计项目画面的图形元素，包括基本对象、元素、控件、图形和库。基本对象包括图形对象（如"线"或"圆"）和标准控制元素（如"文本域"或"图形显示"）。元素包括标准控制元素（如"I/O 域"或"按钮"）。控件用于提供高级功能，动态地代表过程操作，如趋势图和配方视图等。图形以目录树结构的形式分解为各个主题，如机器和工厂区域、测量设备等。库包含预组态的对象，如管道、泵或预组态的按钮的图形等。**注意**：特定情况下某些画面对象只能发挥有限的功能或者根本不可用。

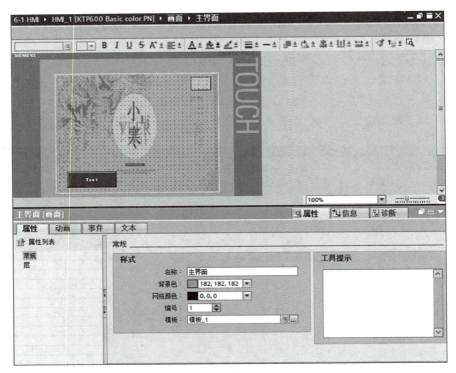

图 7-3　画面组态

1）组态按钮。画面上的按钮与接在 PLC 输入端的物理按钮的功能相同，用来将操作命令发送给 PLC，通过 PLC 的用户程序来控制生产过程。

展开画面窗口右侧"工具箱"→"元素"，将 ■ 图标的按钮拖放到画面界面中，双击按钮，在巡视窗口通过选择"属性"→"常规"可修改按钮显示的字或者图；通过"外观"可修改按钮背景颜色及字体颜色、边框形式；通过"焦点""布局""文本格式"分别修改按钮在画面中的布局及文字字体等；通过"其他"修改按钮所在的层；通过"安全"修改访问权限等。巡视窗口的"动画"主要修改按钮在画面中的显示及动作，"事件"用于修改或定义按钮的功能及参数连接。

按钮组态设置窗口如图 7-4 所示，在画面中拖放一个按钮，双击按钮，可在巡视窗口通过选择"属性"→"常规"将便签文本修改为"启动"；可在"外观"中将背景选为绿色。

在图 7-4 中，修改"事件"，通过"按下"→"添加函数"→"系统函数"→"编辑位"→"置位位"关联参数选择 PLC 变量即外部变量——PLC 变量表"电动机"。与其对应地，通过"释放"→"添加函数"→"系统函数"→"编辑位"→"复位位"关联参数选择 PLC 变量即外部变量——PLC 变量表"电动机"。此处变量的选择有两种，内部变量可选择"HMI 变量"→"默认变量表"中建立的变量，另一种为外部变量，选择 PLC 的数据块 DB 中，或者 PLC 变量中，变量表中建立的变量，按钮关联变量选择如图 7-5 所示。

2）组态文本域。文本域是用于画面中作标题的画面对象，在画面界面右侧工具箱中选择"基本对象" A ，将其拖入到组态画面中，默认的文本为"Text"，双击"Text"，在巡视窗口选择"属性"→"常规"，通过"文本"修改显示的内容；通过"外观"修改背景颜色、字体颜色和边框等。

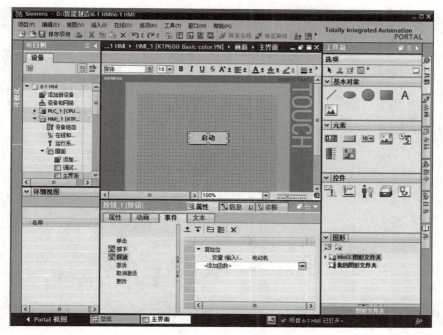

图 7-4　按钮组态设置窗口

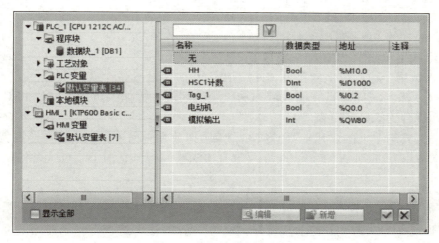

图 7-5　按钮关联变量选择

3）组态指示灯。画面中的指示灯用于监视设备运行状态。选择右侧工具箱中的"圆"，在组态画面中画出适合的圆。打开"属性"→"动画"→"显示"，在右边"外观"后单击添加新动画按钮，进入外观动画组态，如图 7-6 所示。选择变量，并在范围"0"选择背景为红色，"1"选择背景为绿色，实现指示灯的变量监视。也可以建立两个大小完全一致的"圆"，一个背景为绿色，打开"属性"→"动画"→"显示"新建动画"可见性"，添加变量并设置范围"1"到"1"，可见。另一个"圆"背景为红色，打开"属性"→"动画"→"显示"新建动画"可见性"，添加变量并设置范围"0"到"0"，可见。移动其中一个圆，将其重叠，此时也可以完成指示灯的组态。

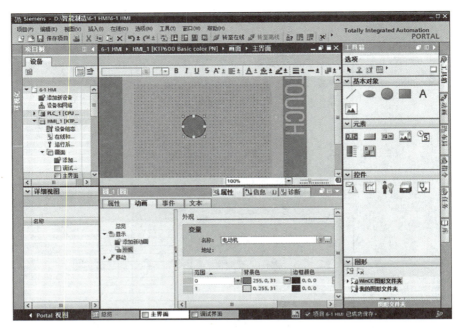

图 7-6　组态指示灯

4）组态 I/O 域。I/O 域的作用是通过输入数据修改 PLC 的运行参数，或者将 PLC 中的测量结果通过 I/O 域进行输出显示。

有三种模式的 I/O 域：

① 输出域用于显示 PLC 中变量数值。

② 输入域用于输入数字或字母，并用指定 PLC 变量保存。

③ 输入 / 输出域同时具有输入域和输出域的功能，操作人员用其修改 PLC 的变量数值，并将修改后的值显示出来。

展开"工具箱"下的"元素"，将 I/O 域 **0.12** 拖放在画面中，双击，在巡视窗口中"属性"→"常规"添加对应的变量地址及选择 I/O 域的模式，并选择显示格式，如图 7-7 所示。

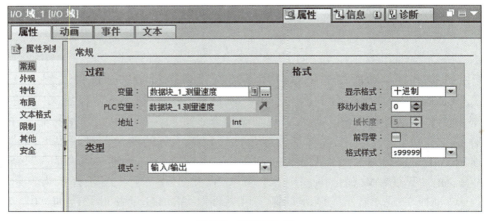

图 7-7　组态 I/O 域

任务实施

1. 控制要求

应用 PLC、触摸屏和变频器实现如下控制要求：

1）触摸屏有两个画面，"欢迎界面"显示制作的"姓名""组别"。"运行监控界面"显示控制按钮及其他控件。功能键 F1 进入"欢迎界面"、F2 进入"运行监控界面"。两个画面背景显示同一个模板画面。

2）可以在触摸屏中"运行监控界面"设置电动机转速并显示电动机的当前转速。

3）按下"运行监控界面"中的启动按钮时，电动机通电以设定速度运转。

4）按下"运行监控界面"中的停止按钮时，电动机断电停止运转。

5）当电动机运转时，触摸屏中的电动机运行，指示灯亮绿灯，否则亮红灯。

2. 任务目标

1）熟练掌握 HMI 设备的画面组态及变量设置。

2）熟练掌握画面对象的组态及调试。

3）了解一般人机界面的设计。

4）多模仿、多练习，掌握触摸屏界面的设计知识，以及其控制 PLC 的编程方法，达到举一反三的目的，对其他型号的触摸屏也会使用。

3. 实训设备

CPU1212C AC/DC/RLY PLC 1 台，SB1232 模拟量输出信号板 1 块，西门子变频器 MM420 1 台，HMI 设备精简屏 KTP600 Basic 1 台，旋转编码器 1 台，三相异步电动机 1 台。

4. 程序设计

（1）外部接线

首先进行外部接线设计，电气接线图如图 7-8 所示，变频器电源端接三相交流电，三相异步电动机接在 U、V、W 三相上，端子 5（DIN1）作为启动信号，接 PLC 输出 Q0.0，模拟信号输入端 3、4（AIN+/AIN–）分别接 SB1232 模拟量输出模块的输出通道，PLC 的电源接 220V 交流电，旋转编码器的信号端接 PLC 的输入 I0.0。HMI 触摸屏设备以太网口通过网线连接 PLC 进行组态。

（2）创建项目

新建项目"6-1 HMI"，打开项目视图，在项目树中双击"添加新设备"，添加控制器 CPU 1212C AC/DC/RLY，订货号为 6ES7 212-1BE40-0XB0，版本号为 V4.4，默认名为 PLC_1。继续添加设备，HMI 选择"SIMATIC 精简系列面板"→"6"显示屏"→"KTP600 Basic"，订货号为 6AV6 647-0AD11-3AX0。

在网络视图下，单击选中 PLC 的 PN 口，并将其拖曳到 HMI 的 PN 口上，系统将显示一条名为"HMI_连接_1"的连接线。在网络视图下，单击 PLC 的 CPU 进入到 PLC 设备视图中，在硬件目录双击"信号板"→"AQ"→"6ES7 232-4HA30-0XB0"添加到 CPU 中间的方框中。单击巡视窗口，通过"常规"→"模拟量输出"→"输出类型"选择电压，范围为 +/–10V，输出通道地址为 QW80。PLC 硬件组态如图 7-9 所示。

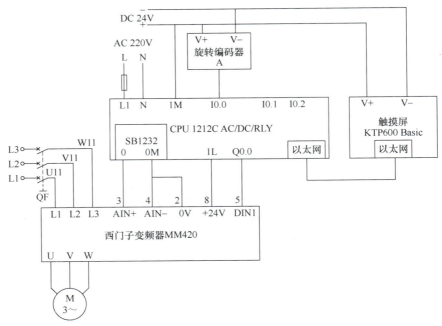

图 7-8　电气接线图

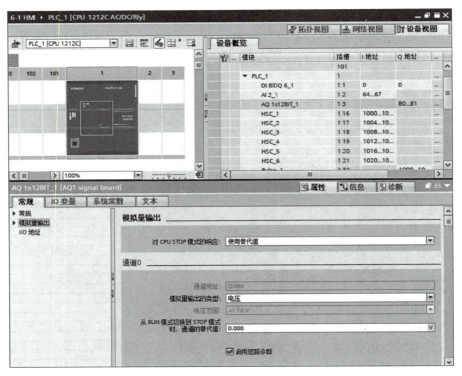

图 7-9　PLC 硬件组态

单击 CPU，从巡视窗口的"常规"下依次展开"DI 8/DO 6"→"数字量输入"，将通道 0 的输入滤波设为"10microsec"（即 10μs）。然后展开"高速计数器（HSC）"，单击"HSC1"，勾选"启用该高速计数器"，将计数类型设为"频率"、工作模式为"单相"、计数方向取决于"用户程序（内部方向控制）"。单击"I/O 地址"可以看到 HSC1 的地址为 ID1000。高速计数器组态设置如图 7-10 所示。

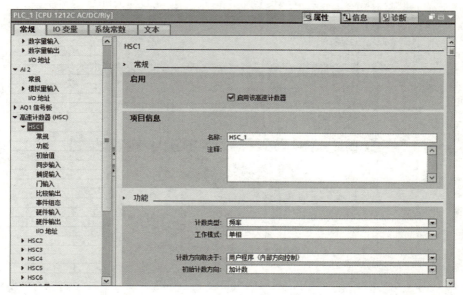

图 7-10　高速计数器组态设置

在项目树下，展开"PLC_1"的"程序块"，双击"添加新块"，添加 DB"数据块 _1"，"启动"（Bool 类型）、"停止"（Bool 类型）、"设定速度"（Int 类型）、"测量速度"（Int 类型）。双击"PLC 变量"下的"默认变量表"，创建变量"电动机"（Bool 类型，地址为 Q0.0）、"模拟输出"（Int 类型，地址为 QW80）、"HSC1 计数"（DInt 类型，地址为 ID1000）。DB 和变量表中的变量创建如图 7-11 所示。

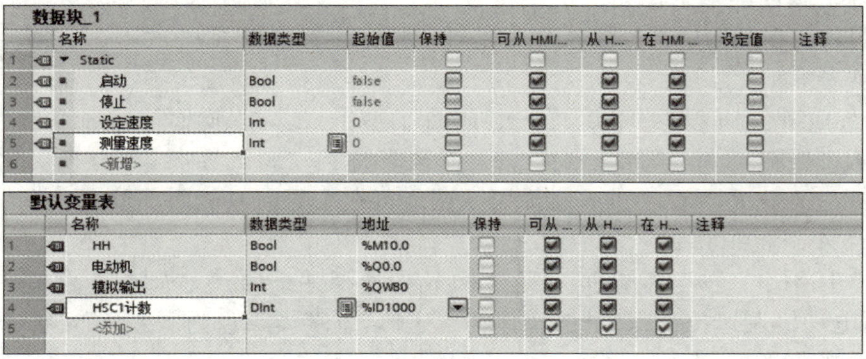

图 7-11　DB 和变量表中的变量创建

（3）程序编写

根据控制要求和控制电路编写"Main"电动机速度控制程序，如图 7-12 所示，程序段 1 中，当触摸屏"启动"按下后，Q0.0 线圈通电自锁，变频器的 DIN1 有输入，电动机起动。当触摸屏"停止"按下后，Q0.0 线圈断开，自锁解除，变频器 DIN1 没有输入，电动机停止。

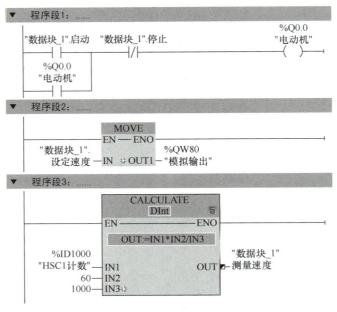

图 7-12　电动机速度控制程序

图 7-12 程序段 2 中，"设定速度"在触摸屏中将速度值转化为 0 ~ 27648 的值，直接送入 QW80，输出模拟量的电压为 0 ~ 10V，输入变频器的 AIN 端对电动机进行调速。

图 7-12 程序段 3 中，调用"CALCULATE"计算指令，将高速计数器 HSC1 的测量频率乘以 60 得出每分钟的脉冲数，然后除以 1000（旋转编码器每转输出的脉冲数），换算为测量速度，单位"r/min"，保存在"测量速度"，可以在触摸屏画面中显示。

（4）组态 HMI 画面

添加两个画面，一个作为"欢迎界面"，一个作为"控制监控界面"。新建模板，并添加背景图片。在画面中选择模板作为基础背景，设置全局画面，定义功能键 F1、F2 作为界面切换按钮。

1）主界面组态。展开"HMI_1"→"画面"，双击"添加新画面"，添加一个"画面_1"，修改名称为"主界面"，添加"画面_2"修改名称为"调试界面"。触摸屏用户界面如图 7-13 所示，双击主界面，进入触摸屏视图。可在主界面右侧底部放大或缩小界面，显示比例为 10% ~ 800%。

双击"HMI_1"→"主界面"，在工具箱中选择并添加"文本域"，将其内容修改为"欢迎使用电动机调速控制系统"，字体为"宋体"、字体颜色为"黑色"，大小为"23"。在其下方添加"文本域"，内容为"组名：A 组"，字体为"宋体"，字体颜色为"红色"，大小为"23"。画面"主界面"组态如图 7-14 所示。

2）调试界面组态。双击"HMI_1"→"HMI 变量"→"默认变量表"，添加如图 7-15 所示的 HMI 变量，并选择对应的数据类型及连接。

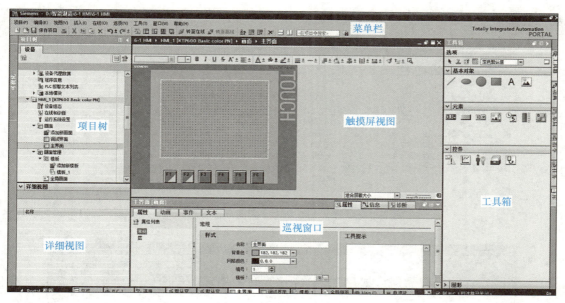

图 7-13　触摸屏用户界面

图 7-14　画面"主界面"组态

　　在工具箱中拖放基本对象和元素，组成如图 7-16 所示的"调试界面"组态画面。双击指示灯，变量参数选择 HMI 变量"电动机"，添加动画"外观"，状态"0"背景色为红色，"1"背景色为绿色。按钮"启动"和"停止"的事件添加"按下置位位"和"松开复位位"，变量分别为 HMI 变量中"数据块 _1_ 启动"和"数据块 _1_ 停止"。设定速度的 I/O 域选择参数"数据块 _1_ 设定速度"，模式选择"输入"；测量速度的 I/O 域选择参数“数据块 _1_ 测量速度”，模式选择“输出”。

名称	数据类型	连接	PLC 名称	PLC 变量	地址
HMI_Tag_1	Int	<内部变量>		<未定义>	
数据块_1_停止	Bool	HMI_连接_1	PLC_1	数据块_1.停止	
数据块_1_启动	Bool	HMI_连接_1	PLC_1	数据块_1.启动	
数据块_1_测量速度	Int	HMI_连接_1	PLC_1	数据块_1.测量速度	
数据块_1_设定速度	Int	HMI_连接_1	PLC_1	数据块_1.设定速度	
电动机	Bool	HMI_连接_1	PLC_1	电动机	
<添加>					

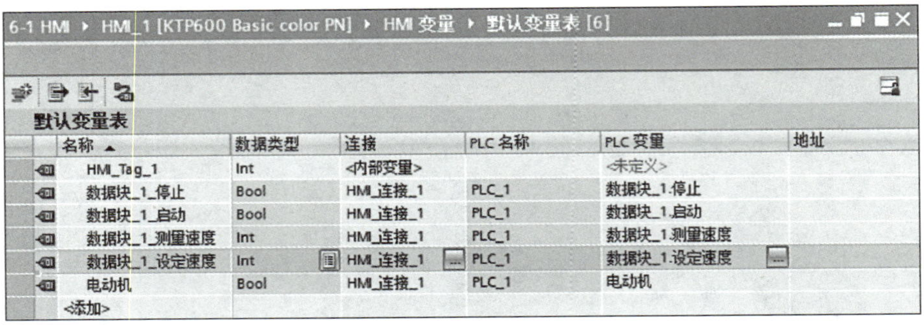

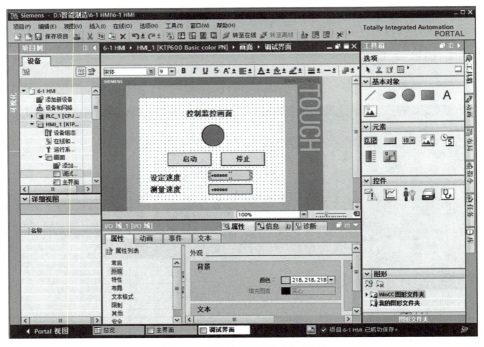

图 7-15　HMI 变量添加

图 7-16　画面“调试界面”组态

为了在所有画面下插入同一背景图且简化组态步骤，展开项目树“HMI_1”→“画面管理”→“模板”，单击添加新模板，平铺图片，选择要插入的背景画面，模板组态如图 7-17 所示。在画面“主界面”和“调试界面”下，在“属性”→“常规”右侧模板中选择“模板 _1”。

3）设置功能键。要使得两个画面之间相互切换，可以使用按钮组态，在事件中添加画面的打开，也可以在全局画面中设置功能键，展开项目树“HMI_1”→“画面管理”→“全局画面”，选择功能键“F1”，在巡视窗口“事件”→“键盘按下”添加函数，通过“系统函数”→“画面”→“激活屏幕”选择“主界面”，功能键“F2”以相同操作选择“调试界面”。主画面组态如图 7-18 所示。

图 7-17　模板组态

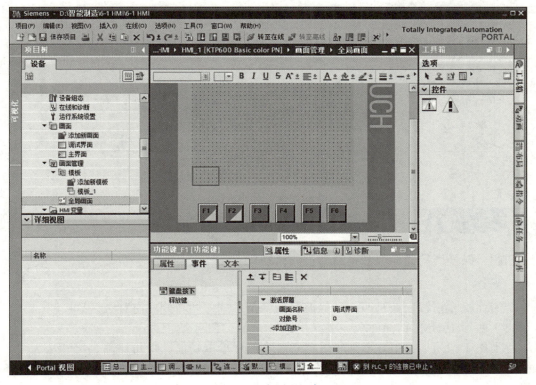

图 7-18　主画面组态

展开"项目树"下的"HMI 变量"，双击"默认变量表"，可以看到通过拖曳方式自动生成的变量。单击"数据块_1_设定速度"在巡视窗口"属性"→"线形标定"勾选"线形标定"，PLC 的"结束值"为 27648，"起始值"为 0，HMI 的"结束值"为 1430，"起始值"为 0，进行变量标定，如图 7-19 所示。

5. 调试与运行

将 PLC 程序及 HMI 设备组态分别下载到设备中，触按 HMI 的功能键"F2"，进入"调试界面"，输入设定速度，按"启动"，观察系统运行及测量速度值的变化。

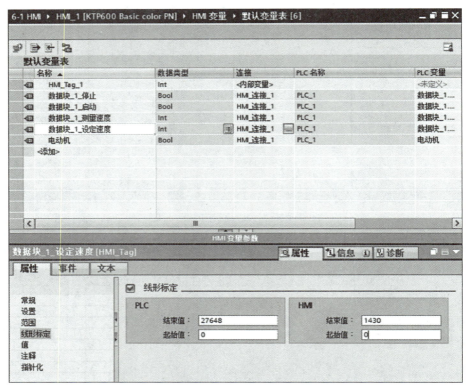

图 7-19　变量标定

 知识拓展

西门子触摸屏精简面板和精智面板的区别。

1. 概述

精简面板和精智面板是西门子触摸屏的两个系列，两者到底有什么区别？

（1）西门子 HMI 精简面板

此类属于精简型，但并不简单，具备基本的触摸屏功能，性价比高，尺寸从 3～15in 多种可选，分为触摸式和键控式，属于广大用户常用系列。4in 和 6in 面板也可进行竖直安装，进一步提高了灵活性，还带有附加的可任意配置的控制键。

其突出特点如下：

1）适用于不太复杂的可视化应用。

2）所有显示屏尺寸具有统一的功能。

3）显示屏具有触摸功能，可实现直观的操作员控制。

4）按键可任意配置，并具有触觉反馈。

5）支持 PROFINET 或 PROFIBUS 连接。

6）项目可向上移植到 SIMATIC 精智面板。

（2）西门子 HMI 精智面板

这类屏的特点是能实现能效管理，带集成诊断功能，比精简面板又高了一级，尺寸从 4～12in 可选，多为宽屏，可视化区域增加了 40%，适用于复杂的操作画面。

其突出特点如下：

1）所有面板都具有相同的集成高端功能。

2）宽屏幕显示尺寸从 4～12in，可进行触摸操作或按键操作。

3）有效的节能管理：显示屏的亮度在 0～100% 范围内可调，可在生产间歇期间将显示屏关闭。

4）万一发生电源故障，可确保 100% 的数据安全性。

5）支持多种通信协议。

6）使用系统卡来简化项目传输。

7）可在危险区域中使用。

2. 西门子精简 / 精智系列人机面板除了价格，还有什么区别

1）接口：精智屏比精简屏有更多的通信接口。

2）功能上有比较大的区别。

如果应用到触摸屏的数据记录、配方等相对特殊的功能时，无论数量还是支持的回路数均有明显的差异。精智系列有自己的系统，精智系列还能使用 VB（Visual Basic，由微软公司开发的包含协助开发环境的事件驱动编程语言），功能强大。

精智系列防爆，功能比精简系列好得多。在功能和性能上都有差距，跟精简版和专业版的区别类似。

如果仅仅只是显示一些 I/O 域，报警窗口、位状态显示，这些两者基本相同。

思考与练习

实现人机界面抢答器，CPU1212C DC/DC/DC PLC 接抢答按钮 I0.0～I0.3，人机界面上显示 1～4 号参赛抢答状态，红灯为未抢答成功、绿灯为抢答成功。设立文本域显示抢答成功参赛员参赛号。完成一轮抢答后主持人在人机界面按"复位"后，4 个抢答状态灯为红，开始下一波抢答。

参 考 文 献

[1] 姚晓宁 . S7–1200 PLC 技术及应用 [M]. 北京：电子工业出版社，2018.

[2] 段礼才 . 西门子 S7–1200 PLC 编程及使用指南 [M]. 2 版 . 北京：机械工业出版社，2020.

[3] 廖常初 . S7–1200 PLC 编程及应用 [M]. 4 版 . 北京：机械工业出版社，2021.